Drehgeber und Motor-Feedback-Systeme

Stefan Basler

Drehgeber und Motor-Feedback-Systeme

Winkellage- und Drehzahlerfassung in der industriellen Automation

2. Auflage

Stefan Basler
Brigachtal, Deutschland

ISBN 978-3-658-49403-2   ISBN 978-3-658-49404-9   (eBook)
https://doi.org/10.1007/978-3-658-49404-9

Die Deutsche Nationalbibliothek verzeichnet diese Publikation in der Deutschen Nationalbibliografie; detaillierte bibliografische Daten sind im Internet über https://portal.dnb.de abrufbar.

Planung/Lektorat: Alexander Grün
Springer Vieweg ist ein Imprint der eingetragenen Gesellschaft Springer Fachmedien Wiesbaden GmbH und ist ein Teil von Springer Nature.
Die Anschrift der Gesellschaft ist: Abraham-Lincoln-Str. 46, 65189 Wiesbaden, Germany

Vorwort zur 2. Auflage

Erstaunlich, was sich in den letzten zehn Jahren, seit Veröffentlichung der 1. Auflage, in der Welt der Drehgeber und Motor-Feedback-Systeme getan hat. Landläufig gelten diese Sensoren der industriellen Automation als ausgereift und konservativ. Dem ist aber nicht so. Insbesondere in den Bereichen sensorische Funktionsprinzipien und den digitalen Funktionen hat die Entwicklung durchaus mit aktuellen Trends mitgehalten. Unterstützt wird diese These bei einem Blick auf Neuanmeldungen technischer Schutzrechte in diesem Technologiefeld beim Deutschen Patent- und Markenamt. Dies ist schon Motivation genug für eine zweite Auflage dieses Buches.

Damit wollte ich mich aber nicht begnügen. So habe ich alle Kapitel, bis auf das einführende, erweitert, wo es sinnvoll und von Mehrwert für den Leser und die Leserin schien. Nur die prominentesten Technologieerweiterungen zu berücksichtigen ist aber zu fade. So habe ich vermehrt in wissenschaftlichen Veröffentlichungen und der Patentliteratur nach spannenden Technologieansätzen recherchiert – insbesondere die Patentliteratur wird in Literaturrecherchen gerne übersehen, dabei ist diese oft die einzige öffentliche Quelle zu Neuerungen aus dem industriellen Umfeld. Gestützt wird dieser Ansatz durch deutlich erweiterte Quellenangaben.

Getreu dem Motto „Der Fortschritt lebt vom Austausch von Wissen"[1] habe ich für einen weiteren Austausch mit der Leserschaft eigens einen eMail-Account eingerichtet:

drehgeber-und-mfb@gmx.de

---

[1] Zitat wird Albert Einstein zugeordnet, was aber historisch nicht belegt ist.

Es interessiert mich ob und wie Ihnen dieses Buch im Studium oder der täglichen Arbeit von Nutzen ist – oder auch nicht. Ich freue mich über jeden konstruktiven Hinweis. Neugierig bin ich auch auf Anekdoten im Zusammenhang mit Drehgebern und Motor-Feedback-Systemen. Haben Sie Wünsche für eine weitere Auflage, lassen Sie es mich wissen.

Brigachtal   Stefan Basler
Mai 2025

Vorwort zur 1. Auflage

Nahezu überall dort, wo sich in der industriellen Automation Achsen drehen, rotative Bewegungen in lineare oder lineare Bewegungen in rotative umgesetzt werden besteht der Bedarf die Winkellage und/oder die Drehzahl zu messen. Messgeräte, die dazu eingesetzt werden, bezeichnet man als Encoder, Motor-Feedback-Systeme oder ganz allgemein als Drehgeber. Drehgeber scheinen einfache Gebilde zu sein. Dabei sind sie komplexe, mechatronische Geräte, die einen wichtigen Beitrag für die industrielle Automation leisten, nicht zuletzt hinsichtlich Ressourcen- und Energieeffizienz.

Gibt es bereits Fachbücher zu Drehgebern stellen diese überwiegend die Funktionsprinzipien der Sensorik in den Vordergrund. Insbesondere Beiträge in Sammelwerken für Sensoren konzentrieren sich darauf. Artikel in den branchenüblichen Fachzeitschriften adressieren punktuelle Innovationen einzelner Geräte oder Hersteller und die wissenschaftliche Literatur beschäftigt sich überwiegend mit theoretischen Fragestellungen. Entsprechend war das Ziel mit diesem Werke einen Überblick über möglichst viele Aspekte dieser Geräte und deren Anwendung zu geben. Mit dem Anspruch einen Bogen von der Theorie zur Praxis zu spannen werden die Messaufgaben, die Funktionsprinzipien, Geräte und Anwendungsaspekte behandelt. Insbesondere soll die Lücke geschlossen werden, die bis heute hinsichtlich einer dedizierten Betrachtung der Motor-Feedback-Geräte besteht.

Dieses Buch basiert auf und ist motiviert durch den Beitrag von SICK STEGMANN GmbH in dem Buch „Sensoren in Wissenschaft und Technik". Mit der Planung einer neuen Auflage war die Frage verbunden, ob Teile des Buchs nicht als Ausgliederung in der „essentials"-Reihe des Springer-Verlags denkbar wären.

Dieses Angebot annehmend hat sich schnell herausgestellt, dass der Rahmen der „essentials" für das Themengebiet zu eng wird, sodass mit dem Verlag zusammen entschieden wurde ein umfänglicheres Werk zu erstellen. Neben der schriftlichen Arbeit ergibt sich eine didaktische Aufarbeitung der Thematik aus der Erarbeitung und Durchführung einer Vorlesung an der HFU Hochschule Furtwangen University im Rahmen des „Mechatronischen Seminars" im Fachbereich Maschinenbau und Mechatronik.

Ein herzliches Dankeschön geht an meine Kollegen aus den Entwicklungs- und Marketingabteilungen der SICK STEGMANN GmbH. Hier möchte ich mich insbesondere an Dr.-Ing. David Hopp, Heiko Krebs, Christian Lohner, Reinhold Mutschler, Dr. Christian Sellmer, Dr. Simon Stein, Trevor Stewart und Rolf Wagner wenden, die das Manuskript aufmerksam studiert und durch Ihre Tipps einen wertvollen Beitrag zu dem Buch geleistet haben. Katharina Hirt danke ich für die Unterstützung bei der Erstellung zahlreicher Grafiken. Dem Verlag und insbesondere dem Lektorat vertreten durch Reinhard Dapper und Andrea Broßler danke ich für die gute Zusammenarbeit.

Ein besonderer Dank gilt meiner Familie: Regina, Sophia und Lena. Ist das Werk auch noch so klein, so hat es doch Zeit in Anspruch genommen, die sonst Ihnen gegönnt gewesen wäre.

Brigachtal   Stefan Basler
November 2015

Inhaltsverzeichnis

Abbildungsverzeichnis

Tabellenverzeichnis

Einleitung 1

Zusammenfassung

Drehgeber und Motor-Feedback-Systeme wandeln einen Winkel zweier sich relativ zueinander drehbarer Objekte in ein elektrisches Signal. Neben gebräuchlichen Begriffen für die Geräte wird eine schematische Sicht auf die Funktionsblöcke eingeführt. Darauf folgt eine Übersicht zu Drehgeberfunktionen und -eigenschaften, die im weiteren Verlauf des Buchs näher beschrieben werden.

Nahezu überall, wo etwas bewegt wird, drehen sich Achsen. Um diese rotatorische Bewegung steuern und regeln zu können, bedarf es Drehgeber und Motor-Feedback-Systeme. Diese wandeln den mechanischen Winkel zweier sich relativ zueinander drehbarer Objekte in ein elektrisches Signal um. Drehgeber und Motor-Feedback-Systeme unterscheiden sich dabei primär in der Anwendung und in sich daraus ergebenden Geräteanforderungen. Während Drehgeber in allgemeinen Anwendungen zur Erfassung eines Winkels einer Drehachse verwendet werden, sind Motor-Feedback-Systeme speziell für den Einsatz in Elektromotoren[1] ausgelegt. Man kann auch unterscheiden, dass ein Drehgeber als Lastgeber dient (er misst an der Lastachse) und ein Motor-Feedback-System als Motorgeber (es ist direkt im oder am Elektromotor angebracht).

---

[1] Im industriellen Umfeld können auch nicht elektrisch betriebene rotatorische Aktoren eingesetzt werden. Da aber Elektromotoren am häufigsten vorkommen, wird im Rahmen dieses Buches nur dieser Aktor betrachtet.

© Springer Fachmedien Wiesbaden GmbH, ein Teil von Springer Nature 2025
S. Basler, *Drehgeber und Motor-Feedback-Systeme*,
https://doi.org/10.1007/978-3-658-49404-9_1

Abb. 1.1 Begriffe für Sensoren für die Winkellage- und Drehzahlerfassung

Neben Drehgeber und Motor-Feedback-Systeme gibt es weitere Begriffe (vgl. Abb. 1.1). Diese sind teilweise redundant oder bezeichnen spezifische Ausprägungen. Im Rahmen dieses Buches wird bevorzugt der Begriff Drehgeber verwendet, wenn es sich um allgemeine Darstellungen handelt. Der Begriff Motor-Feedback-System wird an den Stellen eingesetzt, an denen die Anwendung zu unterscheiden ist. Die weiteren Begriffe werden nur in relevanten Ausnahmen genutzt.

Der Sensorkern eines Drehgebers besteht grundsätzlich aus drei Elementen (Abb. 1.2).[2] Der Sender bringt Energie in das System ein. Der Modulator verändert die eingebrachte Energie proportional zum mechanischen Winkel und dient somit als Maßverkörperung. Der Empfänger wandelt die modulierte physikalische Größe in ein elektrisches Signal. Kombiniert mit Signalverarbeitung, elektrischer und mechanischer Anbindung erhält man einen Drehgeber. Drehgeber sind somit mechatronische Systeme – im Aufbau und in der Anwendung. Für die Entwicklung, Produktion und Applikation von Drehgebern bedarf es Kenntnisse in der Elektrotechnik, im Maschinenbau, in der Nachrichtentechnik und im Software-Engineering. Weiteres Spezial-Knowhow in der technischen Optik, der Magnetik, oder ganz allgemein der Physik sind für einige Fragestellungen unerlässlich.

---

[2] Hier ergeben sich durchaus Parallelen mit der Nachrichtentechnik hinsichtlich der Betrachtung von Sender, Übertragungskanal und Empfänger.

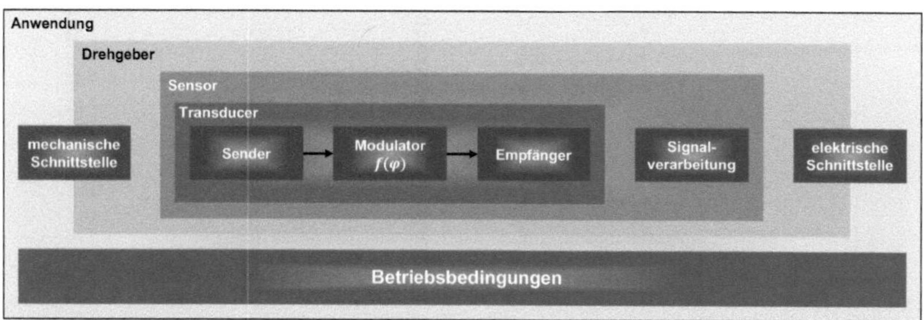

Abb. 1.2 Schematische Darstellung der Funktionsblöcke eines Drehgebers (φ: Winkel)

Diese abstrakte Betrachtungsweise hinsichtlich Sender-Modulator-Empfänger lässt sich mittels unterschiedlicher sensorischer Prinzipien umsetzen. In Drehgebern finden sich optische, magnetische, induktive, kapazitive und resistiv-potenziometrische Sensorkerne (Kap. 3). Weiterhin kann man nach elektromechanischen und mechatronischen Drehgebern unterscheiden. Bei elektromechanischen Drehgebern sind keine halbleitenden Elemente verbaut, wohl aber bei den mechatronischen. Bei den elektromechanischen Drehgebern stellt der Drehgeber nur den „Transducer" (dt.: Wandler) dar. Die auswertende Einheit steuert Sender und Empfänger und führt alle Maßnahmen zur Winkelauswertung durch. Bei einem mechatronischen Drehgeber hingegen geschieht dies alles geräteintern. Die aufbereitete Winkelinformation kann mit geringem Aufwand durch die auswertende Einheit verwendet werden. Auch können durch den Einsatz von Mikrocontrollern Funktionen mit Mehrwert bereitgestellt werden, die Drehgeber werden „intelligent". Beispiele finden sich hierzu in Abschn. 5.1.3.

Darüber hinaus haben Drehgeber viele weitere Funktionen und Eigenschaften. Diese lassen sich in einem morphologischen Kasten übersichtlich darstellen (Tab. 1.1). Details zu all diesen finden sich in den nachfolgenden Kapiteln.

Dieses Buch behandelt Drehgeber, also Geräte zur Erfassung rotativer Positionen. Fast alle Betrachtungen dazu lassen sich auch auf lineare Wegsensoren anwenden. Schließlich ist – mathematisch gesehen – eine Gerade ein Kreis mit unendlich großem Radius. Bei den Motor-Feedback-Systemen wird in der Praxis begrifflich nicht unterschieden, ob es sich um eine rotative oder lineare Messaufgabe handelt.

Tab. 1.1 Übersicht zu Drehgeberfunktionen und -eigenschaften in einem morphologischen Kasten

Parameter	Ausprägung				
Art der Anwendung	Lagegeber (Drehgeber)	Motorgeber (Motor-Feedback-System)			
Gerätetopologie	Elektromechanisch	Mechatronisch			
Codierung	Inkremental	Absolut	Hybrid (inkremental & absolut		
Messbereich	Teilkreis	Vollkreis (Singleturn)	Rundachsfunktion	Mehrere Umdrehungen (Multiturn)	
Mechanische Konfiguration des Sensorkerns	Berührend	Berührungslos			
Sensorisches Funktionsprinzip	Optisch	Magnetisch	Induktiv	Kapazitiv	Resistiv-potentiometrisch
Anordnung des Sensorkerns	Reflexiv	Transmissiv			
Energiequelle Multiturn	Lageenergie	Magnetische Energie	Batterie		
Art der elektrischen Schnittstelle	Digital parallel	Digital seriell	Analog	Hybrid	
Kupplungsart	Wellenkupplung	Statorkupplung			

(Fortsetzung)

Tab. 1.1 (Fortsetzung)

Parameter	Ausprägung				
Art der Anwendung	Lagegeber (Drehgeber)	Motorgeber (Motor-Feedback-System)			
Lagerart	Eigengelagert	Fremdgelagert (lagerlos)			
Flansch	Servoflansch	Klemmflansch			
Wellenart	Vollwelle	Aufsteck-Hohlwelle/ Topfwelle	Durchsteckwelle/ Hohlwelle	Konuswelle	
Gerätetopologie	Gerät	Kit („Bausatz")			
Elektrischer Abgang	Stecker radial	Stecker axial	Stecker drehbar	Kabel radial	Kabel axial
Funktionale Sicherheit (SIL und PL)	Keine/PL a	SIL1/PL b/c	SIL2/PL d	SIL3/PL e	

Zusammenfassung

Die Messaufgabe von Drehgebern besteht darin die Winkelstellung einer rotativen Achse zu einem Referenzpunkt zu messen und anzuzeigen. In diesem Kapitel werden relevante theoretische und messtechnische Grundlagen gelegt, notwendige Begriffe definiert und in Bezug gesetzt. Dabei wird nicht nur die eigentliche Winkelmessung betrachtet, sondern auch die Erfassung abgeleiteter Größen wie der Drehzahl und der Winkelbeschleunigung.

2.1 Winkel, Drehzahl und Winkelbeschleunigung

In der Trigonometrie (Mathematik der ebenen Geometrie) schließen zwei von einem gemeinsamen Punkt ausgehenden Geraden einen Winkel ein. Im Sinne von Drehgebern ist die Sichtweise besser geeignet wonach ein Winkel die Stellung zweier Schenkel mit der Drehachse als Scheitelpunkt beschreibt, also die Winkelstellung einer Drehachse zu einem Bezugspunkt, bzw. einer Bezugsachse (Abb. 2.1). Im Rahmen dieses Buchs wird der zu messende Winkel mit φ bezeichnet. Das Vorzeichen wird in der Praxis mit der Blickrichtung auf die Drehachse definiert. In der folgenden theoretischen Betrachtung spielt dies aber keine Rolle.

Für Winkel verwendet man die Einheiten Grad und Radiant (das Gon wird hier nicht betrachtet[1]). Dabei hat eine Umdrehung bekanntermaßen 360 Grad (Einheitszeichen °) oder im Bogenmaß ausgedrückt, 2π Radiant (Einheitszeichen rad).

---

[1] Geodätisches Winkelmaß; 1 Umdrehung $\stackrel{\triangle}{=}$ 400 gon

© Springer Fachmedien Wiesbaden GmbH, ein Teil von Springer Nature 2025
S. Basler, *Drehgeber und Motor-Feedback-Systeme*,
https://doi.org/10.1007/978-3-658-49404-9_2

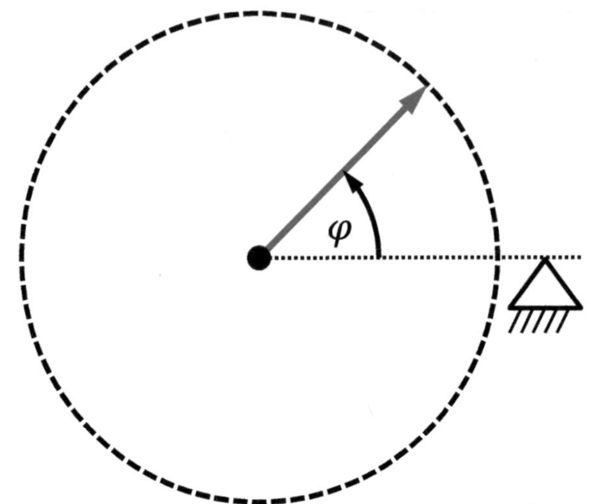

Abb. 2.1 Winkel bei rotatorischer Bewegung

Die beiden Einheiten lassen sich mit dem Umrechnungsfaktor ρ einfach in Beziehung setzen:

$$\rho = \frac{360}{2\pi} = \frac{180}{\pi} \tag{2.1}$$

Ein Grad lässt sich unterteilen in Bogen- bzw. Winkelminuten ($1° = 60'$) oder gar Bogen- bzw. Winkelsekunden ($1' = 60''$). Manchmal werden auch Milli-Grad ($m°$; $10^{-3°}$) verwendet. Eine Umdrehung (ein Vollwinkel) hat somit:

$$1\ Umdrehung \,\widehat{=}\, 360° = 21.600' = 1.296.000'' = 360.000\,m° \tag{2.2}$$

Beispiele

Entsprechend ist eine Winkelsekunde annähernd der 1,3 Millionste Teil einer Umdrehung. Zur Verdeutlichung der Größenordnung folgend einige Beispiele:

- Bei einer Auflösung von einer Winkelsekunde lässt sich die Erdoberfläche (Erdumfang ~ 40.000 km und unter Annahme der perfekten Kugelform) mit 30,9 m auflösen.

Oder leichter vorstellbar:

- Ein Winkelmesssystem mit einer Winkelsekunde Auflösung löst bei einem Radius von einem km ein Kreissegment von ~ 4,8 mm auf.
- Ein Drehgeber mit einer Codescheibe mit 30 mm Durchmesser, der eine Winkeländerung von einer Winkelsekunde anzeigt, löst einen Kreisbogen mit knapp 73 nm (!) auf.◄

Bei der Einheit Radiant verwendet man als Unterteilung das Milliradiant. Oder auf eine Umdrehung bezogen:

$$1 \, Umdrehung \, \widehat{=} \, 2\pi \, rad \, \approx \, 6283{,}2 mrad \tag{2.3}$$

Beispiele

Umrechnungsbeispiele für kleine Winkelmaße:

$$1' \approx 2{,}91 \cdot 10^{-4} \, rad = 0{,}291 mrad \quad 1 mrad \approx 5{,}73 \cdot 10^{-2°} = 3'27{,}3''$$

$$1'' \approx 0{,}48 \cdot 10^{-5} rad = 4{,}8 \mu rad \quad 1 rad \approx 57° \, 17'44''$$

◄

In diesem Buch wird in der weiteren Betrachtung und in Graphen bevorzugt im Gradmaß gearbeitet. Zur besseren Lesbarkeit wird anstatt der Apostrophen-Schreibweise die Einheitenbezeichnung „arcmin" für Winkelminute und „arcsec" für Winkelsekunde verwendet.

Neben dem eigentlichen Winkel sind auch daraus ableitbare Größen, wie Winkelgeschwindigkeit bzw. Drehzahl und Winkelbeschleunigung für viele Anwendungen relevant.

Die Winkelgeschwindigkeit ω bezeichnet die Änderung des Winkels über die Zeit:

$$\omega = \frac{d\varphi}{dt} \tag{2.4}$$

bzw. bei gleichförmiger Bewegung:

$$\omega = \frac{\Delta\varphi}{\Delta t} \tag{2.5}$$

Als Einheit für die Winkelgeschwindigkeit verwendet man rad/s, seltener $°/s$. In der Technik bezieht man sich oft auf die Anzahl der Umdrehungen pro Zeiteinheit, d. h. die Drehzahl (oder Umdrehungsfrequenz). Hierfür verwendet man die Einheit Umdrehungen pro Minute (UPM; engl.: „revolutions per minute", rpm), $1/\min$ oder $\min^{-1}$. Formal haben die Winkelgeschwindigkeit und die Drehzahl folgende Beziehung:

$$n = \frac{\omega}{2\pi} \cdot 60 \left[\frac{s}{min}\right] = \frac{30}{\pi} \cdot \omega = \frac{30}{\pi} \cdot \frac{\Delta\varphi}{\Delta t} \tag{2.6}$$

(n: Drehzahl in $[1/\min]$; ω: Winkelgeschwindigkeit in $[rad/s]$; $\Delta\varphi$: Winkeländerung in $[rad]$; Δt: Zeitänderung in $[s]$)

Beispiel

Bei einer Drehzahl von 6000 UPM bzw. 100 UPS (Umdrehungen pro Sekunde) wird eine Umdrehung in 10 ms durchlaufen. ◄

Gelegentlich findet sich auch die Angabe der Drehrate, die dann in $°/s$ angegeben wird und wie die Drehzahl auch das Formelzeichen n verwendet:

$$n_{UPM} = n_{°/s} \left[\frac{°}{s}\right] \cdot \frac{60\left[\frac{s}{min}\right]}{360\left[\frac{°}{U}\right]} = \frac{n_{°/s}}{60} \tag{2.7}$$

Die Winkelbeschleunigung α beschreibt die Änderung der Winkelgeschwindigkeit ω über die Zeit. Mathematisch ausgedrückt ergibt sich:

$$\alpha = \frac{d\omega}{dt} = \frac{d^2\varphi}{dt^2} \tag{2.8}$$

oder bei gleichförmiger Geschwindigkeitsänderung:

$$\alpha = \frac{\Delta\omega}{\Delta t} = \frac{\Delta^2\varphi}{\Delta t^2}. \tag{2.9}$$

Bezogen auf die Drehzahl ergibt sich folgende Beziehung:

$$\alpha = \frac{\pi}{30} \cdot \frac{\Delta n}{\Delta t} \tag{2.10}$$

Als Einheiten verwendet man rad/s^2, seltener $°/s^2$.

Beispiel

Ein Antrieb, der von 0 UPM auf 6000 UPM in 10 ms beschleunigt, hat eine Winkelbeschleunigung von 62,8 10^3 rad/s^2. Moderne Servoantriebe realisieren solch beeindruckende Beschleunigungen (Abschn. 5.3).◄

Neben der Drehzahl und der Winkelbeschleunigung gibt es weitere zeitliche Ableitungen des Winkels, z. B. der Winkelruck als dritte Ableitung (engl.: „angular jerk"):

$$\varrho = \frac{da}{dt} = \frac{d^2\omega}{dt^2} = \frac{d^3\varphi}{dt^3} \tag{2.11}$$

Der Ruck beschreibt somit die Änderung der Beschleunigung über die Zeit und hat die Einheit $°/s^3$. In der Praxis findet die Betrachtung Anwendung in vermeintlichen Nischenanwendungen, gewinnt aber immer mehr an Bedeutung. So hat der Ruck Einfluss auf den Fahrkomfort, z. B. in der Aufzugstechnik in „Supertall-Wolkenkratzern", der Fahrzeugtechnik unter Einsatz von Fahrassistenten, in Hochgeschwindigkeitsfahrzeugen oder bei Fahrgeschäften, wie Achterbahnen. Im industriellen Umfeld wird der Ruck, z. B. in der CNC-Technik begrenzt, um Schwingungen und Vibrationen zu reduzieren.

2.2   Messbereich

Als Messbereich bezeichnet man den Bereich der zu messenden Größe in dem ein Messgerät einen gültigen Messwert anzeigen kann. Bei Drehgebern bezieht sich dies auf den Winkelbereich. Man unterscheidet primär drei Messbereiche.

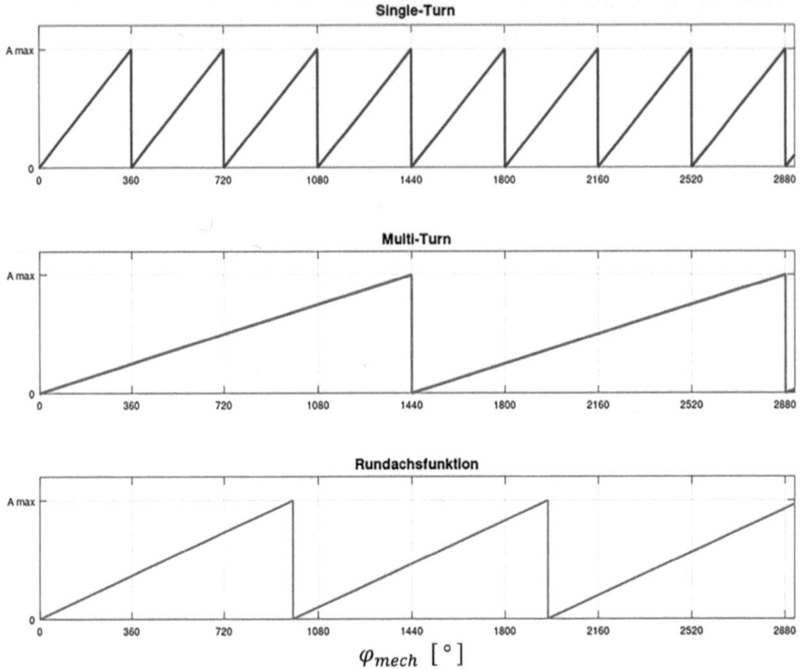

$$\varphi_{mech}\ [\,^{\circ}\,]$$

Abb. 2.2 Beispielhafte Messbereiche bei Drehgebern: oben – Singleturn, mitte – Multiturn (Messbereich: 4 Umdrehungen), unten – Rundachsfunktion (Messbereich: 2,73 Umdrehungen)

Teilwinkel, Vollwinkel oder mehrere Umdrehungen (Abb. 2.2). Stehen bei Drehgebern eindeutige Winkelwerte über eine mechanische Umdrehung zur Verfügung, spricht man von Singleturn-Drehgebern, bei solchen, die eindeutige Werte über mehrere, ganzzahlige Umdrehungen ausgeben von Multiturn-Drehgebern.[2] Daneben gilt es zwei Sonderfälle zu betrachten:

- Inkrementaldrehgeber (Abschn. 5.2) zeigen nur eine Winkeländerung (Inkremente) gemäß deren Auflösung an. Diese Funktion steht über eine ganze Umdrehung zur Verfügung.

---

[2] Deutsche Begriffe sind nicht gebräuchlich.

- Drehgeber mit einer sogenannten Rundachsfunktion (Endloswelle, elektronisches Getriebe) zeigen einen anderen Messbereich an als den, der der verwendeten Sensorik zugrunde liegt. Am besten erklärt sich die Funktion an einem Beispiel:

Beispiel

Ein System hat ein Getriebe. Der Drehgeber ist als Lastgeber an der Antriebsachse des Getriebes angebracht und das Getriebe hat eine Untersetzung von 1: 2,73. Mithilfe der Rundachsfunktion zeigt nun der Drehgeber nicht die eigentliche Winkelposition der Drehgeberachse an, sondern die an der Getriebeabtriebsachse. Entsprechend beträgt der Messbereich 2,73 Umdrehungen (982,8°, siehe Abb. 2.2 unten).

Die Rundachsfunktion erlaubt beliebige ganzzahlige und nicht-ganzzahlige Über- und Untersetzungsverhältnisse.◄

2.3 Winkelrechnung in Drehgebern

Nur wenige Drehgeber-Messprinzipien erlauben es, einen winkelproportionalen Wert direkt sensorisch zu ermitteln (z. B. resistiv-potentiometrischer Drehgeber). Bei den anderen Prinzipien wird versucht einen in der Mathematik üblichen Weg zu gehen. Der Winkel wird auf Basis trigonometrischer Funktionen ermittelt (Goniometrie). Die Sensoren werden so gestaltet, dass bei Drehbewegung sinusförmige Signale entstehen, meist ein Paar mit einem Sinus- und einem Cosinus-Signal (Abb. 2.3). Diese Signalpaarung wird auch als Quadratursignale bezeichnet, da sie in Quadratur, d. h. im rechten Winkel stehen (90° Phasenversatz). Zur Veranschaulichung kann eine Darstellung am Einheitskreis verwendet werden. Ein Zeiger (Vektor) mit der Länge 1 dreht sich gegen den Uhrzeigersinn. Als Drehachse ist der Koordinatenursprung definiert und als Nullpunkt die Lage des Zeigers auf der Abszisse in positiver Richtung liegend. Die y-Komponente des Zeigers repräsentiert den Sinus und die x-Komponente den Cosinus. Der Winkel φ wird zwischen dem Vektor und der Abszisse aufgespannt.

Diese Sinus- und Cosinus-Signale lassen sich anhand der bekannten goniometrischen Beziehung.

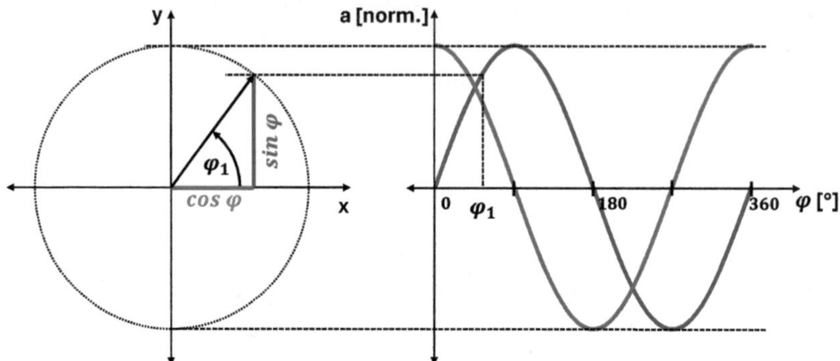

Abb. 2.3 Einheitskreisdarstellung mit rotierendem Vektor und daraus abgeleitete sinusförmige Signale

$$\tan\varphi = \frac{\sin\varphi}{\cos\varphi} \tag{2.12}$$

wie folgt in einen Winkel umrechnen[3]:

$$\varphi = \arctan\left(\frac{a_{\sin}}{a_{\cos}}\right) \tag{2.13}$$

(φ: Errechneter Winkel in [°]; $a_{\sin}$, $a_{\cos}$: Momentanwerte der Sinus- und Cosinus-Signale)

Gl. 2.13 bezieht sich auf eine Sinus-Cosinus-Signalperiode.

Die *arctan*-Funktion wandelt die Sinus-Cosinus-Signale, welche die Koordinaten für einen Punkt im kartesischen Koordinatensystem darstellen ($x = a_{cos}$, $y = a_{sin}$) in Polarkoordinaten mit Winkel und Amplitude um. Die Berechnung des Winkels ist das primäre Ziel. Die Amplitude stellt die Vektorlänge dar (s. u.), ist sonst aber von sekundärer Bedeutung.

Hat ein Drehgeber eine solche Signalperiode pro Umdrehung, so ergibt sich direkt die Winkelstellung des Rotors zum Stator. Da in der praktischen Umsetzung die Sinus- und Cosinus-Signale und somit der sich ergebende Winkel nicht unendlich hoch aufgelöst werden können, Anwendungen aber hohe Auflösungen fordern, unterteilt man den mechanischen Vollwinkel in mehrere Teilwinkel.

---

[3] In der Praxis wird die Funktion *atan2* eingesetzt, da diese eindeutige Werte im Bereich $0\ldots 2\pi$ liefert.

Dabei wird jeder Teilwinkel durch eine Signalperiode repräsentiert, man rechnet also mit mehreren Perioden pro Umdrehung (engl.: „periods per revolution", PPR). Dies wird durch Gl. 2.14 dargestellt:

$$\varphi_i = \frac{1}{PPR}\arctan\left(\frac{a_{\sin}}{a_{\cos}}\right) \qquad (2.14)$$

(φ_i: Momentanwert des Winkels der i-ten Periode in [°]; PPR: Anzahl der Perioden pro Umdrehung; $a_{\sin}$, $a_{\cos}$: Momentanwerte der Sinus- und Cosinus-Signale)

Durch diese Beziehung kann man zwar die Auflösung erhöhen, verliert aber die Aussage über einen absoluten Winkel auf eine Umdrehung (siehe Abschn. 2.4). Es ist nun sinnvoll φ_{elektr} und φ_{mech} einzuführen. φ_{elektr} bezeichnet einen Winkel innerhalb einer elektrischen Periode und φ_{mech} jenen auf eine mechanische Umdrehung (Abb. 2.4).

Neben der reinen Winkelrechnung kann auf Basis der sinusförmigen Signale auch eine einfache Überprüfung der Funktion des Drehgebers durchgeführt werden. Geben Drehgeber direkt sinusförmige Signale an der elektrischen Schnittstelle aus, kann die bekannte goniometrische Beziehung $sin^2 + cos^2 = 1$ gemäß Gl. 2.15 interpretiert werden:

$$a_{\sin}^2 + a_{\cos}^2 = \text{const.} \qquad (2.15)$$

Das Ergebnis aus Gl. 2.15 wird auch als Vektorlänge bezeichnet. Diese ist in vielen Belangen von hoher Bedeutung und idealerweise konstant. Eine weitere Möglichkeit, die sich durch die Verwendung von Sinus- und Cosinus-Signalen ergibt, ist die der Lissajous-Figur[4]. Mit einem Oszilloskop in xy-Darstellung zeichnen die sinusförmigen Signale bei Drehung eine kreisähnliche Form. Der Einheitskreis wird dadurch messtechnisch dargestellt. Auf diese Weise lassen sich verschiedene Qualitätsmerkmale der Quadratursignale abschätzen (Abschn. 2.5.3). Dies ist ein einfach umzusetzendes indikatives Verfahren.

---

[4] Ursprünglich und primär wurde und wird die Lissajous-Figur zur Analyse der Überlagerung linearer Schwingungen eingesetzt. Zwei Signale können so einfach in ihrem Frequenzverhältnis und ihrer Phasenbeziehung untersucht werden. Signale unterschiedlicher Frequenz beschreiben eine Bahnkurve. Offsetfreie Signale gleicher Frequenz und Amplitude beschreiben einen perfekten, zentrisch angeordneten Kreis. Unterscheidet sich die Amplitude ergibt sich eine Ellipse, haben die Signale einen Offset, geht die Zentrizität verloren.

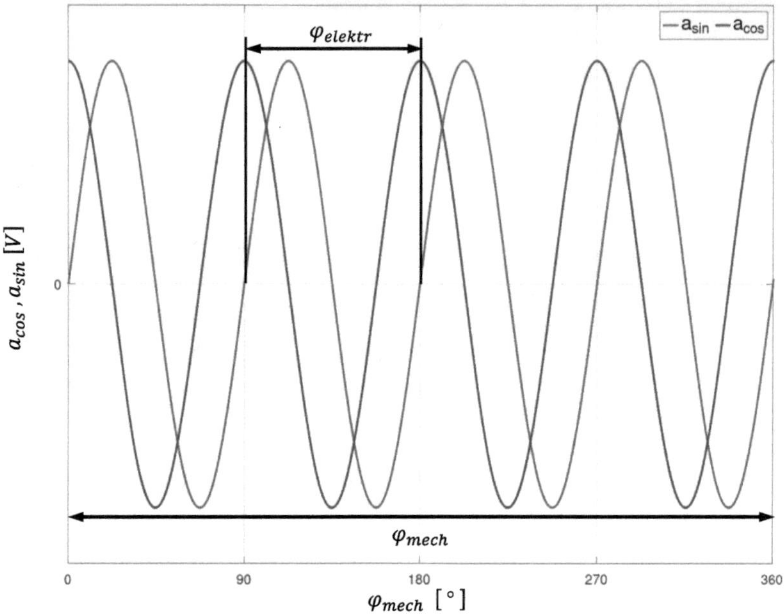

Abb. 2.4 Definition von φ_{elektr} und φ_{mech} bei winkelabhängigen Sinus-/Cosinus-Signalen mit 4 Perioden pro Umdrehung (PPR = 4)

Die eigentliche Winkelrechnung bei Sinus-Cosinus-Signalen basiert auf Gl. 2.14 und wird in diesem Zusammenhang als Interpolation bezeichnet.[5] Interpolatoren können in zwei Dimensionen auf unterschiedliche Weise umgesetzt werden. Zum einen gibt es verschiedene Verfahren, zum anderen verschiedene Integrationsstufen in der Umsetzung in Hardware und Software. Sinus/Cosinus-Digital-Wandler (engl.: „sine/cosine-to-digital converter"; SDC), wie Interpolatoren auch bezeichnet werden können, gibt es als dedizierte ASIC- oder ASSP-Komponenten (engl.: „application specific integrated circuit", dt.: anwendungsspezifischer integrierter Schaltkreis bzw. engl.: „application specific

---

[5] Der Begriff Interpolation wird in der Mathematik für eine näherungsweise Bestimmung eines unbekannten Punktes zwischen bekannten Punkten einer kontinuierlichen Funktion verwendet. Im Zusammenhang mit Drehgebern bezieht sich die Interpolation auf die Berechnung von Winkelwerten innerhalb einer Sinus-Cosinus-Periode.

standard product", dt.: anwendungsspezifisches Standardprodukt). Auch kann die Funktion nach Digitalisierung der sinusförmigen Signale durch geeignete Analog–Digital-Wandler (engl.: „analog-to-digital converter", ADC) mittels Software auf Mikrocontrollern, digitalen Signalprozessoren (DSPs) oder FPGAs (engl.: „field programmable gate arrays") implementiert werden. Dabei wird oft der sogenannte CORDIC Algorithmus[6] (engl.: „coordinate rotation digital computer") für die Berechnung der trigonometrischen Funktionen eingesetzt. Bei den Verfahren sollen aus den vielen die prominentesten genannt werden [1, 2].

Der klassische Ansatz ist es die Sinus- und Cosinus-Signale gleichzeitig mit linearen Analog-Digital-Wandlern abzutasten und die digitalen Werte gemäß Gl. 2.14 in einen Winkel umzurechnen. Alternativ zur Berechnung kann der Winkelwert aus einer zweidimensionalen Matrix ausgelesen werden, wobei die digitalen Sinus- und Cosinuswerte die Indizes für die Reihen und Spalten darstellen. Vor der Winkelwandlung können die Digitalwerte normiert (z. B. Amplitude) und hinsichtlich Fehlerkomponenten (z. B. Offset) korrigiert werden (Abschn. 2.5.4). Ein Flash-SDC ist vergleichbar einem linearen Flash Analog-Digital-Wandler. Bei diesen wird das Eingangssignal mit mehreren Referenzspannungen durch analoge Komparatoren verglichen. Für jeden aufgelösten Schritt wird ein Komparator benötigt. Die Referenzspannungen werden aus einer Spannung durch eine Kaskade von Widerständen gebildet. Beim Flash-SDC werden im Gegensatz dazu zwei Eingangssignale zugeführt und die Widerstandskaskade ist so ausgelegt, dass die Komparatoren Winkelwerte zugeordnet werden. Flash-SDCs sind sehr schnell, der Hardwareaufwand lässt sich allerdings nur für geringe Auflösungen sinnvoll umsetzen. Interpolatoren die mit dem Nachlaufverfahren arbeiten, schätzen einen Winkel aus den Signalen ab und führen das Ergebnis auf den Eingang zurück. Dort wird eine Differenz ermittelt, die solange nachgeregelt wird, bis der Fehler minimal ist. Diese Regelung geschieht sehr schnell, insbesondere wenn bereits ein Winkel ermittelt wurde und dieser nur nachgeführt werden muss. Die verschiedenen Verfahren unterscheiden sich, u. a. im Implementierungsaufwand (Hard- und/oder Software), in der Schnelligkeit (somit durch Wandlung eingeführte Latenz), Auflösung und Genauigkeit.

---

[6] Der CORDIC-Algorithmus wurde Ende der 1950er Jahre erfunden, als Rechenressourcen knapp und teuer waren. Er verzichtet bei den Rechenoperationen auf Multiplikationen und verwendet stattdessen Schiebeoperationen, Additionen und Lookup-Tabellen und lässt sich somit effizient auf Mikroprozessoren und FPGAs umsetzen. Wurde er ursprünglich für die Berechnung trigonometrischer Funktionen entwickelt, gibt es inzwischen auch Algorithmen für Exponentialfunktionen, Logarithmen, Hyperbeln, aber auch effiziente Multiplikations- und Divisionsalgorithmen.

Fokussieren diese Verfahren die geometrischen Gegebenheiten zur Positions-ermittlung und numerische Differenzierung zur Bestimmung von Drehzahl und ggf. Winkelbeschleunigung gibt es neuere Algorithmen, die modellbasiert Sys-temzustände basierend auf Signalen mit Rauschanteilen mittels Kalman-Filter zum Einsatz bringen ([9–11]). Ein Vergleich des klassischen Ansatzes, mit dem der Zustandsschätzung soll anhand eines Beispiels die Wirkung der Schätzung verdeutlichen. Einführungen zu Kalman-Filtern finden sich, z. B., in [12] und [13].

Die zugrunde liegende Struktur des Kalman-Filters ist in Abb. 2.5 dargestellt.

Der Zustandsvektor x des physikalischen Systems wird im zeitdiskreten Modell des Kalman-Filters als geschätzter Zustandsvektor mit $\hat{\underline{x}}$ bezeichnet. Da in dem vorliegenden Fall der Bezug zwischen den Messvariablen und der Position aufgrund der trigonometrischen Funktion nicht-linear ist, kommt der erweiterte Kalman-Filter (engl.: „extended Kalman filter", EKF) zum Einsatz. Aus dem Strukturdiagramm wird ersichtlich, dass der Zustandsvektor ein system-internes Signal ist, auf das von außen nicht direkt zugegriffen werden kann (wie bei allen Sinus-Cosinus-Systemen, wo der Winkel erst berechnet werden muss).

Der Zustandsvektor x bezeichnet die Zustandsvariablen für das reale System:

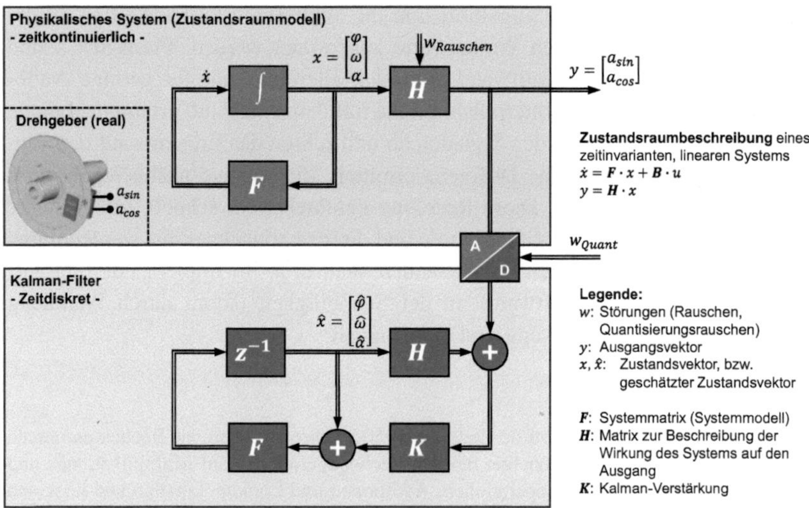

Abb. 2.5 Struktur eines Kalman-Filters gemäß den Gleichungen der Grundform des Kalman-Filter nach [14]; vereinfachte Darstellung

$$x = \begin{bmatrix} Winkel \\ Drehzahl \\ Winkelbeschleunigung \end{bmatrix} = \begin{bmatrix} \varphi \\ \omega \\ \alpha \end{bmatrix} \tag{2.16}$$

Der Zustandsvektor $\hat{\underline{x}}$ bezeichnet die geschätzten Zustandsvariablen für das Modell:

$$\hat{x} = \begin{bmatrix} \hat{\varphi} \\ \hat{\omega} \\ \hat{\alpha} \end{bmatrix} \tag{2.17}$$

Es ist zu erkennen, dass neben der Winkellage (bzw. Position) gleichzeitig die Drehzahl (bzw. Geschwindigkeit) und die Winkelbeschleunigung (bzw. lineare Beschleunigung) geschätzt werden können. Auch können bei Bedarf weitere Ableitungen höherwertige Ordnungen, wie, z. B. der Winkelruck (Abschn. 2.1), ermittelt werden.

Sind die benötigten Modelle bestimmt, folgt der Algorithmus dem Muster der Prädiktion und Korrektur für jeden Messschritt gemäß dem Ablaufdiagramm in Abb. 2.6.

Die folgenden Graphen zeigen ein Beispiel für den Vergleich in der Ermittlung von (linearer) Position, Geschwindigkeit und Beschleunigung zwischen den klassischen Verfahren basierend auf der *atan*-Interpolation und auf der Schätzung mit dem erweiterten Kalman-Filter. Dabei werden die Eingangs-Sinus-Cosinus-Signale mit weißem Rauschen überlagert (repräsentativ für alle Rauschfaktoren in realen Systemen).

Der Bewegungsablauf des Beispiels stellt eine *lineare,* sinusförmig oszillierende Bewegung mit einer Frequenz von 10 Hz und einer Amplitude von 1 μm dar. Dadurch ändern sich sowohl die Position als auch die Geschwindigkeit und die Beschleunigung. Abb. 2.7 zeigt neben der Position, die sich ergebenden Sinus-Cosinus-Signale sowie einen Zoom in die Signale zur Verdeutlichung des überlagerten Rauschens.

Die folgenden Darstellungen in den Abbildungen Abb. 2.8, 2.9 und 2.10 zeigen den Verlauf der Position, der Geschwindigkeit und der Beschleunigung jeweils im Vergleich zwischen einer *atan*-Interpolation (links) und einer Schätzung mittels erweitertem Kalman-Filter (rechts). In der Darstellung für die Beschleunigung (Abb. 2.10) beachte man den Faktor 100 in der Skalierung der Ordinatenachse bei der *atan*-Interpolation.

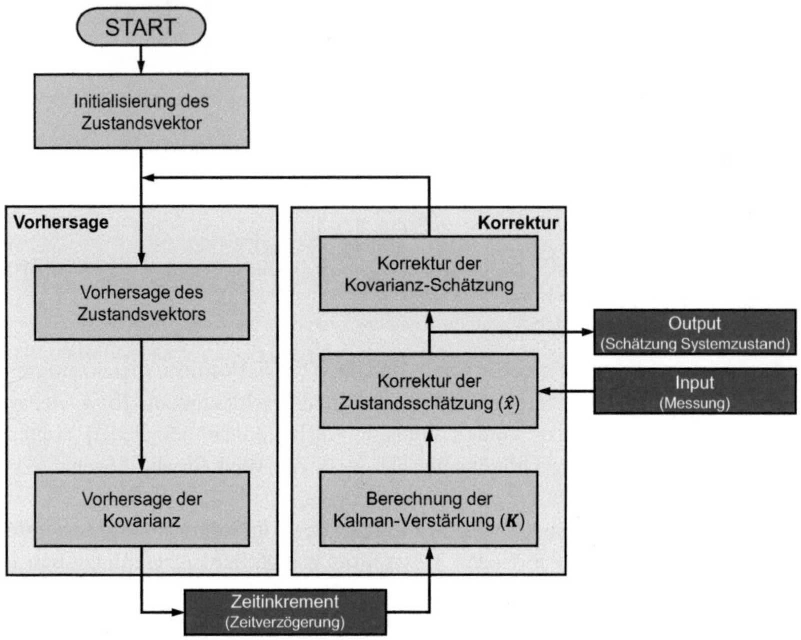

Abb. 2.6 Ablaufdiagramm für den Algorithmus zur Berechnung eines Kalman-Filter

Dieses Beispiel zeigt in der gegebenen Konfiguration eine herausragende Performanz des EKF-Schätzers gegenüber dem klassischen Interpolationsansatz. Die Herausforderung liegt allerdings darin Koeffizienten festzulegen, anhand derer sich die Anforderungen der Anwendung unter allen Betriebsbedingungen erfüllen lassen. Eventuell bietet sich ein hybrider Ansatz aus klassischer Interpolation und Schätzer an. Der EKF-Algorithmus bedarf einiger Rechenleistung kann aber durchaus auf einem eingebetteten System auch für schnelle Zykluszeiten implementiert werden.

2.4   Codierung

Ein Sinus- Cosinus-Signalpaar wird dazu verwendet, einen Winkel innerhalb einer elektrischen Periode darzustellen. Dies ist für industrielle Anwendungen meist nicht ausreichend. Es werden Konventionen und Zusatzinformationen zur

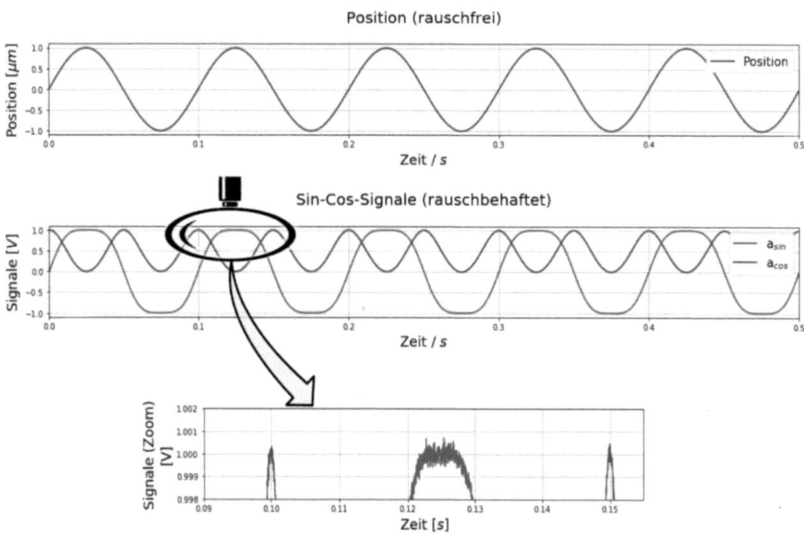

Abb. 2.7   Bewegungsablauf des Beispiels zur Darstellung von Eigenschaften eines EKF

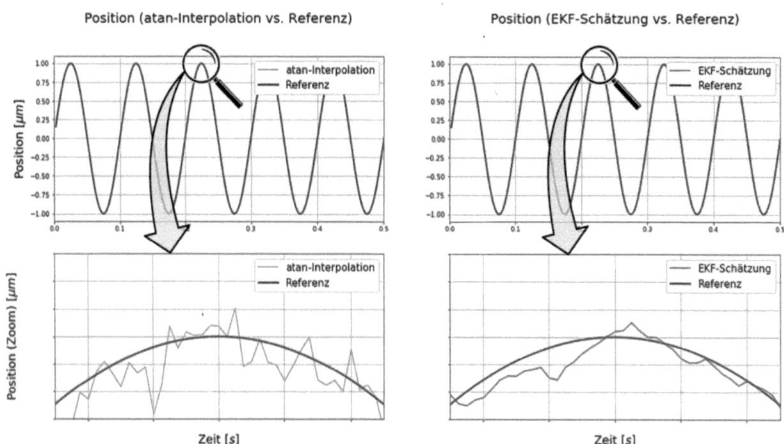

Abb. 2.8   Vergleich *atan*-Interpolation (links) vs. EKF-Schätzung (rechts): Position

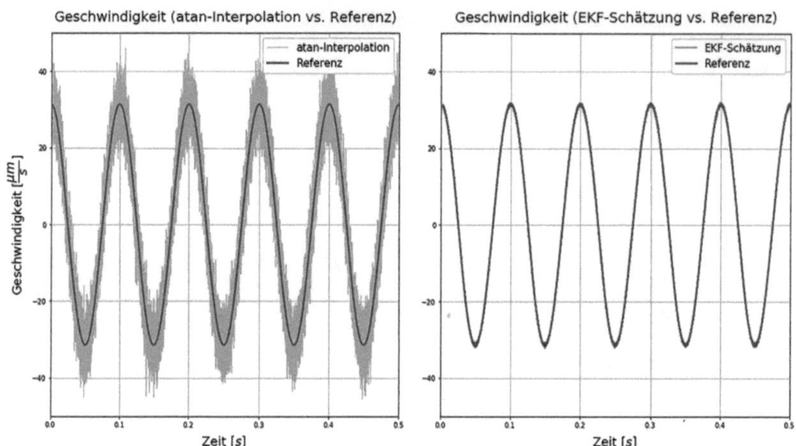

Abb. 2.9 Vergleich *atan*-Interpolation (links) vs. EKF-Schätzung (rechts): Geschwindigkeit

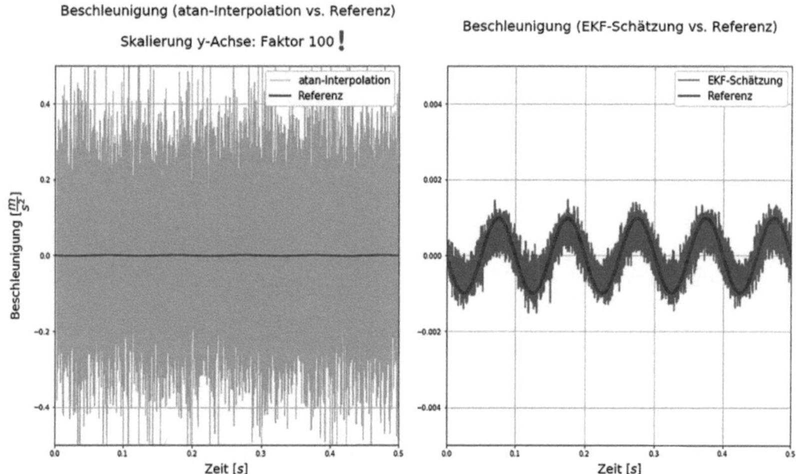

Abb. 2.10 Vergleich *atan*-Interpolation (links) vs. EKF-Schätzung (rechts): Beschleunigung

Gewinnung der Absolutinformation eingeführt. Es ergeben sich Codes, die innerhalb des Drehgebers oder durch eine Steuerung weiterverarbeitet werden können. Dabei unterscheidet man Inkrementalcodes, die eine Winkeländerung anzeigen, von Absolutcodes, die zu jeder Zeit einen eindeutigen Winkel innerhalb des Messbereichs zur Verfügung stellen.

2.4.1 Inkrementalcode

Bei Drehgebern mit Inkrementalcode (Inkrement als Elementarschritt oder abzählbares Intervall) wird die Winkelinformation relativ ausgegeben. Das heißt, es wird nicht eine absolute Winkelinformation, sondern nur eine Winkeländerung mittels Signaländerungen angezeigt. Es werden zwei Signalarten genutzt: rechteck- und sinusförmige Signale.

Bei den inkrementalen Drehgebern mit Rechtecksignalen wird in der einfachsten Form ein einziges Signal zur Verfügung gestellt (Abb. 2.11, oben links). Dieses Signal erlaubt nur die Ermittlung einer Winkeländerung anhand der Auswertung der Signalflanken. Erweitert man das System um ein zweites, um $90°$ phasenverschobenes Signal, man erhält ein Quadratursignalpaar. Die Signale dieses Paares werden mit unterschiedlichen Buchstabenkombinationen bezeichnet. In diesem Buch werden die Buchstaben A und B verwendet. Bezieht man sich auf die Signalpaarung, so kann die Bezeichnung AqB verwendet werden. Mit AqB kann man zusätzlich zur Winkeländerung die Drehrichtung erkennen (Abb. 2.11, oben rechts). Hierzu werden zusätzlich zu den Signalflanken die Signalpegel ausgewertet. Gleichzeitig wird bei gleicher Anzahl an Impulsen pro Signal pro Umdrehung die Auflösung verdoppelt. Um die Zuordnung zu einem Bezugspunkt auf dem Vollwinkel zu erhalten, kann noch ein drittes Signal, Z, zur Verfügung gestellt werden, der sogenannte Nullimpuls (Abb. 2.11, oben rechts). Dieser Nullimpuls schaltet einmalig pro Umdrehung und hat eine definierte Lage und Dauer in Bezug auf die Inkrementalsignale A und B (eine eingeschränkte Anzahl von Relationen wird verwendet, vgl. Abschn. 5.2.2.1). Dadurch kann eine quasi-absolute Position ermittelt werden. Allerdings muss eine sogenannte Referenzfahrt beim Einschalten des Drehgebers durchgeführt werden, um diesen Bezugspunkt einmalig zu durchfahren. Durch Zählen der Inkrementalsignale kann eine pseudo-absolute Position (Single- oder gar Multiturn) nachgehalten werden.

In der realen Umsetzung erhält man keine perfekten Rechtecksignale direkt aus der Sensorik. Meist erhält man verschliffene, dreieckförmige oder sinusförmige Signale. Für gut schaltende Rechtecksignale werden diese anhand eines Komparators aufbereitet. Natürlich werden aber auch die sinusförmigen Signale

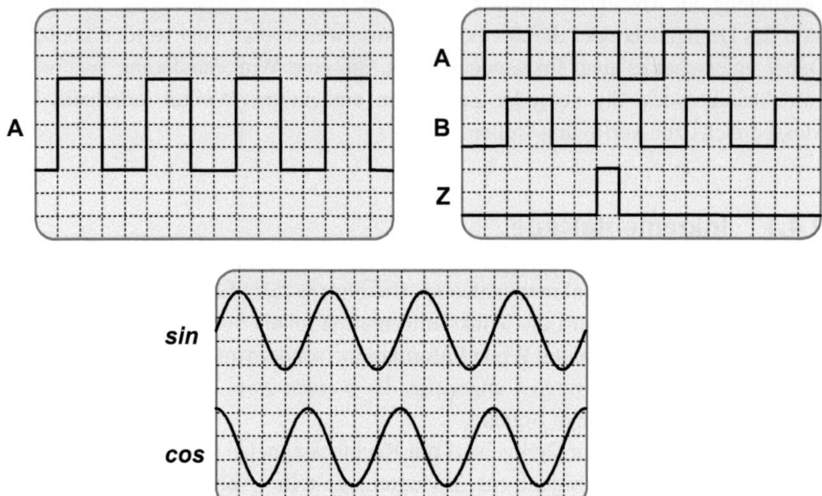

Abb. 2.11 Inkrementalsignale in Oszilloskopdarstellung. oben links – 1-kanalig digital, oben rechts – 3-kanalig digital, unten – 2-kanalig analog (sin/cos)

in Inkrementaldrehgebern verwendet (Abb. 2.11, unten). Da Steuerungen, die für Inkrementalgeber ausgelegt sind, rechteckförmige Signale erwarten, werden die Sinus-Cosinus-Signale aufbereitet. Dazu kann auch die Interpolation verwendet werden, wodurch auch die Auflösung erhöht wird.

Abb. 2.12 zeigt die Codescheibe eines optischen Inkrementalgebers. Die randnah gestrichelte Struktur besteht aus regelmäßigen, trapezförmigen (Rechtecke polar aufgetragen) lichtdurchlässigen und -undurchlässigen Bereichen zur Generierung der AqB-Signale. Die rechteckförmige Struktur über der „500"-Kennzeichnung dient zur Generierung des Nullimpulses. Mehr dazu in Abschn. 3.1.3.

Ein Nebenaspekt hochauflösender optischer Drehgeber, in deren Ausprägung als Inkrementalgeber mit rechteckförmigen Signalen, ist, dass ihre Leistungsfähigkeit nur unwesentlich durch äußere Bedingungen, wie beispielsweise Temperatur, beeinflusst wird. Die hohe native Auflösung, die physikalisch in der Maßverkörperung vorliegt, reduziert erheblich den Einfluss von Signalperiodenbezogenen Fehlern wie Offset- und/oder Amplitudenänderungen.

Abb. 2.12 Codescheibe
für einen optischen
Inkrementalgeber. (Quelle:
SICK AG)

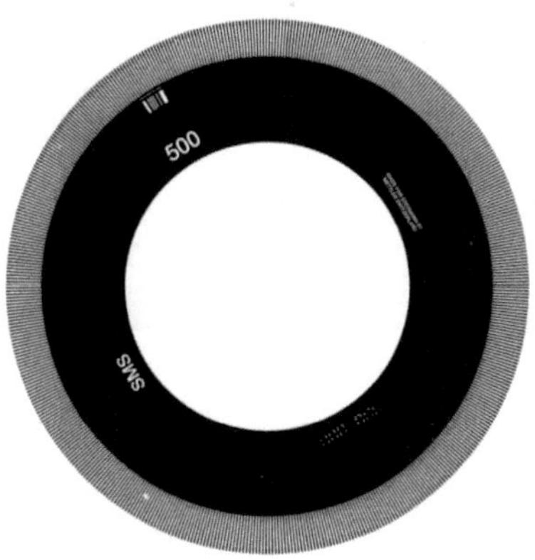

2.4.2 Absolutcode

Genügt es bei einer Anwendung nicht, dass nur Winkeländerungen oder Winkel innerhalb eines Teilwinkels (z. B. eine elektrische Periode) angezeigt werden, sondern zu jeder Zeit eine absolute Winkelposition auf eine Umdrehung (oder mehrere Umdrehungen) zur Verfügung steht, kommen Absolutdrehgeber zum Einsatz. Dies ist insbesondere dann wichtig, wenn die Absolutposition beim Einschalten des Drehgebers zur Verfügung stehen muss, da auf eine Referenzfahrt anwendungsbedingt verzichtet werden muss. Der Begriff Absolutposition bezieht sich eher auf eine lineare Position wird aber auch bei Drehgebern zur Angabe eines absoluten Winkels verwendet.

Absolutdrehgeber verwenden eine Kombination aus einer mehr oder weniger hoch aufgelösten Inkrementalspur und weiteren Signalspuren. Diese Zusatzinformation wird dazu genutzt den elektrischen Perioden der Inkrementalspur (sinus- oder rechteckförmig) einen Index zuzuweisen. Die Signale zusammen genommen realisieren einen Code, der von der Maßverkörperung getragen wird. Zum Einsatz kommen, z. B. Binär-, Gray-, Nonius- oder Pseudo-Random-Codes.

Der einfachste Code ist der Binärcode. Die Signale werden als Rechtecksignale gelesen, wobei jede Signalspur eine Bitwertigkeit eines binären Codes darstellt. Es werden zwei Arten von Code benutzt. Beim klassischen Binärcode stellt das gelesene Codewort direkt den Winkel dar (Abb. 2.13, oben). Bei Drehgebern verwendet man allerdings bevorzugt den Gray-Code (Abb. 2.13, unten). Dies ist ein stetiger Code mit der spezifischen Eigenart, dass sich beim Übergang

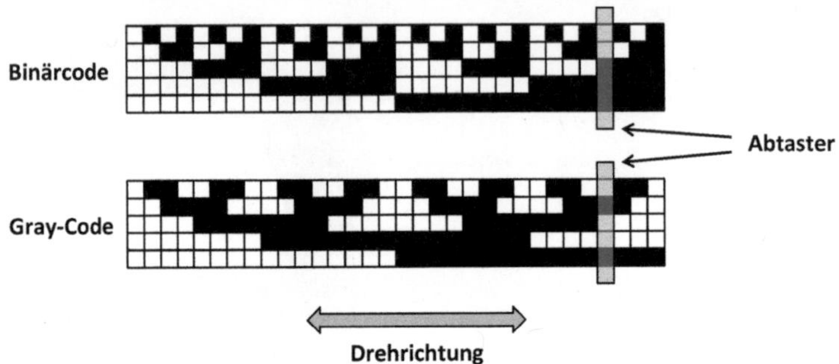

Abb. 2.13 Binäre Absolutcodes: oben – 5-Bit Binär-Code, unten – 5-Bit Gray-Code

von einem auflösbaren Schritt zum nächsten, jeweils nur ein Bit ändert. Es entsteht kein „Winkelprellen" beim Übergang von einem Codewort zum nächsten. Ein möglicher Ablesefehler beträgt maximal eins.

Der Nachteil der Binärcodes ist, dass jede Bitwertigkeit in einer dedizierten Codespur codiert werden muss. Dies führt zu einem großen radialen Platzbedarf bei großen Codebreiten. Des Weiteren kann es auch schwierig sein den Sensor zu gestalten. So muss bei optischen Drehgebern eine relativ große Fläche homogen ausgeleuchtet werden. Für magnetische Drehgeber gar wäre es eine große Herausforderung eine entsprechende Codescheibe zu magnetisieren. Nonius- und Pseudo-Random-Codes begegnen diesem Problem, da sie mit weniger Codespuren zur Darstellung eines absoluten Drehgebercodes auskommen.

Der Nonius-Code[7] ist aus der Anwendung beim Messschieber bekannt. Bei diesem Code werden eine Hauptskala (hier bezeichnet mit m) und eine oder mehrere Teilskalen (n_i) miteinander verrechnet. In der typischen Verwendung des Codes in Drehgebern haben die Spuren eine um eins unterschiedliche Anzahl von Perioden pro Umdrehung ($m = n_1 + 1$). Bei der Wahl der Teilungsperioden muss auf das Auflösevermögen des Systems geachtet werden. Es können nicht beliebig große Teilungen verwendet werden, da diese irgendwann nicht mehr eindeutig erfasst und verrechnet werden können. Werden mehr als zwei Codespuren verwendet, lassen sich größere, oder höher aufgelöste Messbereiche realisieren. Gl. 2.18 stellt die Verrechnung eines zweispurigen Nonius-Codes dar (Abb. 2.14 und 2.15 oberer Teil).

---

[7] Auch als Vernier-Code bezeichnet.

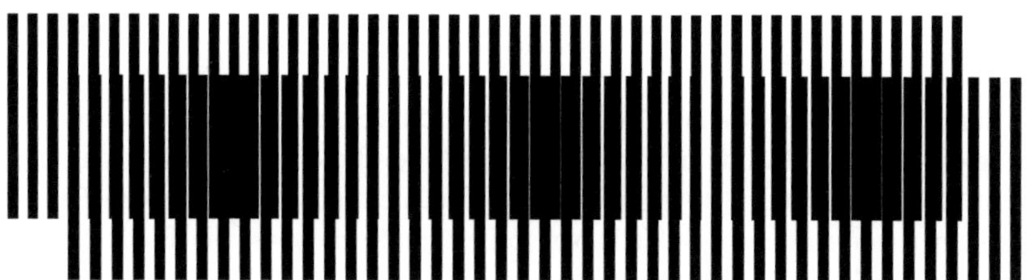

Abb. 2.14 Nonius Codierung durch Überlagerung von Strichgittern unterschiedlicher Periodizität (zur besseren Verdeutlichung des Effekts dreimal hintereinander dargestellt)

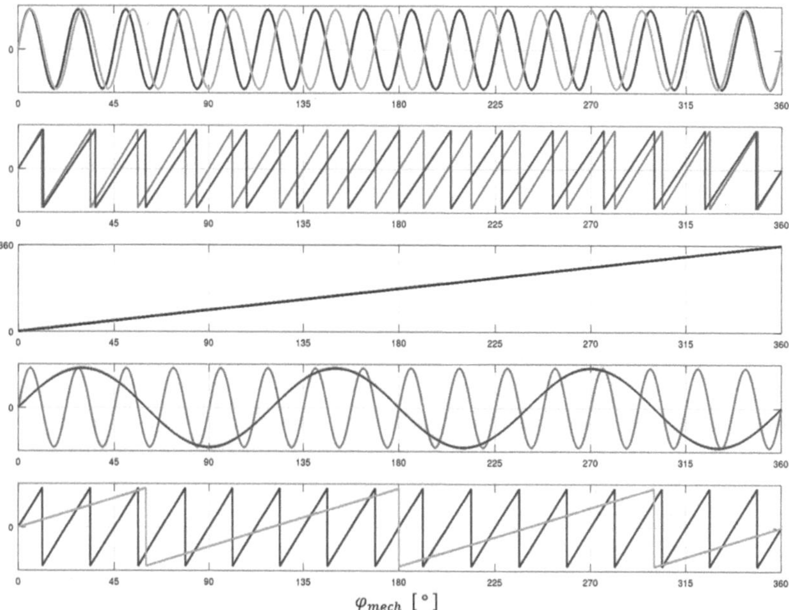

Abb. 2.15 Nonius- und M × N-Codierung: ganz oben – Sinussignal eines Nonius-Codes mit $m = 16$ und $n = 15$, zweite von oben – entsprechende Winkelsignale der Nonius-Spuren, mitte – berechneter Winkel aus den Nonius- bzw. M × N-Codes, zweite von unten – Sinussignale eines M × N-Codes mit $m = 16$ und $n = 3$, entsprechende Winkelsignale des M × N-Codes

$$\varphi = \frac{1}{m-n}\left(\arctan\left(\frac{\sin(m\varphi)}{\cos(m\varphi)}\right) - \arctan\left(\frac{\sin(n\varphi)}{\cos(n\varphi)}\right) \right) \qquad (2.18)$$

Sonderformen des Nonius-Codes verwenden Skalen, deren Periodenlänge sich um mehr als eine Periode unterscheiden. Auch bei diesen Codes kann man den Absolutwinkel mit Gl. 2.18 berechnen. Zu beachten ist, dass die beiden Faktoren keinen gemeinsamen Teiler haben (teilerfremd), da sonst die Eindeutigkeit auf eine Umdrehung verloren geht. Auch mit diesem als MxN bezeichneten Code kann ein recht großer Messbereich erfasst werden. Der MxN-Code wird bei Drehgebern eingesetzt, bei denen es sinnvoll ist sich stark unterscheidende Periodenlängen in den Codespuren zu verwenden. Außerdem ist er weniger empfindlich auf mechanische Toleranzen (Abb. 2.15 unterer Teil).

Der Pseudo-Random-Code [3, 4] ist ein einspuriger Absolut-Code, der ebenfalls parallel zu einer Inkrementalspur verwendet werden kann. Er ist so gestaltet, dass er sequenziell ausgelesen wird. Für einen 2^x -Code wird ein Abtaster mit mindestens $\times$ Ausleseelementen tangential zur Drehachse aufgebracht. Jeder Winkelschritt stellt ein eindeutiges Codewort dar, das mittels eines passenden Dekodierpolynoms dekodiert werden kann. Die Besonderheit bei diesem Code ist, dass er in sich geschlossen ist, d. h. das letzte Codewort geht nahtlos in das erste über, was für Drehgeber natürlich sehr günstig ist (Abb. 2.16).

2.4.3 Synchronisation

Immer dann, wenn ein Messwert aus mehreren Teilmessungen zusammengesetzt wird, ist es angezeigt die einzelnen Teilmesswerte zueinander zu synchronisieren. Dies gilt insbesondere dann, wenn die Teilmessungen durch unterschiedliche, unabhängige Sensoren erfasst werden. Beispiele hierfür sind die Kombination einer Inkrementalspur mit einem Pseudo-Random-Code, die Übertragung eines Positionswerts über eine hybride Schnittstelle (niedrig aufgelöster Absolutwert auf einem digitalen Kanal und hochaufgelöste Information innerhalb einer Sinus-Cosinus-Periode als analoges Signal) oder bei der Kaskadierung mehrerer Multiturn-Stufen (Abschn. 4.2.3) untereinander und mit einer Singleturn-Information. Problematisch ist, dass die Ergebnisse der Teilmessungen unterschiedliche Schaltzeiten aufweisen können. Dies kann bedingt sein durch Signallaufzeiten, Getriebespiel bei einem getriebebasierten Multiturn, Hysterese, Signalrauschen, etc. Wenn keine Maßnahmen getroffen werden, kann die Stetigkeit der Gesamtinformation verloren gehen. Die Synchronisation beschreibt nun ein Verfahren, mit dem diesem Phänomen begegnet werden kann.

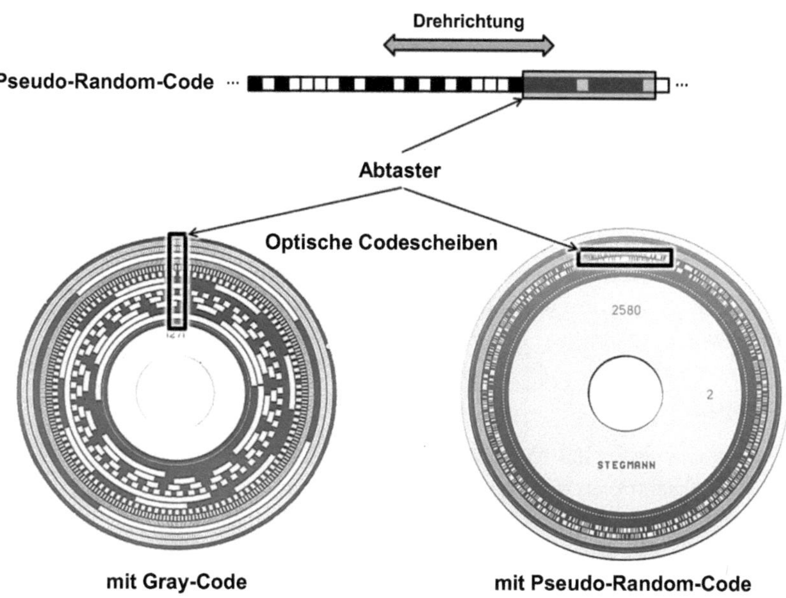

Abb. 2.16 Absolutcode: oben – schematische Darstellung einer 10-Bit Pseudo-Random-Code-Maßspur mit Abtaster; unten links – Codescheibe eines optischen Absolutwertdrehgebers mit Gray-Code; unten rechts – Codescheibe eines optischen Absolutwertdrehgebers mit Pseudo-Random-Code (in Anlehnung an SICK AG)

Die Synchronisation wird bei digitalisierten Werten der Teilmessungen verwendet. Entsprechend lässt sich auch das Verfahren anhand von digitalen Codeworten am einfachsten beschreiben. In Abb. 2.17 wird ein System beispielhaft angeführt das seine Positionsinformation aus zwei Teilmessungen bildet. Dabei stellt die eine Teilmessung einen interpolierten Wert einer elektrischen Periode (Feinposition) dar und die zweite einen Absolutwert auf eine mechanische Umdrehung. Im oberen Teil schließen die Datenwörter der beiden Teilmessungen direkt aneinander an. Schaltet nun der Absolutwert nicht in exakt dem Moment um in dem die Feinposition von einer Periode zur nächsten wechselt, so zeigt der Absolutwert einen falschen Periodenindex an, es kommt zu einem irregulären Positionssprung. Dieser wird erst wieder aufgehoben, wenn der Absolutwert in die richtige Periode zeigt. Dieser Positionssprung kann dadurch behoben werden, dass die Absolutposition feiner aufgelöst wird, d. h. Der Absolutwert repräsentiert nicht nur die Anzahl der Perioden, sondern trägt noch Information innerhalb einer Periode. In dem Beispiel in Abb. 2.17 werden zwei Synchronisationsbits eingeführt. Diese werden so ausgelegt, dass sie die gleiche Wertigkeit haben wie die entsprechenden hochwertigen Bits der Feinposition. Bei der Inbetriebnahme eines Geräts werden diese so festgelegt, dass die überlappenden Bits den gleichen Wert haben. Unterschiede im Wechselverhalten können nun ausgeglichen werden. Weisen die Bits unterschiedliche Werte auf wird eine Differenz gebildet und das Datenwort des Absolutwerts so gesetzt, dass es in die Richtung der kleineren Differenz liegt. Je mehr Synchronisationsbits verwendet werden, desto sicherer funktioniert das Verfahren. Dies bringt aber einen größeren Umsetzungsaufwand mit sich. Die Funktion sei an einem Beispiel aus dem täglichen Leben verdeutlicht.

Beispiel

Als Analogie für das Verfahren der Synchronisation dient eine mechanische Uhr. Konzentrieren wir uns auf die Minuten- und Sekundenzeiger. Die eine Uhr hat Minutenzeiger, die auf einzelne Minuten einrasten. Es sei angenommen, dass der Minutenzeiger auf die nächste Minute springt, obwohl der Sekundenzeiger noch vor der „12" steht, oder erst, wenn der Sekundenzeiger schon einige Sekunden von der „12" wegbewegt hat. Man nimmt die falsche Zeit wahr. Sekunden- und Minutenzeiger sind nicht synchronisiert. Hat die Uhr aber einen Minutenzeiger, der kontinuierlich voran läuft, kann man

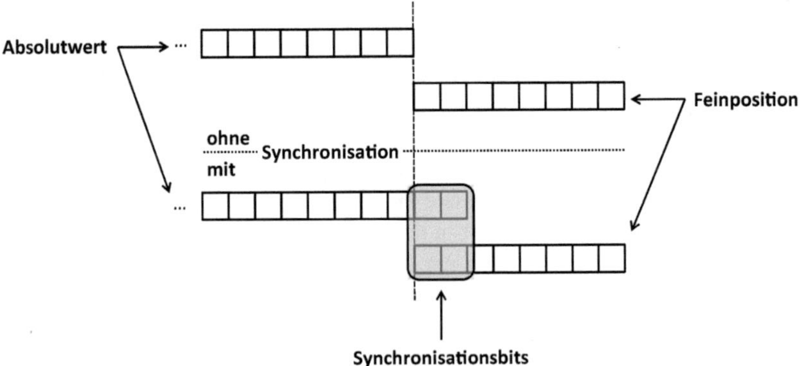

Abb. 2.17 Synchronisation zweier Teilmessungen

beobachten, wo sich der Minutenzeiger zwischen zwei die Minuten anzeigenden Strichen befindet. Ist nun der Sekundenzeiger nahe der „12" so kann man mit Hilfe der Stellung des Minutenzeigers einschätzen, wie der Sekundenzeiger zur „12" stehen sollte. Diese Synchronisation hat man erreicht, da der Minutenzeiger eine höhere Auflösung in den Sekundenbereich hinein aufweist.◄

2.5 Auflösung, Messwertabweichung, Reproduzierbarkeit

2.5.1 Allgemeines

Wie für alle Messgeräte sind auch für Drehgeber deren Auflösung, Messwertabweichung, Wiederholgenauigkeit und Reproduzierbarkeit wichtige Kenndaten[8].

Unter Auflösung versteht man die Fähigkeit eines Messgerätes, unterschiedliche Werte innerhalb dessen Messbereichs zu unterscheiden. Bei rein analogen Systemen ist die Auflösung theoretisch unendlich groß, wird aber in der Realität durch Signalrauschen begrenzt. In digitalisierten Systemen wird die Auflösung zusätzlich durch das Auflösevermögen der verwendeten Analog-Digital-Wandler und (wenn auch heutzutage von untergeordneter Bedeutung) die Wortbreite der Recheneinheit sowie der verwendeten Algorithmen definiert. Bei Drehgebern bezieht sich die Auflösung auf den mechanischen Winkel. Es sind für den Anwender zwei Fälle zu unterscheiden: Drehgeber mit digitalen oder analogen Signalen (Abschn. 4.3.2).

Bei Inkrementaldrehgeber n mit rechteckförmigen Signalen definiert sich die Auflösung aus der Anzahl der Impulse über den Messbereich. Da Quadratursignale verwendet werden und die Impulswechsel erfasst werden können, hat der Drehgeber eine um den Faktor vier höhere Auflösung als Impulse pro Signal (Abb. 2.18):

$$\delta_{Square} = \frac{360°}{4 \cdot PPR} \tag{2.19}$$

---

[8] Wichtige Normen in diesem Zusammenhang sind die DIN 1319–1 (Grundlagen der Meßtechnik – Teil 1: Grundbegriffe) und die DIN 55350 (Begriffe zum Qualitätsmanagement).

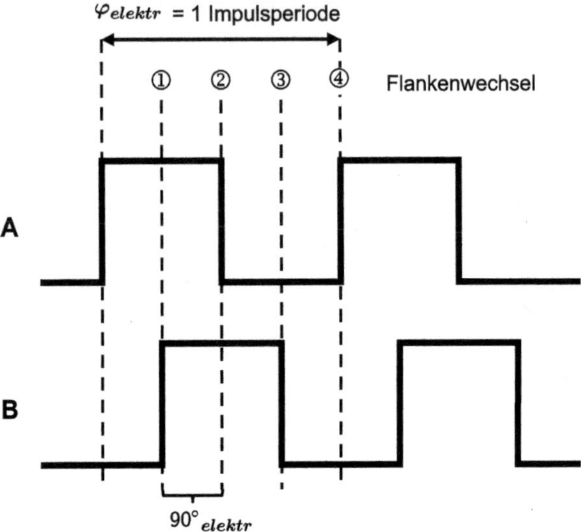

Abb. 2.18 Auflösung bei Inkrementalsignalen

Absolute Drehgeber mit rein digitaler Schnittstelle geben deren Auflösung direkt im Datenblatt an. Für die Sicherstellung dieser Angabe ist ausschließlich der Gerätehersteller verantwortlich. Bei der Betrachtung der Auflösung bei Drehgebern mit analoger Schnittstelle sind neben den eingangs genannten Parametern weitere Einflussfaktoren zu beachten. Näher betrachtet werden die Drehgeber mit sinusförmigen Ausgangssignalen. Bei diesen werden die Signale durch Analog-Digital-Wandler oder Sinus/Cosinus-Digital-Wandler digitalisiert und in einen Winkel umgerechnet. Dies hat zusätzlichen Einfluss auf das Drehgebersystem. Wie, soll an dem Beispiel in Abb. 2.19 gezeigt werden, das auf der Arkustangens-Interpolation mittels linearem ADC gemäß Gl. 2.14 basiert und eine Sinus-Cosinus-Periode betrachtet.

Es ist zu erkennen, dass der aus quantisierten Signalen abgeleitete diskrete Winkel keine gleichförmige Winkelauflösung innerhalb einer Sinus-Cosinus-Periode hat. Näherungsweise kann die Auflösung für Drehgeber mit sinusförmigen Signalen angenommen werden:

$$\delta_{Sine,min} = \frac{360°}{\pi \cdot PPR \cdot \delta_{ADC}} \tag{2.20}$$

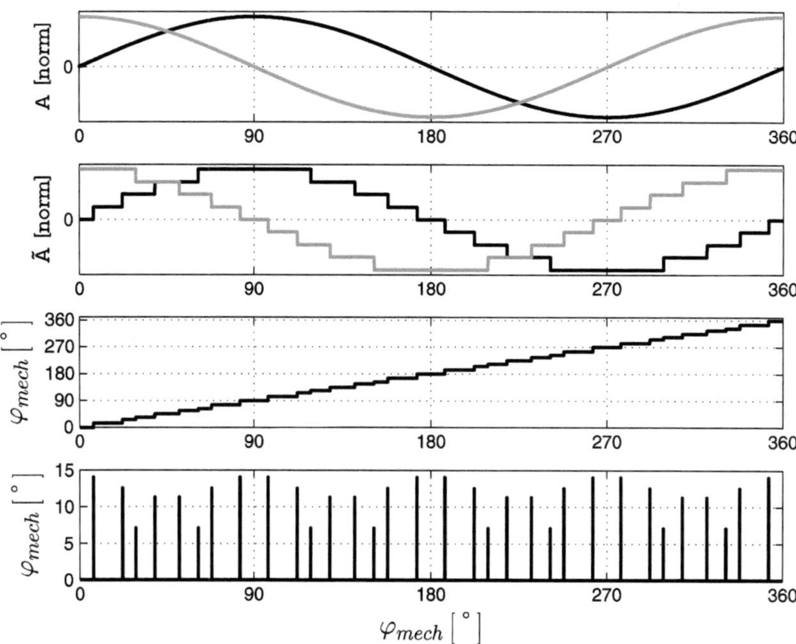

Abb. 2.19 Amplitudenquantisierung und Winkelinterpolation: oben – analoge Sinus-/Cosinus-Signale, zweite von oben – Sinus-/Cosinus-Signale amplitudenquantisiert, zweite von unten – interpolierter Winkel, unten – sich ergebende Winkelschritte

$$\overline{\delta}_{Sine,min} = \frac{360°}{4 \cdot PPR \cdot \delta_{ADC}} \tag{2.21}$$

(δ_{min}, $\overline{\delta}$: kleinste und mittlere Winkelauflösung in Grad; δ_{ADC}: Auflösung der Analog-Digital-Wandler in Inkrementen)

Dabei gilt, dass die Auflösung der AD-Wandler für die Sinus- und Cosinus-Signale gleich ist.

Aus dem Vergleich aus Gl. 2.19 und 2.21 lässt sich erkennen, dass die Auflösung bei Systemen mit analogen Sinus-Cosinus-Signalen gegenüber solchen mit rechteckförmigen Signalen, um den Faktor δ_{ADC} höher ist – ein signifikanter Vorteil.

Beispiele zur Interpretation nach Auflösung in Bit

- Bei einer Winkelauflösung von 21 Bit (2,097 Mio. Schritte oder 0,62") lässt sich ein Kreissegment auf der Erdoberfläche (Erdumfang ~ 40.000 km und unter Annahme der perfekten Kugelform) mit 19 m auflösen.
- Ein Drehgeber mit einer Auflösung von 23 Bit (8.388.608 Schritte oder 0,15") der eine Codescheibe mit einem Codespurdurchmesser von 30 mm exzentrisch abtastet hat eine Auflösung von ~ 11,2 nm am Codespur-Kreisbogen.◄

In Anwendungen, in denen eine Winkeländerung zur Erfassung der Drehzahl verwendet wird, hat die Winkelauflösung direkten Einfluss auf das Auflösevermögen der Drehzahl. Wie in Abschn. 2.1 erläutert, errechnet sich die Drehzahl aus der Differenzierung des Winkels nach der Zeit, bzw. in der Praxis aus der Winkeländerung innerhalb eines Abtastintervalls. Für die Drehzahlauflösung ergibt sich somit folgende Beziehung:

$$\delta_n = \frac{60}{T \cdot \delta} = \frac{60 \cdot f}{\delta} \qquad (2.22)$$

(δ_n: Drehzahlauflösung in 1/min; T: Abtastintervall in Sekunden; f: Abtastfrequenz in Hertz; δ: Auflösung des Drehgebers in Schritten pro Umdrehung)

In der Antriebstechnik ist das Ziel eine möglichst hohe Drehzahlauflösung zu erhalten. Gemäß Gl. 2.22 erfordert dies ein möglichst großes Abtastintervall (meist nicht sehr flexibel wählbar und durch weitere Faktoren hin zu kleineren Werten erforderlich) oder/und eine möglichst hohe Drehgeberauflösung (vgl. Abb. 2.20).

Jedes Messgerät zeigt Messwertabweichungen (vergleichbare Begriffe: Ungenauigkeit, Nichtlinearität, Fehlergrenze, Messschrittabweichung). Diese gibt den Grad der Abweichung des angezeigten Werts von einem wahren Wert an. Sie wird verursacht durch zufällige und systematische Fehler. Die Fehlerarten und vor allem die Auswirkungen der Messwertabweichung sind gerätespezifisch und es wird darauf an entsprechender Stelle eingegangen (z. B. Abschn. 2.5.3).

Der unabhängige Linearitätsfehler ε gibt die maximale Abweichung von der Geraden, entweder als Absolutwert (Gl. 2.23) oder relativ auf den Messbereich bezogen an (Gl. 2.24).

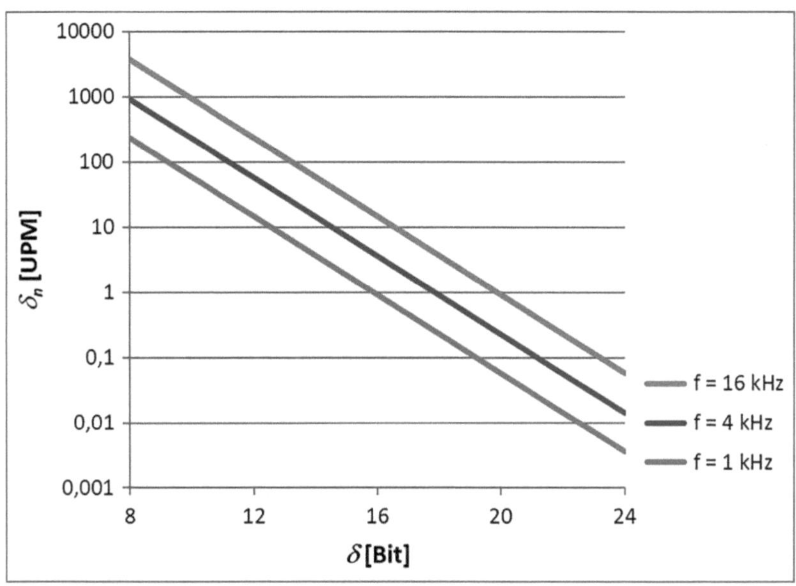

Abb. 2.20 Drehzahlauflösung, δ_n, für verschiedene Abtastfrequenzen, f, und Drehgeberauflösungen, δ

$$\varepsilon = \varphi_{Ist} - \varphi_{Soll} \tag{2.23}$$

$$\varepsilon_{rel.} = \frac{\varphi_{Ist} - \varphi_{Soll}}{Messbereich} \tag{2.24}$$

(ε: absoluter Winkelfehler in [°]; $\varepsilon_{rel.}$: relativer Winkelfehler in [°]; φ_{Ist}: gemessener Winkel in [°]; φ_{Soll}: realer Winkel in [°])

Typischerweise wird der relative Winkelfehler in Prozent angegeben. Es gibt aber auch Quellen, die den Fehler, oder in dem Fall dann die Genauigkeit in Bit angeben:

$$\varepsilon_{Bit} = \log_2 \frac{Messbereich}{\varphi_{Ist} - \varphi_{Soll}} \tag{2.25}$$

Unabhängig von der Darstellung muss immer darauf geachtet werden, ob die Fehlerangabe sich auf den Scheitelwert des Fehlers bezieht, oder auf den Spitze-Spitze-Wert (Abb. 2.22).

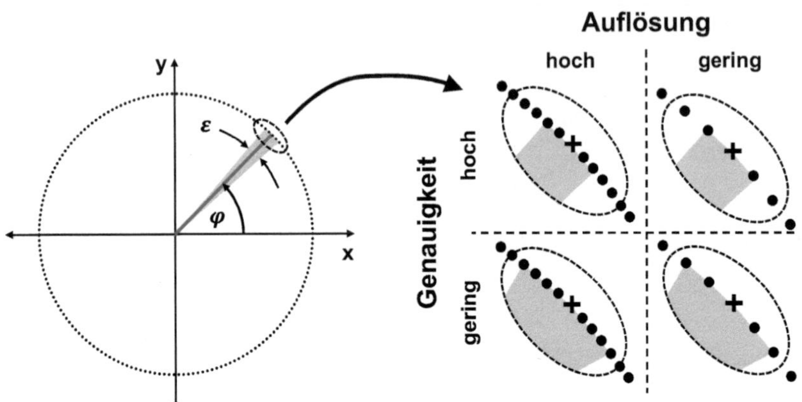

Abb. 2.21   Auflösung und Genauigkeit bei Drehgebern

Abb. 2.21 reflektiert die Parameter Auflösung und Genauigkeit in Bezug auf den Einheitskreis. Die Breite des grau hinterlegten Bereichs bezieht sich dabei auf die Messwertabweichung und somit auf die Genauigkeit. Die Dichte der Punkte entlang des Einheitskreises bezeichnet die Auflösung.

Die Messwertabweichung der Drehzahl definiert sich auch aus der Genauigkeit der Winkelposition sowie der Genauigkeit des Zeitintervalls. Auch wenn die zeitliche Abweichung meist in „ppm" (engl.: „parts per million", dt.: Teile von einer Million) angegeben wird, ist diese nicht zu vernachlässigen, denn schließlich liegen die drehzahlrelevanten Genauigkeitskomponenten von Drehgebern im Bereich von Winkelsekunden und somit auch im ppm-Bereich. Im allgemeinen Sinne wird darauf an dieser Stelle nicht eingegangen. Eine Diskussion der Drehzahlgenauigkeit im Zusammenhang mit Drehgebern basierend auf analogen Sinus-Cosinus-Signalen findet sich in Abschn. 2.5.3.

Unter Wiederholgenauigkeit versteht man die Fähigkeit eines Systems unter gleichen Bedingungen das gleiche zu tun. Auf ein Messgerät bezogen, beschreibt dies die Streuung des Ist-Messwerts die sich ergibt, wenn ein bestimmter Sollwert unter gleichen Bedingungen mehrfach angefahren wird. Bei Drehgebern zählen hierbei zu den Rahmenbedingungen neben den Umwelteinflüssen (z. B. Temperatur, relative Feuchte) auch anwendungsrelevante Parameter, wie Drehrichtung und Drehzahl. Die Reproduzierbarkeit beschreibt die Abweichung im Ist-Wert die sich ergibt, wenn ein bestimmter Sollwert unter den erlaubten Betriebsbedingungen angefahren wird. Somit sind Umwelteinflüsse, anwendungsspezifische

Parameter sowie sensorische Einflüsse (z. B. Hysterese) mitberücksichtigt. Für Wiederholgenauigkeit und Reproduzierbarkeit werden für gewöhnlich die Standardabweichung oder ein Vielfaches davon als Zahlenwert angegeben. Aus Datenblättern geht die Natur des Werts leider nicht immer eindeutig hervor, sodass man selten weiß, ob die maximale Abweichung oder eine statistische Abweichung durch die Angabe verstanden wird.

Wiederholgenauigkeit und Reproduzierbarkeit der Drehzahl ergeben sich auch aus den Kennwerten der Winkelposition, werden aber noch beeinflusst durch mögliche Schwankungen des Abtastintervalls.

Auf die Auflösung, Genauigkeit, Wiederholgenauigkeit und Reproduzierbarkeit der Beschleunigung soll an dieser Stelle nicht eingegangen werden, da sie in der Praxis der industriellen Automation von untergeordneter Bedeutung ist.

2.5.2 Messwertabweichung bei Drehgebern

Oft wird bei Messgeräten als Messwertabweichung ein globaler Wert angegeben, d. h. die maximale Abweichung der Istkurve von der Sollkurve ε_{max} gemäß Gl. 2.23 (vgl. Abb. 2.22). Bei Drehgebern kann es sinnvoll sein die Angabe in mehrere Kennwerte zu unterteilen. Somit wird konkret auf die Wirkung von Abweichungskomponenten für unterschiedliche Anwendungen eingegangen. Auch haben die Komponenten unterschiedliche Ursachen. Die Unterscheidung kann entsprechend helfen Korrekturmaßnahmen abzuleiten. Dabei kann die Ursache (Messung) oder die Wirkung (Kompensation) adressiert werden.

Bei Drehgebern lassen sich in der Fehlerkurve meist periodische Komponenten identifizieren. Anteile davon beziehen sich auf eine mechanische Umdrehung. Basiert die Sensorik auf mehreren Teilungsperioden pro Umdrehung, so finden sich auch Komponenten in der Fehlerkurve, die sich auf diese Teilungsperiode zurückführen lassen. Abb. 2.23 stellt eine simulativ erstellte Fehlerkurve im Winkelbereich sowie deren Spektrum dar, anhand derer näher auf die Fehlerkomponenten eingegangen werden kann ([7]).

Dargestellt sind in den Fehlerkurven die Werte für eine mechanische Umdrehung, wobei der Drehgeber 16 Teilungsperioden aufweist. In der Darstellung oben rechts sieht man die eigentliche Fehlerkurve, die sich ergibt, wenn von den gemessenen Winkelwerten deren Sollwerte abgezogen werden. Man erkennt eine niederfrequente Komponente, der hochfrequente Komponenten überlagert sind.

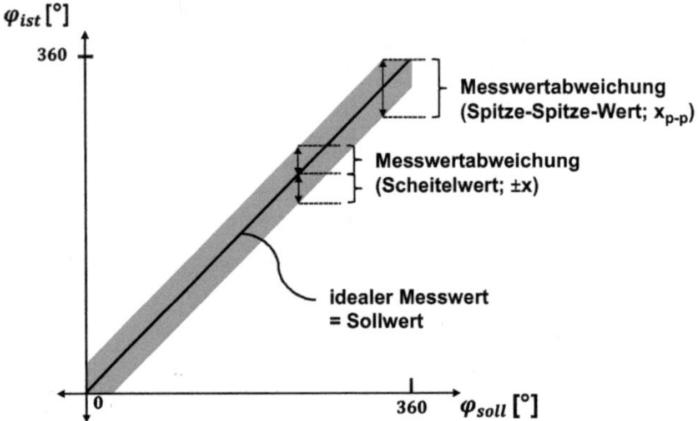

Abb. 2.22 Messwertabweichung über den Messbereich ε

Wird an dieser Stelle von Frequenzanalyse gesprochen, so bezieht man sich auf die Ordnungsanalyse.[9] Bei diesem Ansatz werden in der Praxis Messwerte nicht zeitlich äquidistant über eine Zeitreferenz abgetastet (Zeitdomäne) sondern winkel-äquidistant mittels einer Winkelreferenz (Winkeldomäne). Zeitlich erfasste Winkelwerte lassen sich mit den Methoden der Ordnungsanalyse auch algorithmisch in den Winkelbereich umrechnen. Berechnet man auf so erfasste Winkelwerte eine Fourier-Transformation so spricht man nicht klassisch von einem Frequenzspektrum mit der Einheit Hz ($1/s$) auf der Abszisse, sondern von einem Ordnungsspektrum. Die Ordnung kann mit der elektrischen Periode oder der mechanischen Umdrehung verknüpft werden. Entsprechend wird diese dann als elektrische oder mechanische Ordnung bezeichnet. Die mechanische Ordnung ist die bevorzugte Sichtweise in diesem Buch. Diese hat dann die Einheit $1/U$ (U für Umdrehung). Mathematisch lässt sich die Ordnung über folgende Beziehung darstellen (Gl. 2.26, [8]):

$$\varepsilon_v = \sum_v A_v \cdot \sin(v \cdot \varphi_{mech}) \qquad (2.26)$$

(ε_v: Ordnungskomponente; v: Ordnung, A_v: Amplitude der v-ten Ordnung).

---

[9] Die Ordnungsanalyse stammt aus dem Bereich der Geräusch- oder Schwingungsanalyse rotierender Maschinen.

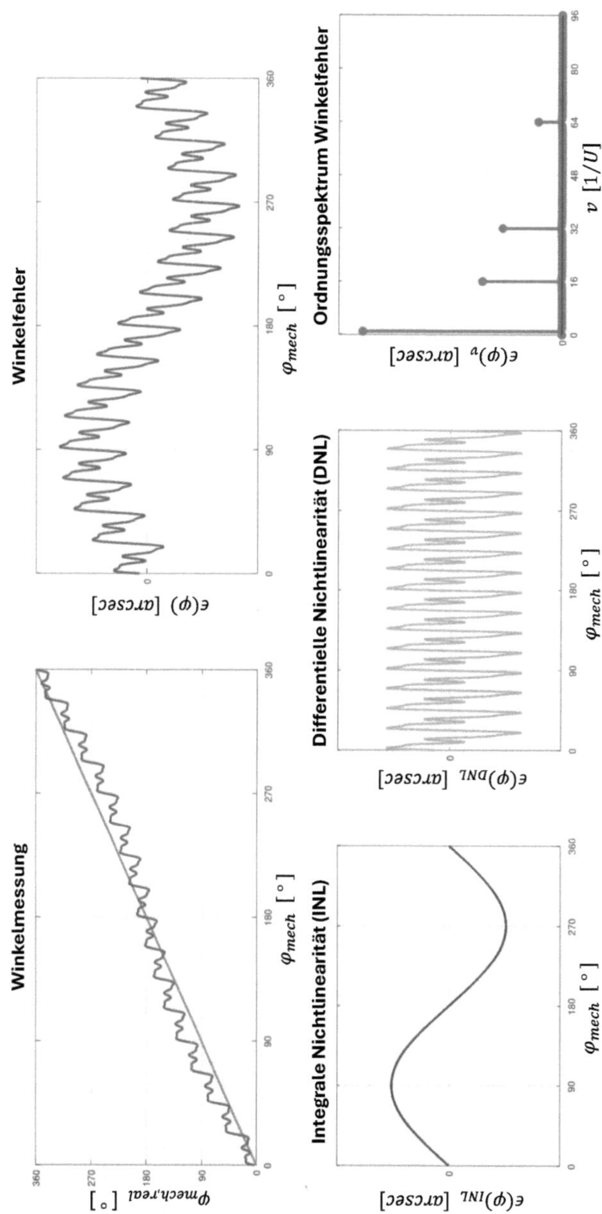

Abb. 2.23 Winkelfehler beispielhaft für einen Drehgeber mit PPR $= 16$: von oben links im Uhrzeigersinn – gemessener und idealer Winkel, Winkelfehler, Ordnungsspektrum des Winkelfehlers, differentielle Nichtlinearität, integrale Nichtlinearität

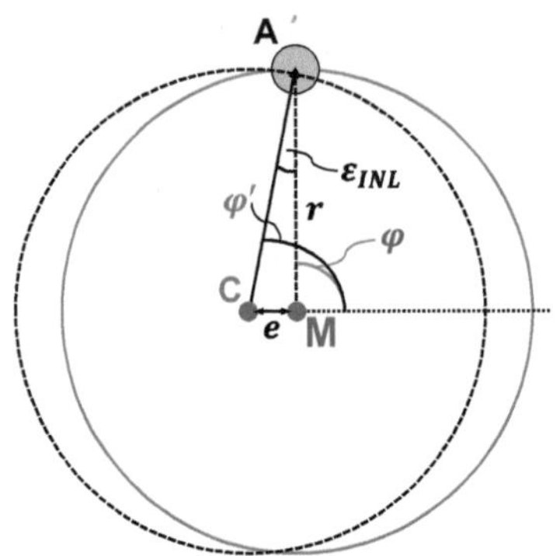

Abb. 2.24　Geometrische Betrachtung der integralen Nichtlinearität

Zurück zu den nieder- und hochfrequenten Komponenten in Abb. 2.23. In Anlehnung an die Begrifflichkeiten von Datenwandlern (ADC und DAC) verwendet man die Begriffe integrale Nichtlinearität (engl.: „integral non-linearity", INL) für die niederfrequenten Ordnungen und differentielle Nichtlinearität (engl.: „differential non-linearity", DNL) für die Ordnungen, die sich aus der Anzahl der Teilungsperioden ableiten.

Die integrale Nichtlinearität beschreibt eine Eigenschaft, die sich primär auf die Genauigkeit eines Positionswertes bezieht und hat ihre Ursache meist im mechanischen Aufbau, wie beispielsweise der Exzentrizität der Codescheibe zur Drehachse oder dem exzentrischen Anbau des Drehgebers an die Applikation (Abb. 2.24).

Aus den geometrischen Verhältnissen lässt sich die Größe des integralen Fehlers ableiten ([15]):

$$\varepsilon_{INL} = \varphi - \varphi\prime = \pm \arctan \frac{e}{r} \ [°] \approx \ \pm 206.265 \ \frac{e}{r} \ [''] \tag{2.27}$$

(ε_{INL}: durch Exzentrizität verursachter Winkelfehler in [°]; e: Exzentrizität in [m]; r: Codescheibenradius in [m])

Aus Gl. 2.27 geht hervor, dass je kleiner die Codescheibe ist, desto besser muss sie zentriert werden, um eine geforderte maximale integrale Nichtlinearität, bzw. Genauigkeit zu erreichen. Die Näherungsformel gilt für kleine Winkel, d. h. kleine Verhältnisse von e zu r. Der Bezug der integralen Nichtlinearität auf die Signale wird in Abb. 2.25 veranschaulicht. Die dunkelblauen Punkte auf dem Einheitskreis repräsentieren einen gleichwertigen Punkt in je einer elektrischen Periode (positiver Spitzenwert) – die hellblauen Rauten stellen die Sollwerte dar. Man erkennt, dass sich die Periodizität des Signals sinusförmig über eine Umdrehung ändert. Die Darstellung rechts unten ist eine alternative Sichtweise. Die äußeren Endpunkte der gestrichelten Linie sind gleichverteilt auf dem Einheitskreis. Das Zentrum der inneren Endpunkte ist relativ zum Zentrum des Einheitskreises verschoben. Es zeigt sich, dass sich die Winkel der Linien zueinander verändern.

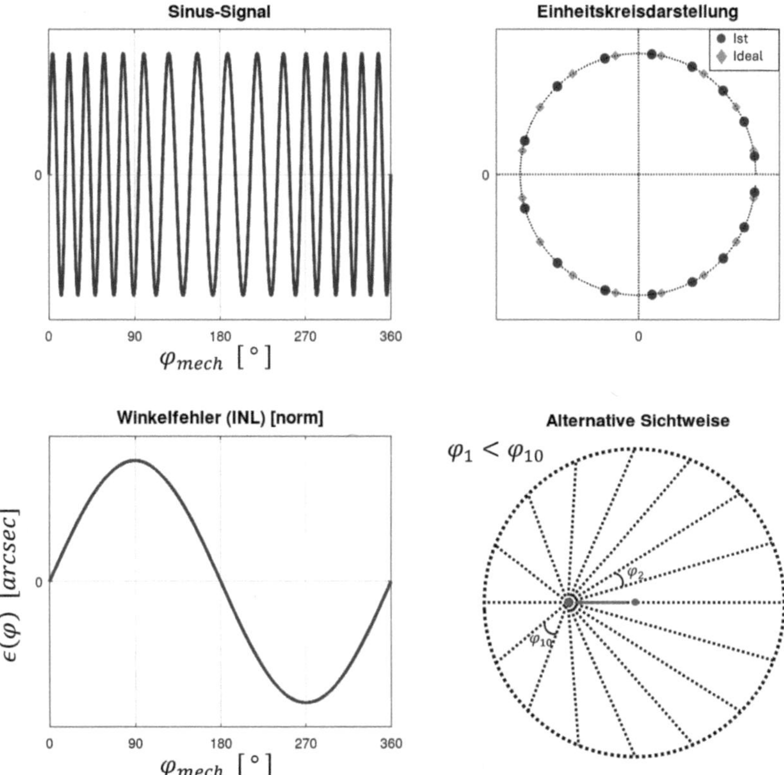

Abb. 2.25 Signal- und Fehlerkurven eines Systems mit großer integraler Nichtlinearität und PPR = 16: links oben – Sinussignal, rechts oben Einheitskreisdarstellung mit repräsentativen Punkten, links unten – aufgeprägter Winkelfehler (INL), rechts unten – alternative Sichtweise zur integralen Nichtlinearität

Der durch Exzentrizitäten verursachte Winkelfehler hat eine Ordnung $v = 1$. Eine zweite Ordnung entsteht z. B. durch eine elliptische, anstatt einer perfekt kreisförmigen Anordnung der Codespur ([16]).

Die differentielle Nichtlinearität beschreibt Winkelabweichungen innerhalb einer Teilungsperiode. Diese ist vor allem bei der Ableitung einer Drehzahlinformation aus der Winkelinformation relevant. Sie beschreibt Ungenauigkeiten, welche sich je Maßstabsperiode wiederholen, also eine vergleichsweise hohe Fehlerfrequenz in den Regler eintragen können. Da sich die differentielle Nichtlinearität auf eine Teilungsperiode bezieht, nimmt deren Einfluss auf den Gesamtwinkelfehler mit der Anzahl der Perioden pro Umdrehung ab. Einige der Ursachen für Systeme mit sinusförmigen Signalen werden in Abschn. 2.5.3 besprochen.

2.5.3 Messwertabweichungen bei Sinus-Cosinus basierter Winkelrechnung

Messgeräte basierend auf der Auswertung von Sinus-Cosinus-Signalen haben einige Spezifika, die sich aus nicht perfekten, analogen Signalen ergeben. Basis für die Veranschaulichung ist die Erweiterung von Gl. 2.14 zu:

$$\varphi_i = \frac{1}{PPR}\arctan\left(\frac{A_{\sin}\sin(\varphi_i + \Delta\varphi_{\sin}) + O_{\sin} + d_{\sin}}{A_{\cos}\cos(\varphi_i + \Delta\varphi_{\cos}) + O_{\cos} + d_{\cos}}\right) \tag{2.28}$$

(φ_i: gemessener Winkel in der i-ten Periode; PPR: Anzahl der Sinus-Cosinus-Perioden pro Umdrehung; $A_{\sin}$, $A_{\cos}$: Amplitudenwerten der Sinus-Cosinus-Signale in [V]; $\Delta\varphi_{\sin}$, $\Delta\varphi_{\cos}$: Abweichungen der Phasenlage [°]; $O_{\sin}$, $O_{\cos}$: Offsetwerte in [V]; $d_{\sin}$, $d_{\cos}$: Momentanwerte der Störsignale in [V])

Aus dieser Betrachtung ergeben sich Fehlerquellen für die Erfassung des Winkels innerhalb einer Signalperiode, die in Tab. 2.1 aufgelistet sind:

Die Wirkung ohne Fehler (Abb. 2.26) und die der ersten drei Fehlerarten wird in den folgenden Abbildungen (Abb. 2.27, 2.28 und 2.29) veranschaulicht. Diese beziehen sich auf eine mechanische Umdrehung. Zur besseren Veranschaulichung der Fehlerwirkung berücksichtigen die Szenarien der Abbildungen eine kleine Periodenzahl ($PPR = 16$) und haben deutlich überzogene Fehlerkomponenten. Auf die Darstellung der Wirkung der Signalstörungen wird verzichtet, da diese wie eine zufällige, zeitlich variierende Mischung der drei anderen Fehlerarten zu interpretieren ist. Diese werden u. a. über das Signal-Rausch-Verhältnis beschrieben.

Tab. 2.1 Fehlerquellen für Winkelabweichungen innerhalb einer Sinus-Cosinus-Periode

Fehlerart	Fehler
Amplitudenfehler/Amplitudenungleichheit (Abb. 2.27)	$A_{\mathrm{sin}} = /A_{\mathrm{cos}}$
Abweichung der Phasenlage der sinusförmigen Signale von der Quadratur (Abb. 2.28)	$\varphi_{\mathrm{sin}}, \varphi_{\mathrm{cos}} \neq 0°$
Offsetfehler (Abb. 2.29)	$O_{\mathrm{sin}}, O_{\mathrm{cos}} \neq 0\,V$
Störung der sinusförmigen Signale	$d_{\mathrm{sin}}, d_{\mathrm{cos}} \neq 0\,V$

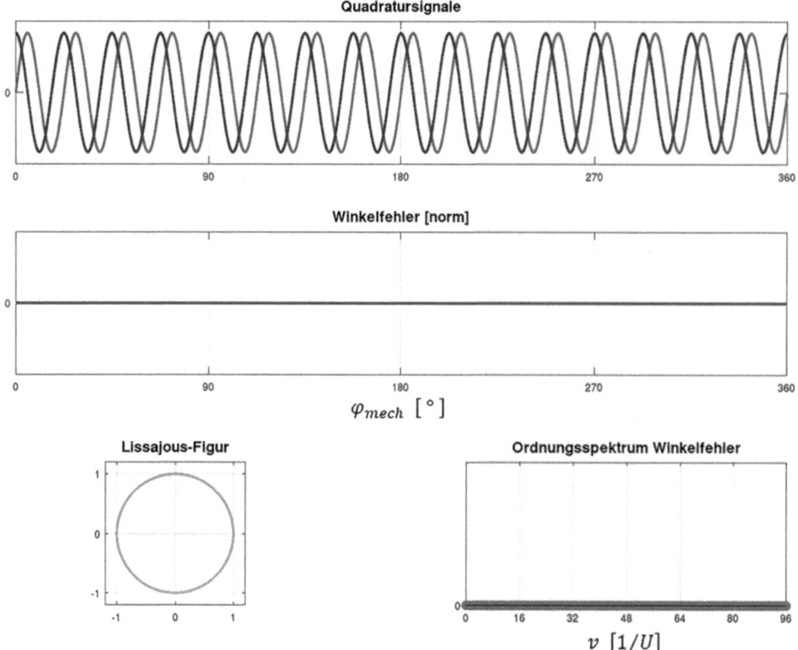

Abb. 2.26 Winkelfehlerbetrachtung bei perfekten Sinus-Cosinus-Signalen (PPR = 16): oben – Sinus-Cosinus-Signale, mitte – Winkelfehler, unten links – Lissajous-Figur, unten rechts – Ordnungsspektrum des Winkelfehlers

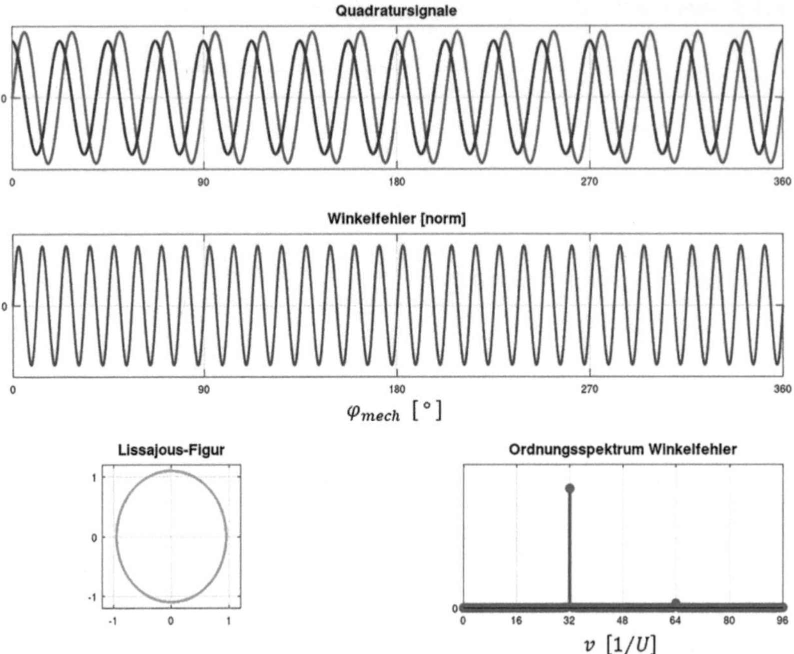

Abb. 2.27 Winkelfehlerbetrachtung bei Sinus-Cosinus-Signalen ungleicher Amplitude (PPR = 16): oben – Sinus-Cosinus-Signale, mitte – Winkelfehler, unten links – Lissajous-Figur, unten rechts – Ordnungsspektrum des Winkelfehlers

Folgende Daumenregeln können herangezogen werden, wenn ein Winkelfehler auf eine Umdrehung aus der Messung der elektrischen Signale abgeschätzt werden soll:

- Amplitudenfehler: $\hat{\varepsilon} \approx \dfrac{\pm 0{,}29°/\%}{PPR}$
- Offsetfehler: $\hat{\varepsilon} \approx \dfrac{\pm 0{,}57°/\%}{PPR}$ für den Offset in einem Signal bis $\hat{\varepsilon} \approx \sqrt{2} \cdot \dfrac{\pm 0{,}57°/\%}{PPR}$ wenn beide Signale den gleichen Offsetbetrag aufweisen
- Phasenfehler: $\hat{\varepsilon} \approx \dfrac{\pm 1{,}8°/\%}{PPR}$

Abb. 2.30 stellt dar, wie der Winkelfehler für die drei Grundfehlerarten variiert. Dabei werden entsprechend der Amplituden, die Offsets und die Phasen des

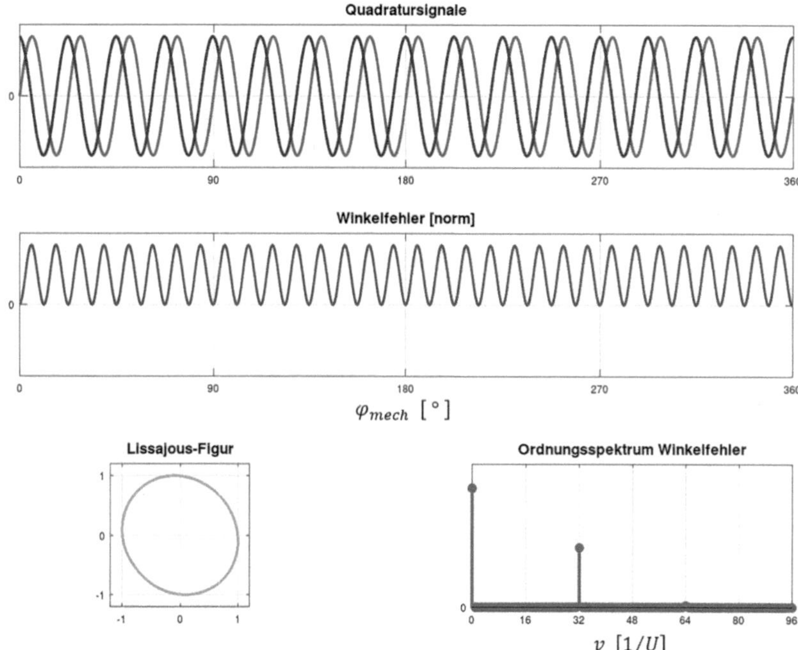

Abb. 2.28 Winkelfehlerbetrachtung bei Sinus-Cosinus-Signalen mit Phasenfehler (PPR = 16): oben – Sinus-Cosinus-Signale, mitte – Winkelfehler, unten links – Lissajous-Figur, unten rechts – Ordnungsspektrum des Winkelfehlers

Sinus- und des Cosinus-Signals unabhängig voneinander verändert. Die Kurven berücksichtigen zusätzlich den Effekt der Anzahl der Perioden pro Umdrehung.

Gl. 2.28 vernachlässigt Abweichungen der sinusförmigen Signale von der idealen Sinusform, wie sie üblicherweise durch den Klirrfaktor beschrieben werden. Diese Abweichungen können verschiedene Ursachen haben. Abb. 2.31 zeigt ein Beispiel für diese Fehlerart und deren Wirkung auf den Winkelfehler. Dabei wird eine nichtlineare Kennlinie für die Signalverarbeitungskette angenommen.

All diese Fehlerarten können durch die zugrunde liegende Sensorik verursacht werden. Darüber hinaus hat aber auch die Sensorsignalverarbeitung in der gesamten Wirkkette einen hohen Einfluss. Amplitudenfehler werden, z. B. durch nicht angepasste Verstärkerstufen, unangepasste Serienimpedanzen in belasteten Schaltungsteilen oder Bauteiltoleranzen verursacht. Phasenfehler entstehen, z. B. durch unterschiedliche Gruppenlaufzeiten für die sinusförmigen Signale,

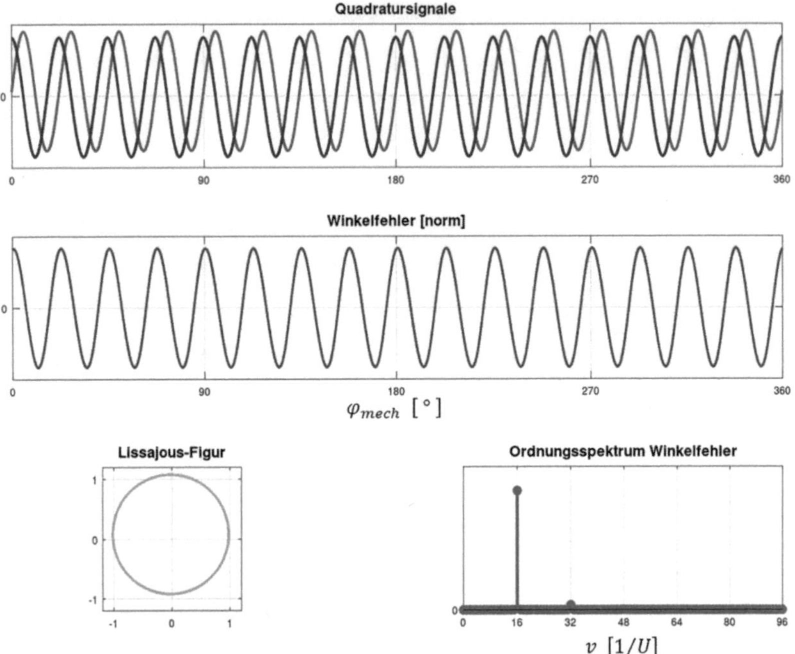

Abb. 2.29 Winkelfehlerbetrachtung bei Sinus-Cosinus-Signalen mit Offsetfehler (PPR = 16): oben – Sinus-Cosinus-Signale, mitte – Winkelfehler, unten links – Lissajous-Figur, unten rechts – Ordnungsspektrum des Winkelfehlers

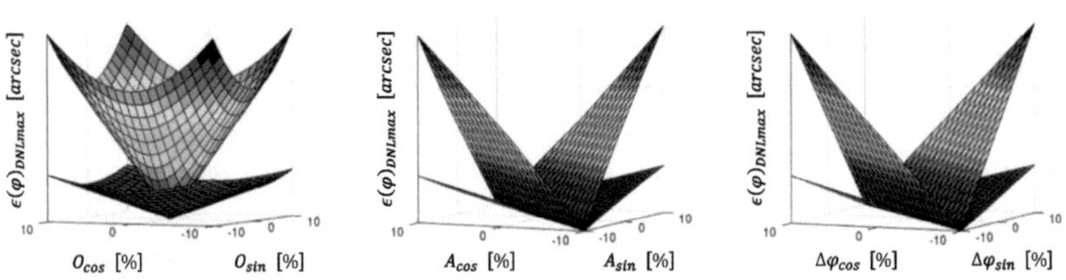

Abb. 2.30 Veränderung des Winkelfehlers für einen Drehgeber mit PPR = 16 und PPR = 64 über: links – Offset, mitte – Amplitude, rechts – Phase

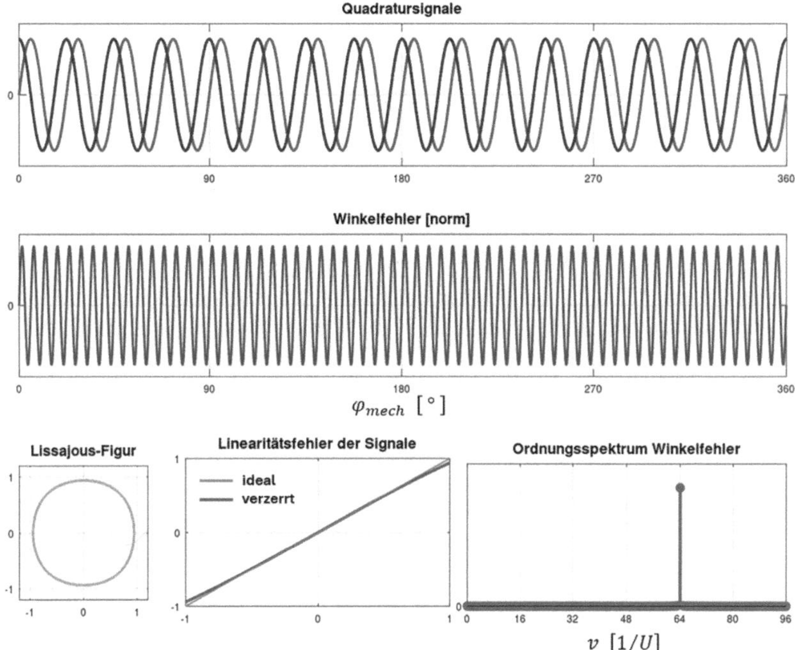

Abb. 2.31 Winkelfehlerbetrachtung bei Sinus-Cosinus-Signalen mit hohem Klirrfaktor (PPR = 16): oben – Sinus-Cosinus-Signale, mitte – Winkelfehler, unten links – Lissajous-Figur, unten rechts – Ordnungsspektrum des Winkelfehlers

die meist durch Bauteiltoleranzen der Komponenten der elektrischen Filter verursacht werden. Offsetfehler werden, z. B. durch nicht angepasste Verstärkerstufen oder Bauteiltoleranzen verursacht. Der Klirrfaktor wird, unter anderem durch die Sensorik (z. B. geringfügige Schwankungen des Strichmusters), Nichtlinearitäten von Verstärkerstufen oder in der Analog-Digital-Wandlung eingeleitet.

Abb. 2.32 stellt die Wirkung eines anderen Effektes dar: Übersprechen. Spricht der Sinus-Kanal auf den Cosinus-Kanal über und/oder umgekehrt, wirkt sich diese Wechselwirkung wie eine Phasenverschiebung auf den beeinflussten Kanal aus. Dies ist konform zu der Betrachtung einer gezielten Einspeisung eines Kanals auf den anderen, um eine fehlerhafte Phasenverschiebung zwischen dem Sinus- und dem Cosinus-Signal zu korrigieren (Abschn. 2.5.4, Gl. 2.33). In Abb. 2.32 wurde aber noch eine andere Gegebenheit in Drehgebersystemen eingearbeitet: Die Störung kann positionsabhängig sein. In der Abbildung wurde

der Einfluss des einen Kanals auf den anderen sinusförmig bzw. cosinusförmig mit unterschiedlichen Störamplituden modelliert. Ein anderes Beispiel wäre
eine nichtlineare Verstärkerstufe. Dies lässt sich als positionsabhängiger Amplitudenfehler interpretieren, der für jeden der beiden Kanäle an unterschiedlichen
Positionen unterschiedlich stark ausgeprägt ist. Am Ende wirkt es wie eine
Signalverzerrung, die den Klirrfaktor erhöht.

Zusätzlich entstehen Fehler innerhalb einer Signalperiode durch die Interpolation. Geht man von der Interpolation gemäß Gl. 2.14 aus, so werden die
Sinus-Cosinus-Signale mittels eines linearen Analog-Digital-Wandlers digitalisiert und dann anhand der Arkustangensfunktion in einen Winkel umgerechnet.
Neben der AD-Wandler-Auflösung hat der Algorithmus zur Arkustangensbe-
rechnung Einfluss auf das Ergebnis. Die anderen in Abschn. 2.3 beschriebenen

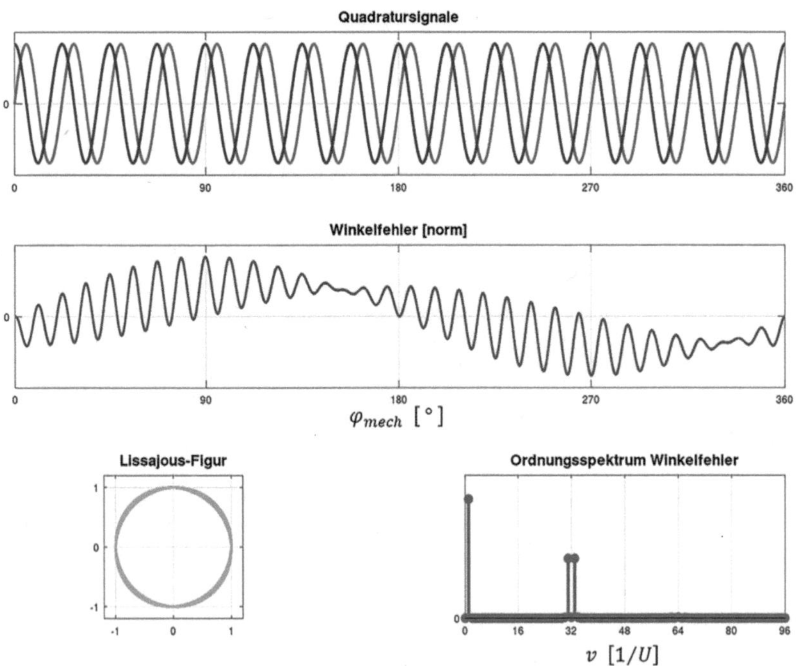

Abb. 2.32 Winkelfehlerbetrachtung bei Sinus-Cosinus-Signalen mit positionsabhängigem
sinus- bzw. cosinusförmigem Übersprechen mit einer Amplitude von 2,5 % der Kanäle
zueinander: oben – Sinus-Cosinus-Signale, mitte – Winkelfehler, unten links – Lissajous-
Figur, unten rechts – Ordnungsspektrum des Winkelfehlers

Interpolationsverfahren führen ebenfalls Fehler in die Messung ein, auf die an dieser Stelle aber nicht eingegangen wird.

Diese Fehlerarten sind systematisch und können gegebenenfalls durch Kalibration korrigiert werden (vgl. z. B. [6]), sofern sie nicht durch Umwelteinflüsse hervorgerufen oder verändert werden (z. B. Temperatur). Dies ist bei den Störsignalen nicht der Fall, da sie zufälliger Natur sind. Diese haben starken Einfluss auf die Wiederholgenauigkeit und die Reproduzierbarkeit. Die anderen Fehlerarten beeinflussen die Genauigkeit an sich. Die quasi-zufälligen Störungen werden als Rauschen interpretiert. Abb. 2.33 modelliert weißes Rauschen auf die Sinus-Cosinus-Signale. In Konsequenz ist das Winkelsignal auch rauschbehaftet (breitspurige Form der Lissajous-Figur). Im Ordnungsprektrum ist dies ebenso erkennbar. Die Rauschenergie der Signale verteilt sich auf das gesamte Ordnungsspektrum.

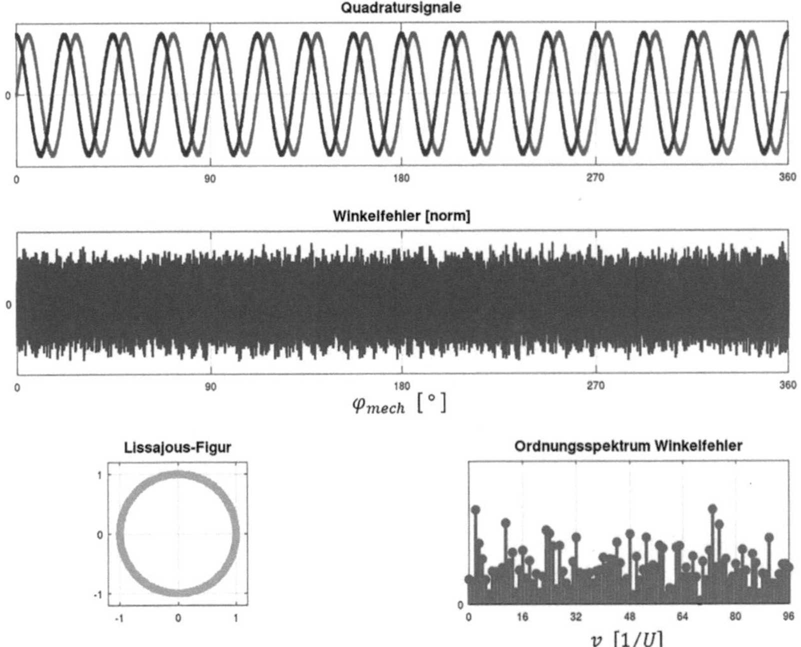

Abb. 2.33 Winkelfehlerbetrachtung bei Sinus-Cosinus-Signalen mit starkem weißem Rauschen: oben – Sinus-Cosinus-Signale, mitte – Winkelfehler, unten links – Lissajous-Figur, unten rechts – Ordnungsspektrum des Winkelfehlers

Auch können Fehler durch nicht synchrone Abtastung der Sinus-Cosinus-Signale induziert werden. Ist man z. B. versucht den Analog-Digital-Wandler eines „einfachen" Mikroprozessors zu verwenden, so findet man für gewöhnlich einen Wandler mit einem vorgeschalteten Multiplexer ohne spezielle Mehrfach-Abtasthalteglieder (engl.: „sample-and-hold"). Die Quadratursignale können dann nur sequenziell erfasst werden. Dies hat im Winkelsignal die gleiche Wirkung wie ein Phasenfehler der Sinus-Cosinus-Signale. Allerdings ist dieser drehzahlabhängig. Für kleine Zeitunterschiede in der Abtastung im Verhältnis zur Periodenlänge gilt Gl. 2.29:

$$\hat{\varepsilon} = \frac{\Delta t \cdot 360 \cdot n}{60} \qquad (2.29)$$

($\hat{\varepsilon}$: maximale Fehleramplitude auf eine Umdrehung in Grad; Δt: Zeitversatz in der Abtastung in Sekunden; n: Drehzahl in 1/ min)

Dabei fällt auf, dass der Fehler unabhängig ist von der Auflösung, im Sinne von Perioden pro Umdrehung. Die Reduzierung des Fehlers wird durch die höhere Signalfrequenz bei gegebener Drehzahl wieder aufgehoben. Abb. 2.34 zeigt wie sich der Fehler über Drehzahl und Zeitversatz verhält.

Aus diesen Betrachtungen lässt sich erkennen, dass der reale Winkel unter Berücksichtigung von Offset-, Amplituden-, Phasen-, und Signalformfehler der folgenden Funktion folgt:

$$\tilde{\varphi}_{mech,meas} = \varphi_{mech,real} + \sum_v A_v \cdot \sin(v\omega t + \theta_v) \qquad (2.30)$$

($\tilde{\varphi}_{mech,meas}$, $\varphi_{mech,real}$: der gemessene und der reale mechanische Winkel; v: die Ordnung einer Fehlerkomponente; A_v: die Fehleramplitude einer Ordnung; ω: die aktuelle Winkelgeschwindigkeit; t: die aktuelle Zeit; θ_v: die Phasenlage einer Fehlerkomponente.)

Dabei gelten für die Ordnungen die Werte in Tab. 2.2.

Tab. 2.3 zeigt eine Übersicht wie sich die verschiedenen Signalfehlerformen in der Lissajous-Figur, dem Winkelfehler und im Winkelfehler-Ordnungsspektrum am Beispiel eines Systems mit PPR=16 auswirken.

Wird eine Drehzahl oder Winkelbeschleunigung aus der Winkelposition abgeleitet (vgl. Abschn. 2.1), so wirken sich Fehler der Winkelposition als Abweichungen der berechneten Drehzahl und Winkelbeschleunigung aus. Da in der Praxis die Drehzahlregelung von hoher Bedeutung ist, wird nur diese weiter betrachtet [5].

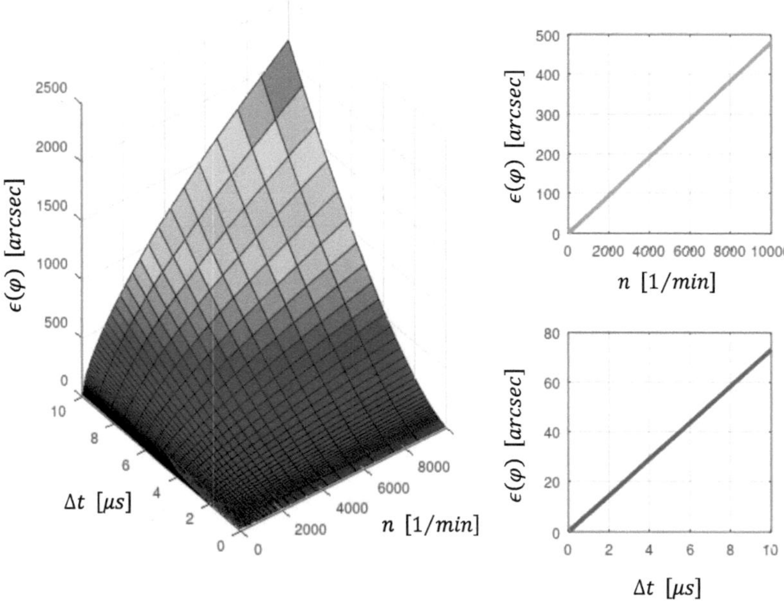

Abb. 2.34 Fehler durch Zeitversätze in der sin/cos-Abtastung: links – in Abhängigkeit des Zeitversatzes und der Drehzahl, rechts oben – in Abhängigkeit von der Drehzahl ($\Delta t =$ 2,2 μs), rechts unten – in Abhängigkeit des Zeitversatzes ($n = 340$ Upm)

Tab. 2.2 Übersicht der Ordnungen verschiedener Winkelfehlerkomponenten

Fehlerkomponente	**Ordnung** (erstes Auftreten)
Integrale Nichtlinearität	$v = 1$
Offsetfehler	$v = PPR$
Amplitudendifferenz	$v = 2 \cdot PPR$
Phasenfehler	$v = 2 \cdot PPR$
Signalformfehler	$v = 4 \cdot PPR$

Die Drehzahl wird aus dem Winkel nach Gl. 2.4 berechnet. Verwendet man für den realen Winkel Gl. 2.30, so berechnet sich die sich ergebende Winkelgeschwindigkeit aus einem fehlerbehafteten Winkelsignal gemäß:

Tab. 2.3 Graphische Zusammenfassung gängiger Winkelfehlerursachen von Sinus-Cosinus-Signalen und deren Wirkung am Beispiel eines Systems mit PPR $= 16$

	Ideal	Offsetfehler	Amplitudenfehler	Phasenfehler	Klirrfaktor
Lissajous					
Winkelfehler	$\varphi_{mech}\ [°]$	$\varphi_{mech}\ [°]$	$\varphi_{mech}\ [°]$	$\varphi_{mech}\ [°]$	$\varphi_{mech}\ [°]$
Ordnungs-spektrum	$v\ [1/U]$	$v\ [1/U]$	$v\ [1/U]$	$v\ [1/U]$	$v\ [1/U]$

$$\tilde{\omega}_{meas} = \frac{\tilde{\omega}_{mech,meas}}{dt} = \omega_{real} + \sum_{v} A_v \cdot v \cdot \omega_{real} \cdot cos(v \cdot \omega_{real} \cdot t + \theta_v) \quad (2.31)$$

($\tilde{\omega}_{meas}$, ω_{real}: die gemessene und der reale Winkelgeschwindigkeit; $\tilde{\varphi}_{mech,meas}$: der gemessene mechanische Winkel; v: die Ordnung einer Winkelfehlerkomponente; A_v: die Fehleramplitude einer Ordnung; t: die aktuelle Zeit; θ_v: die Phasenlage einer Winkelfehlerkomponente)

Anhand Gl. 2.31 kann man erkennen, dass die resultierenden Fehler in der Winkelgeschwindigkeit proportional zur Ordnungszahl v und zur Drehzahl ω zunehmen (relativ bleibt der Fehler in der Winkelgeschwindigkeit über die Drehzahl konstant). Somit führen auch die Winkelfehler mit höherer Ordnungszahl, selbst wenn sie zu kleinen Winkelfehlern führen, zu signifikanten Drehzahlabweichungen.

Begrenzt man die Betrachtung auf die in Tab. 2.2 aufgeführten Ordnungen ergibt sich für den Fehler der Winkelgeschwindigkeit folgende Gleichung:

$$\begin{aligned}
\varepsilon_{\omega} = {} & A_{INL} \cdot \omega_{real} \cdot \cos(\omega_{real}t) + A_{Ofs} \cdot \mathrm{PPR} \cdot \omega_{real} \cdot \cos\big(PPR \cdot \omega_{real}t + \theta_{Ofs}\big) \\
& + A_{AMM} \cdot 2 \cdot \mathrm{PPR} \cdot \omega_{real} \cdot \cos(2 \cdot PPR \cdot \omega_{real}t + \theta_{AMM}) \\
& + A_{Ph} \cdot 2 \cdot \mathrm{PPR} \cdot \omega_{real} \cos(2 \cdot PPR \cdot \omega_{real}t + \theta_{Ph}) \\
& + A_{SigForm} \cdot 4 \cdot \mathrm{PPR} \cdot \omega_{real} \cdot \cos\big(4 \cdot PPR \cdot \omega_{real}t + \theta_{SigFom}\big) \quad (2.32)
\end{aligned}$$

Ein Beispiel hierfür ist in Abb. 2.35 für einen Drehgeber mit 16 Perioden pro Umdrehung und einer Drehzahl von 100 UPM dargestellt. Die Fehler sind wieder deutlich vergrößert angenommen, um deren Effekt verdeutlichen zu können. Der Signalformfehler wird durch eine Begrenzung in der Amplitude erzwungen. Die Fehlerkomponenten für die Ordnungen 1, 16 und 32 sind so eingestellt, dass sie den gleichen Anteil im Winkelfehlerspektrum erzeugen. Die 64te Ordnung ist halb so groß.

Es ist interessant zu beobachten, wie sich der Drehzahlfehler über die Ordnung verändert. Es bestätigt sich, dass die integrale Nichtlinearität kaum zu dem Fehler in der Drehzahlermittlung beiträgt, sehr wohl aber die differentielle Nichtlinearität, die sich aus den Ordnungen $x \cdot PPR$ zusammensetzt.

Beschreiben Gl. 2.30 und Abb. 2.35 das Verhalten im kontinuierlichen Fall, so stellt Abb. 2.36 die Verhältnisse dar, wenn die Sinus-Cosinus-Signale durch Analog-Digital-Wandler abgetastet werden. Der Fehler in der Ermittlung der Winkelgeschwindigkeit ist nun nicht mehr konstant über die Drehzahl, sondern abhängig von der Abtastfrequenz und der Auflösung. Das Szenario entspricht dem aus Abb. 2.35 mit variierenden Abtastparametern.

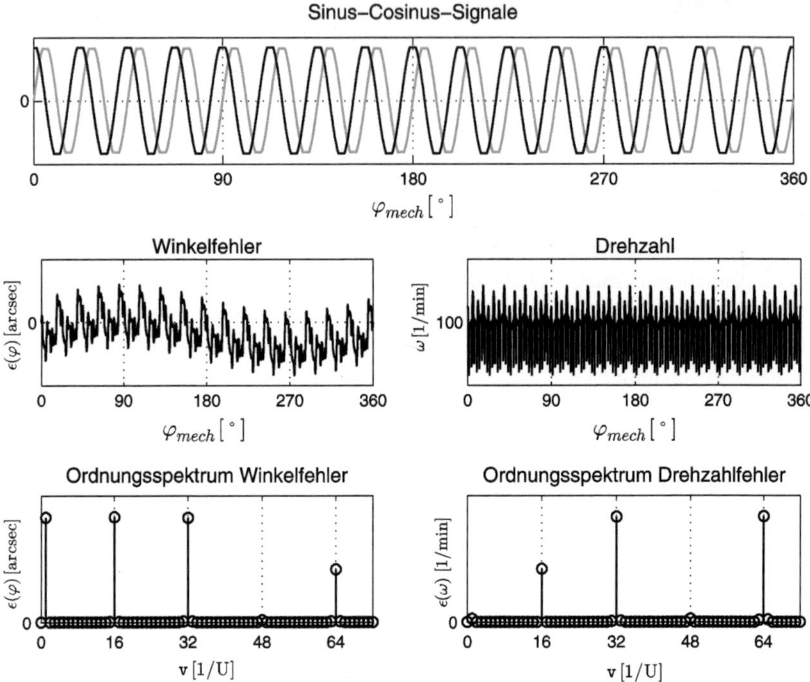

Abb. 2.35 Beispiel für den Einfluss von Winkelfehlern auf den Fehler in der Ermittlung der Winkelgeschwindigkeit (PPR = 16): oben – fehlerbehaftete Sinus-Cosinus-Signale, mitte links – Winkelfehler, mitte rechts – Drehzahl, unten links – Ordnungsspektrum des Winkelfehlers, unten rechts – Ordnungsspektrum des Drehzahlfehlers

2.5.4   Signalverarbeitung und -korrektur

Die vorangestellten Erläuterungen führen nun zu der gesamthaften Darstellung der Signalverarbeitung für sinusförmigen Signale in Drehgebern bis zu einer verarbeitenden Einheit, z. B. einem Mikrokontroller (μC) oder FPGA. In der praktischen Umsetzung gibt es selbstredend unterschiedliche Ansätze. Ein gängiges Schema stellt das Blockdiagramm in Abb. 2.37 für ein System mit einem Sinus-Cosinus-Signalpaar dar.

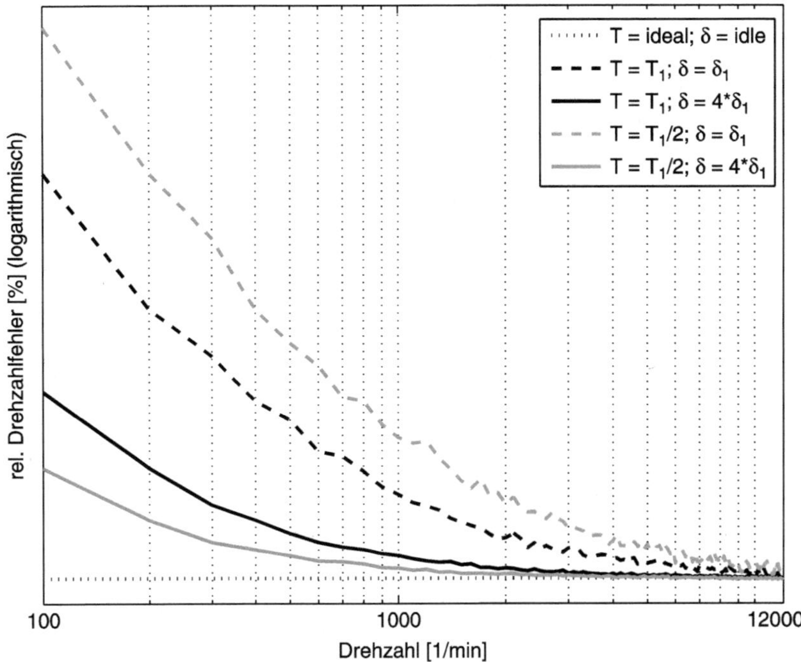

Abb. 2.36 Drehzahlfehler bei abgetasteten Sinus-Cosinus-Signalen in Abhängigkeit des Abtastintervalls T und der Drehgeberauflösung δ

Die Signale des zugrunde liegenden Sensors müssen erst Tiefpass-gefiltert werden, um Frequenzanteile aus den Signalen zu unterdrücken, die im Digitalbereich ansonsten die Nutzsignale verfälschen würden (Anti-Aliasing). Gegebenenfalls sind vor oder nach dem Anti-Alias-Filter noch Signalanpassungen im Analogbereich vorzunehmen, um die Signale möglichst optimal auf die Anforderungen des Analog–Digital-Wandlers (ADC) anzupassen. Abhängig von den Systemanforderungen kommt ein ADC mit einer Signalschaltmatrix zum Einsatz. In diesem Konzept können die Signale nur zeitlich nacheinander abgetastet werden. Reduziert dies den Aufwand für die Digitalisierung, da nur ein ADC eingebracht werden muss, so kann dies Nachteile auf die Dynamik des Systems haben (Abschn. 2.5.3, Gl. 2.29, Abb. 2.34). Ein Kompromiss wäre, die Signale durch dedizierte Abtast-Halte-Glieder (engl.: sample-and-hold) gleichzeitig abzutasten und anschließend sequenziell zu digitalisieren. Bei Drehgebern

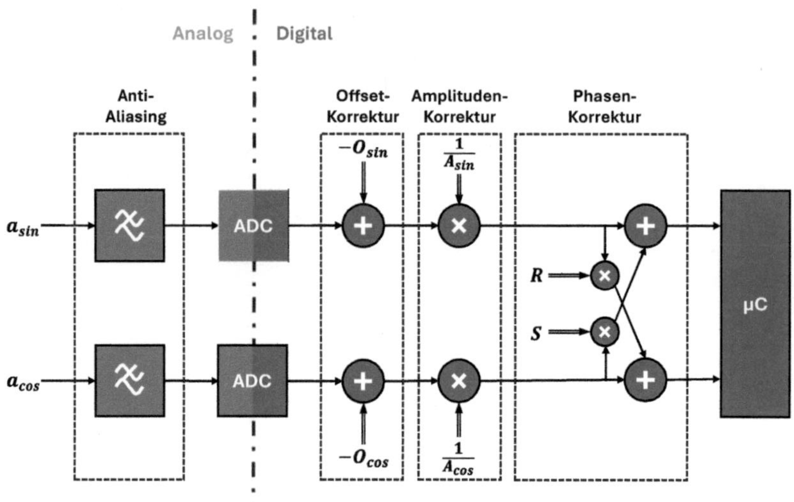

Abb. 2.37 Typisches Blockdiagramm für Drehgeber-Signalverarbeitung. (In Anlehnung an [2])

mit hohen Anforderungen an das zeitliche Verhalten, wie es z. B. bei Motor-Feedback-Systemen der Fall ist, wird hingegen für jedes Signal ein eigener Digitalisierungspfad bereitgestellt.

Dies impliziert, dass die Signale möglichst früh digitalisiert werden. Analoge Komponenten und Signalleitungen, bei allen Möglichkeiten die sie bieten, haben hohe Anforderungen an den analogen Schaltungsentwurf und weisen Empfindlichkeit auf Störungen und sich ändernde Betriebsbedingungen (insb. Temperaturschwankungen) auf.

Sind die Signale digitalisiert, werden notwendige Korrekturen für Offset, Amplitude und Phase für jedes Signal vorgenommen. Als erstes wird in der Regel der Offsetfehler korrigiert, bevor der Amplitudenfehler eliminiert wird. Dadurch wird vermieden, dass der Offset mit verstärkt wird, was sich nachteilig auf den zur Verfügung stehenden digitalen Wertebereich auswirken kann. Die Offset-Korrektur ist eine additive Operation, die Amplituden-Korrektur eine multiplikative. Abschließend wird ein Phasenfehler zwischen den beiden Signalen korrigiert. Wie in Abb. 2.37 gezeigt wird dazu ein Anteil des Cosinus-Signals auf das Sinus-Signal addiert und/oder umgekehrt. Die zugrunde liegende mathematische Beziehung ergibt sich aus folgender Gleichung am Beispiel für eine

Korrektur einer Phase auf dem Sinus-Signal:

$$\sin(\omega t + \delta) + S \cdot \cos(\omega t) \triangleq P \cdot \sin(\omega t) \qquad (2.33)$$

Für den Korrekturfaktor S gilt:

$$S = -\sin(\delta) \qquad (2.34)$$

Auf dem phasenkorrigierten Sinus-Signal verbleibt ein Faktor P, der wieder zu korrigieren ist, um keinen neuerlichen Amplitudenfehler einzuführen:

$$P = \cos(\delta) \qquad (2.35)$$

Zur Ermittlung der Signalfehler und deren Korrektur gibt es nahezu unzählige Methoden und Algorithmen, z. B. in [7, 16–20].

Stehen mehr sinusförmige Signale als ein Sinus-Cosinus-Signalpaar zur Verfügung ist es für die Ermittlung der Winkelposition angezeigt, die Information der n Sinus-Signale auf ein Sinus-Cosinus-Signalpaar zu übertragen.

Liegen zwei um 180° versetzte Sinus-Cosinus-Signalpaare vor, so ist die Umrechnung recht einfach:

$$a_{sin} = \frac{1}{2}\left(a_{\mathrm{sin\_0°}} - a_{\mathrm{sin\_180°}}\right) \qquad (2.36)$$

$$a_{cos} = \frac{1}{2}\left(a_{\mathrm{cos\_90°}} - a_{\mathrm{cos\_270°}}\right) \qquad (2.37)$$

Dabei dient der Faktor ½ zur Normierung der Signale.

Liefert das System drei, fünf oder mehr sinusförmige Signale oder sind die Signale nicht gleichartig phasenverschoben bietet sich eine Anleihe aus der Regelungstechnik an: die Clarke-Transformation. Dient sie in dem Anwendungsfeld dazu die Beziehung der drei Stromphasen eines Elektromotors in ein zweiachsiges System zu übertragen, kann sie allgemein zu diesem Zweck auch für mehrphasige Signalsysteme eingesetzt werden. Dazu werden die n Signale als Vektoren mit einer Transformationsmatrix multipliziert ([2, 21]):

$$\begin{pmatrix} a_{sin} \\ a_{cos} \end{pmatrix} = \begin{pmatrix} \frac{1}{q_1}cos_{p1} & \frac{1}{q_2}cos_{p2} & \cdots & \frac{1}{q_n}cos_{pn} \\ \frac{1}{q_1}sin_{p1} & \frac{1}{q_2}sin_{p2} & \cdots & \frac{1}{q_n}sin_{pn} \end{pmatrix} \begin{pmatrix} a_1 \\ a_2 \\ \vdots \\ a_n \end{pmatrix} \tag{2.38}$$

Dabei sind a_1, a_2, ..., a_n die generierten phasenverschobenen Ursprungssignale, cos_{p1}, sin_{p1}, ..., cos_{pn}, sin_{pn} die Phasenfaktoren, entsprechend den wahren Phasen der Ursprungssignale, q_1, q_2, ..., q_n Amplituden-Korrekturfaktoren für die Signale. Entsprechend können neben der eigentlichen Transformation gleichzeitig Amplituden- und Phasenkorrekturen durchgeführt werden ([22]). Das Blockschaltbild aus Abb. 2.37 wird dazu abgewandelt zu Abb. 2.38.

Weiterhin hat dieser Ansatz positiven Effekt auf die Signalqualität, da er eine Mittelwert-bildende Wirkung hat und nicht gleichphasige Störungen reduziert.

Nicht unerwähnt bleiben sollen Ansätze wonach Methoden des maschinellen Lernens mit einbezogen werden. Ein Ansatz beschreibt, dass die Abtastsignale des Sensors durch ein Verfahren des Maschinellen Lernens zur Bestimmung von kinematischen Größen bewertet werden kann. Als Verfahren wird dabei auf ein

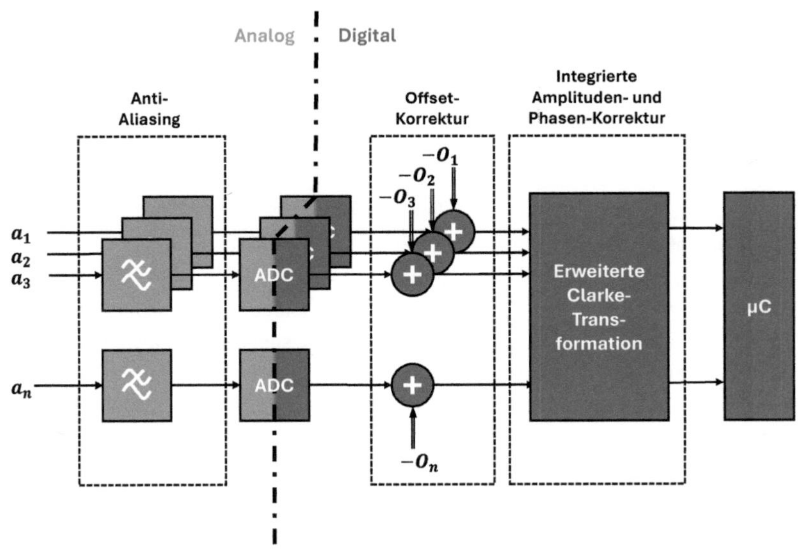

Abb. 2.38 Blockdiagramm mit Clarke-Transformation für mehrphasige Systeme

neuronales Netz bezogen, das in verschiedenen Betriebsbedingungen auf einem Referenzsystem trainiert wird ([23–25]).

Literatur

1. Ernst A (1998) Digitale Längen- und Winkelmeßtechnik – Positionsmeßsysteme für den Maschinenbau und die Elektronikindustrie. verlag moderne industrie, Landsberg/Lech
2. N.N. (2014) High-precision sine/cosine interpolation. White Paper, iC-Haus GmbH
3. Hopp DM (2012) Inkrementale und absolute Kodierung von Positionssignalen diffraktiver optischer Drehgeber. Dissertation, Universität Stuttgart
4. Samland T (2011) Positions-Encoder mit replizierten und mittels diffraktiver optischer Elemente codierten Maßstäben. Dissertation, Albert-Ludwigs-Universität Freiburg
5. Reimer J (2002) Drehzahlsensor nach dem Wirbelstromprinzip für Servoantriebe. Dissertation, Technischen Universität Carolo-Wilhelmina zu Braunschweig
6. Bünte A, Beineke S (2004) High-performance speed measurement by suppression of systematic resolver and encoder errors. IEEE Trans Ind Electron, 51(1)
7. Hopp D (2022) Datenblattwerte zur Genauigkeit von Encodern und Motor-Feedback-Systemen. White Paper, SICK AG
8. Sworowski E (2014) Ganzheitliche Methodik zur Analyse und Kompensation von ansteuerungsbedingten Störungen im Regelkreis permanenterregter Synchronmaschinen. Dissertation, Universität Stuttgart, Springer Vieweg, Wiesbaden
9. Zimmerman Y, Oshman Y, Brandes A (2006) Improving the accuracy of analog encoders via Kalman filtering. Control Eng Pract 14: 337–350
10. Venema SC (1994) A Kalman filter calibration method for analog quadrature position encoders. Master Thesis, University of Washington
11. Petrella R, Tursini M, Peretti L, Zigliotto M (2007) Speed measurement algorithms for low-resolution incremental encoder equipped drives: a Comparative analysis. 2007 International Aegean Conference on Electrical Machines and Power Electronics. Bodrum, Turkey, S 780–787
12. Marchthaler R, Dingler S (2017) Kalman-Filter – Einführung in die Zustandsschätzung und ihre Anwendung für eingebettete Systeme. Springer Vieweg, Wiesbaden
13. Kim P (2016) Kalman-Filter für Einsteiger mit Matlab® Beispielen. CreateSpace, Leipzig
14. https://de.wikipedia.org/wiki/Kalman-Filter#Gleichungen. Zugegriffen: 11. Mai 2025
15. Gurauskis D, Marinkovic D, Mazeika D, Kilikevicius A (2024) Self-calibratable absolute modular rotary encoder: development and experimental research. Micromachines, 15: 1130
16. Van Kuijk MJA (2009) Auto calibration of incremental analog quadrature encoders. Master Thesis, Eindhoven University of Technology
17. Sanchez-Brea LM, Morlanes T (2008) Metrological errors in optical encoders. Meas Sci Technol, 19(11)
18. Wittmann J (2018) Beschleunigungsregelung von Servoantrieben basierend auf Positionsmesswerten. Dissertation, Technischen Universität München

19. Albrecht C, Klöck J, Martens O, Schumacher W (2017) Online estimation and correction of systematic encoder line errors. Machines, 5(1)
20. Daaboul Y (2017) Fehlermodelle und Fehlerkorrektur für Inkrementalgeber bei Servoantrieben. Dissertation, Technischen Universität Carolo-Wilhelmina zu Braunschweig
21. N.N. (2014) iC-TW11 – 10-Bit ultra low power magnetic absolute rotary encoder. Datenblatt, iC-Haus GmbH
22. Basler S (2011) Verfahren zur Nutzung der Signale eines Transducers mit n realen Signalen für einen Winkelencoder und Winkelencoder zur Durchführung eines solchen Verfahrens. Europäische Patentanmeldung EP2600110A1, Europäisches Patentamt, veröffentlicht am 5. Juni 2013
23. Brugger S, Sellmer C, Hopp D, Thomae D (2019) Gebervorrichtung und Verfahren zur Bestimmung einer kinematischen Grösse. Europäische Patentanmeldung EP3839443A1, Europäisches Patentamt, veröffentlicht am 23. Juni 2021
24. Iafolla L, Filipozzi M, Freund S, Zam A, Rauter G, Cattin PC (2021) Machine learning-based method for linearization and error compensation of a novel absolute rotary encoder. Measurement, 169
25. Wang Y, Hoole Y, Haran K (2019) Position estimation of outer rotor PMSM using linear hall effect sensors and neural networks. 2019 IEEE International Electric Machines & Drives Conference (IEMDC), S 895–900

Sensorische Funktionsprinzipien 3

Zusammenfassung

Wie für viele andere Messaufgaben auch, stehen für die Winkelmessung mehrere sensorische Funktionsprinzipien zur Verfügung. Bei der Winkelmessung ist die Vielfalt aber besonders groß, insbesondere, da einige der Funktionsprinzipien auch mit unterschiedlichen Varianten realisiert werden können. Es werden die optischen, magnetischen, induktiven, kapazitiven und resistiv-potenziometrischen Ausprägungen detailliert, die in Drehgebern zum Einsatz kommen. Dabei werden nicht nur die eigentlichen Prinzipien erläutert, sondern auch Wert auf technisch-praktische Aspekte gelegt.

Zur Realisierung der Sensorik für Drehgeber stehen mehrere unterschiedliche physikalische Wirkprinzipien zur Verfügung [1–10]. Alle Funktionsprinzipien folgen der Sender-Modulator-Empfänger-Konfiguration in der Anwendung des Drehgebers gemäß der Darstellung in Abb. 1.2. In den folgenden Kapiteln werden die sensorischen Grundkonzepte erläutert. Zu beachten ist, dass sich diese auf die Basissensorik beziehen und nicht auf Drehgeber (durch den Einbau eines Sensors in ein Gerät können Eigenschaften beeinflusst werden).

Winkel werden durch Industriesensoren nicht direkt gemessen (Kap. 2). Dies gilt im doppelten Sinne. Zum einen ist die Messgröße der Sensoren nicht ein Winkel, sondern es sind elektrische Ströme, Spannungen, Widerstände oder Ladungen. Zum anderen muss der Winkel aus den gemessenen Größen erst berechnet werden. In den meisten Fällen stehen dazu sinusförmige Signale zur Verfügung, in wenigen Fällen ein winkelproportionales Signal.

© Springer Fachmedien Wiesbaden GmbH, ein Teil von Springer Nature 2025

S. Basler, *Drehgeber und Motor-Feedback-Systeme*,

https://doi.org/10.1007/978-3-658-49404-9_3

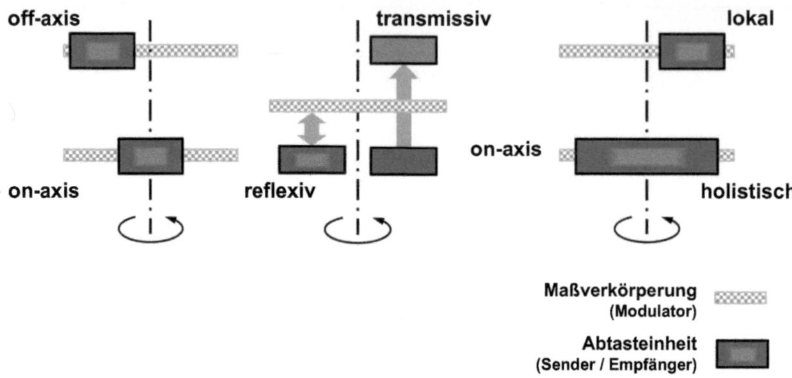

Abb. 3.1 Möglichkeiten zur Anordnung der Elemente des Sensors bei Drehgebern

An dieser Stelle sollen Aspekte eingeführt werden, die im Verlauf des Kapitels für die Konfiguration der Sensoren eine Rolle spielen (Abb. 3.1):

- Die Sensorik wird oft so angeordnet, dass sich differentielle Signale ergeben ($a_{sin\_0°}$ und $a_{sin\_180°}$, sowie $a_{cos\_90°}$ und $a_{cos\_270°}$). Wird die Differenz gebildet ergeben sich die eigentlichen Sinus-Cosinus-Signale ($a_{sin} = a_{sin\_0°} - a_{sin\_180°}$ respektive $a_{cos} = a_{cos\_90°} - a_{cos\_270°}$; vgl. Gl. 2.36 und Gl. 2.37). Dies hat den Vorteil, dass gleichartige Fehler auf den Signalen wie Offset oder Gleichtaktstörungen beseitigt oder zumindest reduziert werden.
- Ein Modulator kann zentrisch oder exzentrisch abgetastet werden (Abb. 3.1, links). Bei der zentrischen Abtastung sind Sender, Modulator und Empfänger entlang der Drehachse angeordnet (engl.: „on-axis"). Bei der exzentrischen Abtastung ist der Modulator weiterhin zentrisch zur Drehachse, Sender und Empfänger sind aber in radialer Richtung entfernt von der Drehachse angebracht (engl.: „off-axis"). Dies ist von Bedeutung für den Geräteaufbau sowie für die Güte der Geräte hinsichtlich erreichbarer Auflösung und/oder Genauigkeit.
- Die Wirkrichtung des physikalischen Effekts kann bei einer Drehgebersensorik transmissiv oder reflexiv orientiert sein (Abb. 3.1, mitte). Bei einer transmissiven Anordnung befinden sich Sender, Modulator und Empfänger in einer Reihe. Der physikalische Effekt wirkt durch den Modulator hindurch. In

einer reflexiven Anordnung befinden sich Sender und Empfänger auf der gleichen Seite relativ zum Modulator. Das modulierte Signal wird vom Modulator reflektiert.

- Eine Abtastung kann holistisch (dt.: ganzheitlich) oder partiell erfolgen (Abb. 3.1, rechts). Bei einem holistischen Aufbau nutzt die Sensorik den Umfang des gesamten Modulators, bei einem partiellen wird nur ein Ausschnitt des Modulators zu einer Zeit genutzt.

In den folgenden Ausführungen wird weitestgehend auf quantitative Daten verzichtet. Diese sind stark von der Implementierung von Komponenten und Modulen abhängig. Entsprechend liegt der Fokus auf der Funktion und qualitativen Angaben.

3.1 Optische Funktionsprinzipien

3.1.1 Vorbemerkungen

Drehgeber, die optische Prinzipien zur Abtastung verwenden, sind weit verbreitet. Speziell dort, wo technisch hoch bis höchst anspruchsvolle Aufgaben in Bezug auf Auflösung und Genauigkeit zu lösen sind, kommen sie zum Einsatz. Neben den Abtastprinzipien, die diese Anforderung erfüllen gibt es auch optische Verfahren, die weniger auf höchste Auflösung getrimmt sind, ihre Vorteile aber in anderen Parametern ausspielen. Die unterschiedlichen, im Zusammenhang mit Drehgebern genutzten optischen Abtastprinzipien, werden folgend näher erläutert. Zuvor wird auf entsprechende Schlüsselkomponenten näher eingegangen.

3.1.2 Schlüsselkomponenten

3.1.2.1 Optische Codescheiben und Grundanordnungen

Der Modulator bei optischen Drehgebern ist eine mechanische Komponente mit speziellen optischen Eigenschaften und wird meist als Codescheibe bezeichnet (Gestalt kann aber von der Scheibenform abweichen). Die unterschiedlichen Funktionsprinzipien für optische Drehgeber unterscheiden sich primär über die Modulation des Lichts und somit über die Codescheibe. Diese interagiert mit dem Licht der Beleuchtungseinheit (Sender) und moduliert dadurch den Lichtstrom, der auf den optischen Empfänger auftrifft in der räumlichen Lichtverteilung, in der Intensität, in der Phase und/oder in der Polarisation.

Ist an dieser Stelle eher die Rede von einer Codescheibe, deutet dies eine axiale Anordnung von Sender, Modulator und Empfänger an. In radialen Anordnungen kommen trommelförmige Träger zum Einsatz. Die optisch modulierende Funktion ist auf der Mantelfläche aufgebracht. In dieser Anordnung sind überwiegend reflexive Systeme bekannt, transmissive Anordnungen aber auch möglich. Bei einfacheren Drehgebern besteht der Maßstab dabei aus einem Band, welches auf einen zylinderförmigen Grundkörper aufgebracht wird. Die Genauigkeit wird hierbei durch die Stoßstelle am Umfang limitiert. Hochwertige Systeme werden direkt auf dem Grundkörper hergestellt (z. B. Laserablation oder Laserbelichtung). Bei der axialen Konfiguration, welche ohnehin die gängigere ist, sind sowohl reflexive als auch transmissive Strahlführungen bekannt. Können in einer transmissiven Anordnung alle Komponenten auf der optischen Achse angeordnet werden (engl.: „on-axis"), so ist dies bei reflexiven Anordnungen schwierig (engl.: „off-axis"). Ist eine on-axis Anordnung nicht möglich können Randeffekte durch die mechanischen Toleranzen und zusätzliche Winkel das Ergebnis der Messung beeinträchtigen (Abb. 3.2).

Bei optischen Drehgebern waren lange Zeit Maßverkörperungen (Codescheiben bzw. Codetrommeln) aus Glas üblich. Ein Glaskörper wird als Träger verwendet, auf den eine für das optische Funktionsprinzip relevante Struktur aufgebracht wird. Dabei lassen sich bei Bedarf sehr feine Strukturen bis in den Mikrometerbereich aufbringen. Dies erhöht die Auflösung, aber auch die Anforderung nach genauer Montage. Glaskörper, speziell Glascodescheiben, haben den Ruf, dass sie bei harten mechanischen Einsatzbedingungen (Schock, Vibration)

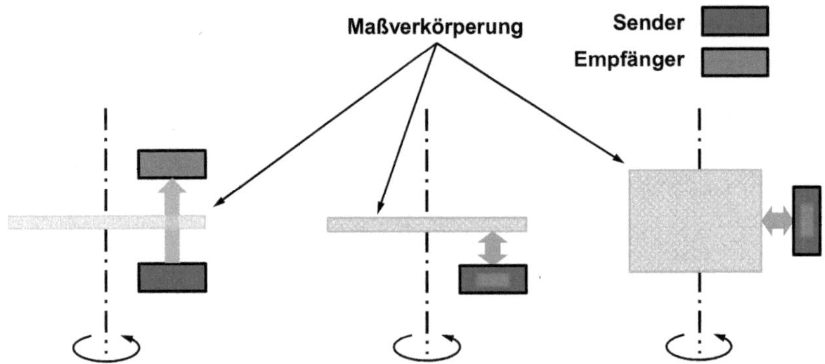

Abb. 3.2 Anordnungen bei optischen Drehgebern: links – Scheibe transmissiv, mitte – Scheibe reflexiv, rechts – Trommel reflexiv

brechen können. Durch geeignete konstruktive Maßnahmen und die Material-auswahl ist dies jedoch unkritisch. Alternativ können Träger auch aus Kunststoff hergestellt werden (z. B. Polyester oder Polycarbonat). Hier ist auf eine Langzeit-stabilität in den mechanischen und optischen Eigenschaften zu achten (thermische und mechanische Stabilität, optische Trübung). Maßverkörperungen aus Kunst-stoff sind aufgrund der einfachen Verarbeitung und Handhabung günstiger als solche aus Glas. Eine weitere Alternative sind Maßverkörperungen aus Metall. Diese werden vorwiegend für das Schattenbildverfahren eingesetzt und werden an entsprechender Stelle beschrieben (Abschn. 3.1.3). Sind bei Maßverkörperun-gen aus Glas mehrere Arbeitsschritte für die Herstellung des Trägers und der optischen Schichten notwendig, kann dies, je nach Funktionsprinzip bei Metall- und Kunststoff-Maßverkörperungen in einem Arbeitsschritt erfolgen, was sich positiv auf die Konzentrizität von Träger und Codierung auswirkt.

Die Codescheiben bei optischen Drehgebern sind meist gesonderte Kompo-nenten, die auf die optische Funktion optimiert sind. Es lässt sich meist nicht realisieren, dass Codescheibe und Drehgeberwelle „aus einem Guss" hergestellt werden können. Entsprechend bestehen besondere Anforderungen in der Zentrie-rung und Fixierung von optischen Codescheiben. Dies gilt insbesondere, wenn hochauflösende und/oder hochgenaue Drehgeber realisiert werden sollen. Bei der Zentrierung ist es nicht maßgeblich die Codescheibe entsprechend den mechani-schen Konturen zentrisch zur Welle anzubringen, sondern die Codestruktur(en). Dabei hilft es, wenn das mechanische Zentrum der Drehachse und die der Code-struktur möglichst übereinstimmen. Ist eine Codescheibe zentriert, muss sie so zur Welle fixiert werden, dass sie mechanisch langzeitstabil zentrisch angeordnet bleibt. Dazu wird die Codescheibe geklemmt oder mit der Welle verklebt.

Es gibt zwei prinzipielle Anordnungsformen für die abbildende Optik: trans-missiv oder reflektiv. Die transmissive Durchlichtanordnung entspricht der in Abb. 3.8 dargestellten. Lichtquelle – Strahlformung – Codescheibe – Abtaster sind in einer geometrisch geraden Linie angeordnet. Ein wesentlicher Nachteil der Durchlichtanordnung ist der in axialer Richtung benötigte Bauraum. Um die-sen Nachteil zu adressieren, wurden Technologien entwickelt, die eine reflektive Anordnung unterstützen. Hierbei befinden sich die Lichtquelle und der Abtas-ter (mehr oder weniger) auf einer Ebene. Das von der Lichtquelle ausgestrahlte Licht wird in Richtung der Codescheibe abgestrahlt und dort gemäß der auf-gebrachten Codierung reflektiert. Wird auf ein strahlformendes Element für die Lichtquelle verzichtet, ist die Lichtausbeute zwar ungünstig, ergibt sich jedoch eine vorteilhafte Strahlgeometrie, die mit sich bringt, dass verhältnismäßig große mechanische Toleranzen ermöglicht werden, insbesondere in axialer Richtung (Abb. 3.3).

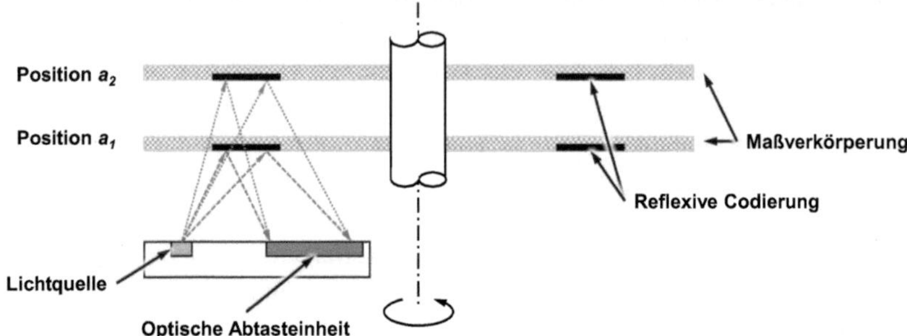

Abb. 3.3 Reflektive Anordnung (Codescheibe ist in zwei axialen Positionen dargestellt). (Eigene Darstellung in Anlehnung an [12])

Die codebildenden Strukturen auf der Codescheibe werden mit Materialien realisiert, die einen hohen Reflektionskoeffizienten im Bereich der Wellenlänge der Lichtquelle aufweisen, z. B. Chrom (insb. rot und IR) oder Aluminium (breitbandig). Substrat und die Herstellprozesse können für Codescheiben beider Anordnungen gleichermaßen eingesetzt werden.

3.1.2.2 Beleuchtungseinheit

Die Beleuchtungseinheit optischer Drehgeber besteht aus einer Lichtquelle, gegebenenfalls strahlformender Optik, und mechanischen Komponenten.

Wurden in der Anfangszeit noch Glühlampen als Lichtquelle in Drehgebern verwendet, so kommen heute ausschließlich Lichtquellen auf Halbleiterbasis zum Einsatz. Abhängig vom optischen Funktionsprinzip werden Leuchtdioden (engl.: „light emitting diode"; LED) oder Laserdioden genutzt.

Als Leuchtdioden werden zumeist Typen auf Galliumarsenid-Basis (GaAs) verwendet. Diese LEDs emittieren Licht im nahen infraroten Spektralbereich (NIR; $\lambda \cong 780\,\text{nm} \ldots 3\ \mu m$). Für Drehgeber werden Wellenlängen im Bereich von z. B. $\lambda \cong 830 \ldots 880\,\text{nm}$ mit einer relativ großen spektralen Bandbreite von typisch $\Delta\lambda \cong 30 \ldots 50\,\text{nm}$ eingesetzt. Dies ist in mehrfacher Hinsicht vorteilhaft. Photosensitive Sensoren auf Silizium-Basis haben hier eine hohe spektrale Empfindlichkeit. Somit wird die Lichtenergie mit gutem Wirkungsgrad in elektrische Energie umgewandelt. Demzufolge können die Leuchtdioden mit geringer elektrischer Leistung betrieben werden, was deren Lebensdauer erhöht. Die auf ein infrarotes Spektrum ausgelegte Sensorik wird durch Tageslicht nur wenig beeinflusst und muss dagegen nicht gesondert abgeschirmt werden.

Daneben halten auch Leuchtdioden mit Wellenlängen im sichtbar-blauen Bereich ($\lambda \cong 420 \ldots 490$ nm) Einzug in Drehgeber. Diese LEDs wurden durch die Weiterentwicklung im Bereich der Halbleitertechnologie verfügbar. Die Entwicklung wurde für die Herstellung von weißen Lichtquellen im Konsumerbereich optimiert, sodass die blauen LEDs aufgrund der Massenherstellung kostengünstig angeboten werden können und somit für die Industriesensorik auch eine Option als Lichtquelle darstellen. Im Vergleich zu den IR-Lichtquellen, liegt die spektrale Empfindlichkeit im Silizium bei blauem Licht nur bei ca. der Hälfte. Im Gegenzug ist die Eindringtiefe von Photonen aufgrund des hohen Absorptionskoeffizienten bei kürzerer Wellenlänge deutlich geringer, wodurch Störungen innerhalb eines komplexen Abtastchips reduziert werden (z. B. Übersprechen zwischen den Kanälen). Halbleiterprozesse die zu feineren und flacheren Strukturen führen, können bei den Abtast-ASIC besser genutzt werden, wenn blaue Lichtquellen zum Einsatz kommen. Hinzu kommt, dass Beugungseffekte von Licht mit kürzerer Wellenlänge (hier blau) an kleinen Spalten, z. B. einer Maßverkörperung, deutlich geringer sind als bei Licht längerer Wellenlänge (infrarot). Geringere Beugungseffekte, stärkere Signale, ein besserer Kontrast und ein geringerer Klirrfaktor führen zu verbesserten elektrischen Signalen ([13]).

In Drehgebern eingesetzte LEDs weisen einen optischen Strahlungsfluss von einigen Milliwatt auf. Zu beachten ist, dass der Strahlungsfluss einen negativen Temperaturkoeffizienten aufweist. Entsprechend wird die LED bei gleichem Strom mit steigender Temperatur dunkler. Aus diesem Grund (neben weiteren Aspekten) werden LEDs in Drehgebern oft geregelt betrieben. Als Regelparameter dient meist die Vektorlänge eines Sinus-Cosinus-Signals (vgl. Gl. 2.15). LEDs haben einen relativ großen Abstrahlwinkel, d. h. strahlen divergentes Licht ab (meist mit Lambert'scher Strahlcharakteristik). Dies ist in Drehgebern eher ungünstig. Nicht paralleles Licht generiert unerwünschte Signale. Auch ist bei kollimiertem (parallelem) Licht die Nutzung der Lichtenergie deutlich effektiver. Der Lichtstrom konzentriert sich auf einer kleinen Fläche. Entsprechend werden die Lichtquellen meist durch Kollimatorlinsen ergänzt. Diese formen aus einem divergenten ein möglichst kollimiertes Lichtbündel. Die Auslegung auf paralleles Licht erfordert eine vergleichsweise große Baulänge in Richtung der optischen Achse bedingt durch die Linse und die Auslegung des optischen Strahlengangs. Bei geeigneter Auslegung lassen sich kleine Strukturen, kompaktere Codeformen und somit hohe Auflösungen realisieren. Die Linsen selbst sind teilweise Bestandteil käuflicher LEDs. Die Linse wird meist mit dem Gehäuse kombiniert sei es als dedizierte Linse die in einen Halter, der das LED-Substrat mit umschließt, gefasst wird, oder als technische Spritzgusskomponente, die neben

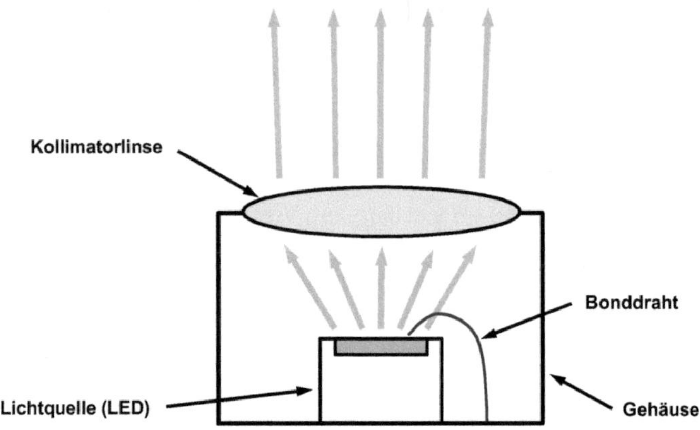

Abb. 3.4 Schematische Darstellung einer Beleuchtungseinheit für optische Drehgeber

den eigentlichen optischen noch mechanischen Funktionen übernehmen kann. In Ausnahmenfällen werden auch punktförmige Strahler verwendet (Abb. 3.4).

Für einige optische Drehgeberprinzipien wird die räumliche Kohärenz des Lichts vorausgesetzt, sodass Laserdioden verwendet werden müssen (Abschn. 3.1.4). Auch hier werden meist Typen genutzt, die Licht im infraroten Wellenlängenbereich emittieren. Neben den klassischen kantenemittierenden Laserdioden (engl.: „edge emitting LASER"; EEL) kommen auch vermehrt sogenannte VCSEL (engl.: „vertical cavity surface emitting LASER"; oberflächenemittierender Laser) zum Einsatz. Diese sind tendenziell günstiger und durch die Abstrahlung an der Oberfläche einfacher in der Handhabung. Single-Mode, polarisationsgesperrte VCSEL-Lösungen bieten sich für den Einsatz in Drehgebern an, da sie eine hohe Kohärenz und ein gaußförmiges Strahlprofil aufweisen, wodurch sie sich gut kollimieren lassen. Durch deren geringe Leistungsaufnahme reduziert sich der Stromverbrauch des optischen Systems und damit auch die Eigenerwärmung. VCSEL können somit auch mit kleineren Leistungstreibern betrieben werden. Polarisationsgesperrte Lichtquellen verhindern, dass der Lichtstrahl beim Durchgang durch ein optisches Gitter zufällig „flackert" oder sich in ihrer Helligkeit verändert. Weiterhin weisen VCSEL einen geringen Rauschpegel und weniger thermisches Rauschen auf, sodass das Licht einen hohen Signal-Rauschabstand aufweist und recht stabil über Temperatur ist. Auch hinsichtlich Lebensdauer und Temperaturbereich haben sie Vorteile gegenüber den Kantenemittern. Beim Einsatz von Lasern sind Schutzmaßnahmen erforderlich, speziell hinsichtlich Augensicherheit (zunehmend auch bei LEDs zu beachten). Anwender müssen dies nur dann beachten, wenn Drehgeber-Kits zum Einsatz kommen, d. h. das Laserlicht einen geschlossenen Bereich verlassen kann. Gefährlich ist dies insbesondere bei Wellenlängen im Infrarotbereich. Drehgeberhersteller müssen hier deutlich vorsichtiger agieren. Auch sind Laserdioden recht sensibel in der Handhabung. Bereits kleine durch elektrostatische Entladung eingebrachte Spannungen können die Laser nachhaltig stören, bis hin zur Unbrauchbarkeit.

Neben den unterschiedlichen optischen Eigenschaften zwischen Leucht- und Laserdioden ist zu beachten, dass Leuchtdioden erhältlich sind, die für deutlich höhere Umgebungstemperaturen genutzt werden können. So gibt es LEDs die für Umgebungstemperaturen bis zu $+125\,°\mathrm{C}$ spezifiziert sind. Somit sind sie für den Einsatz in Motor-Feedback-Systemen geeignet (Abschn. 5.3). Laserdioden hingegen sind eher für Betriebstemperaturen bis ca. $+70\,°\mathrm{C}$ erhältlich, wobei VCSEL auch mit Betriebstemperaturen darüber spezifiziert werden (bis $+85\,°\mathrm{C}$). Zu beachten ist bei allen halbleiterbasierten Leuchtquellen, dass die Lebensdauer mit der Betriebstemperatur stark abnimmt. Andere Temperatureffekte sind u. a. die Veränderung der Lichtintensität, der emittierten Wellenlänge (minimal) oder der Polarisation.

Die Lichtquellen können kontinuierlich oder gepulst betrieben werden. Kontinuierliches Licht wird benötigt, wenn der Sensorsignalpfad rein analog bzw. zeitkontinuierlich betrieben wird. Gepulste Systeme sind möglich, wenn eine Sensorinformation nur in definierten Intervallen oder nur auf Anfrage zur Verfügung stehen muss. Der Vorteil gepulster Systeme ist, dass die mittlere Leistung reduziert wird und die Lebensdauer der Lichtquelle steigt.

3.1.2.3 Photoelektrische Empfänger

Als Empfänger kommen für optische Drehgeber photoelektrische Sensoren zum Einsatz. Die verwendeten Photoempfänger wandeln optische Energie in elektrische. In optischen Drehgebern werden Photodioden gegenüber Phototransistoren bevorzugt. Photowiderstände spielen keine Rolle. Bei Photodioden wird durch den inneren Photoeffekt durch Absorption von auftreffenden Photonen Ladungsträger erzeugt, wodurch sich die Leitfähigkeit des Materials erhöht. Abhängig ist die Größe des maximal generierten elektrischen Stroms u. a. von der Lichtmenge und dem Spektrum des empfangenen Lichts. Dabei ist die spektrale Empfindlichkeit abhängig vom verwendeten Photodiodenmaterial. So gibt es Photodioden auf Silizium-Basis mit einer relativen spektralen Empfindlichkeit bis 50 % der maximalen Empfindlichkeit im Bereich von $\lambda = 500 \ldots 1100\,\mathrm{nm}$. Bei der Betrachtung des Photodiodenstroms ist zu bedenken, dass es kein negatives Licht gibt. Der

„Dunkelstrom", d. h. der Strom der fließt, wenn vom photoelektrischen Empfänger kein Lichtsignal empfangen wird, wirkt als Offset. Zu beachten ist, dass der Dunkelstrom nicht stabil ist, sondern insbesondere von der Betriebstemperatur der Photodioden abhängt (positiv, exponentieller Verlauf). Um diese Effekte zu reduzieren, werden differentielle Diodenstrukturen verwendet. Das Verhältnis aus minimalem und maximalem Strom bezeichnet man als Kontrast. Dieser ist von großem Interesse da ein hoher Wert für eine gute Signalqualität erforderlich ist. Es gibt mehrere Definitionen für diesen Kennwert. Die gängigste ist der sogenannte Michelson-Kontrast gemäß Gl. 3.1:

$$K = \frac{I_{max} - I_{min}}{I_{max} + I_{min}} \tag{3.1}$$

(K: Kontrast,[ ]; I_{max}, I_{min}: maximaler und minimaler Photodiodenstrom innerhalb einer oder über mehrere Signalperioden hinweg in [A])

Neben dem Kontrast ist auch das Rauschen innerhalb des Systems bestimmend für das Signal-Rausch-Verhältnis. Das Rauschen im Zusammenhang mit photoelektrischen Sensoren setzt sich zusammen aus dem Photonenrauschen (unregelmäßiges Eintreffen von Photonen), dem Rauschen der Photodioden (Schrotrauschen, thermisches Rauschen, Generations-Rekombinations-Rauschen) sowie dem Rauschen der Signalverarbeitungskette. Relevant sind diese Betrachtungen für die Auslegung der Signalverarbeitungskette. Generell sind die generierten elektrischen Ströme recht gering, sodass sie durch einen Spannungsfolger, oder besser noch einen Transimpedanzverstärker, vor der weiteren Verarbeitung geeignet verstärkt werden.

Der Einfluss von Fremdlicht ist bei geschlossenen Drehgebern unkritisch, wohl aber bei offenen Drehgebern wie Kits. Eine Maßnahme kann die Verwendung von optischen Bandpassfiltern (z. B. Farbfilter) sein, die auf die Wellenlänge der Lichtquelle ausgelegt sind. Diese Filter können mit einem Schutzglas als Bestandteil des optischen Gehäuses kombiniert sein. Generell ist bei dem Gehäuse photoelektrischer Empfänger eine Reihe von Aspekten zu beachten. Das Gehäuse wird benötigt, um den Halbleiterchip vor äußeren Einflüssen zu schützen, es darf aber nicht die optischen Eigenschaften des Systems negativ beeinflussen. Insbesondere das Schutzglas (hier wird eigentlich auch nur Glas verwendet), das direkt über den photosensitiven Flächen angeordnet ist. Zu beachten ist eine gute Aufbau- und Verbindungstechnik sowie eine durchgängige Betrachtung der Brechungsindizes. Meist ist das Glas auch mit einer Antireflexschicht versehen, um (Mehrfach-)Reflexionen zwischen Empfänger und Modulator zu reduzieren.

Photodioden werden als Einzelkomponente, als Photodiodenfeld (Halbleiterchip mit mehreren Photodioden, bis hin zu pixel-orientierten Anordnungen) oder integriert auf einem komplexen Halbleiterchip eingesetzt. Zur besseren Anpassung der örtlichen Eingrenzung der photosensitiven Flächen können auf die Photodioden noch zusätzliche Masken aufgebracht werden. Sind die Photodiodenstrukturen auf einem Halbleiterchip in CMOS-Technologie eingearbeitet, welcher es ermöglicht neben den eigentlichen Photodioden weitere Funktionen zu integrieren, spricht man von Opto-ASICs (engl.: „application specific integrated circuit"; nur ein Anwender) oder von Opto-ASSPs (engl.: „application specific standard product"; ein Hersteller bedient mehrere Gerätehersteller). Mit der CMOS-Technik können neben digitalen auch analoge Schaltungsblöcke sowie die für die optischen Abtaster erforderlichen Photodioden auf einem Chip integriert werden. Die integrierten Funktionsblöcke können sein: die Transimpedanzverstärker, weitere analoge Blöcke (z. B. für den Signalabgleich von Offset und Amplitude), die Signalaufbereitung (Analog-Digital-Wandler, Komparatoren, Interpolatoren) sowie Überwachungs- und Fehlererkennungsfunktionen für den zuverlässigen Betrieb von Drehgebern. Häufig findet sich auch zusätzlich eine Senderstromregelung, welche die eintreffende Lichtleistung über Temperatur, Alterung und Verschmutzung über den Strom der Lichtquelle konstant regelt und so den Arbeitspunkt der Empfängerschaltung stabilisiert. Als Regelsignal dient dazu meist die Vektorlänge des Sinus-Cosinus-Signals (vgl. Gl. 2.15) der hochauflösenden Signale. Ist eine hohe funktionale Integration vorgesehen werden CMOS-Technologien (engl.: „complementary metal-oxide semiconductor"; komplementärer Metall-Oxid Halbleiter) eingesetzt. Diese Technologie hat sich für komplexe photoelektrische Komponenten bewährt und bietet einen Kostenvorteil aufgrund ihrer hohen Funktionsdichte, speziell wenn große digitale Funktionsblöcke integriert werden. Neben den elektronischen Funktionen kann auf einem CMOS-Halbleiter auch die Photomaske über die Metalllagen realisiert werden. Durch die immer feineren Strukturen, die durch den Silizium-Halbleiterprozess möglich sind, kann die Konturtreue der Maske verbessert werden, können aber auch immer engere Strukturen der Photodioden hergestellt werden, was eine höhere räumliche Auflösung ermöglicht. Diese Möglichkeit darf aber nicht darüber hinwegtäuschen, dass die effektive photonische Fläche für die Signalgröße relevant ist (Abb. 3.5).

Photodioden spezifizieren neben der Schwerpunktwellenlänge und dem spektralen Wellenlängenbereich weitere photonische Parameter. Paart man die spektrale Empfindlichkeit in [A/W] und die photonisch effektive Fläche mit den korrespondierenden Parametern der Beleuchtungseinheit und Faktoren, die sich

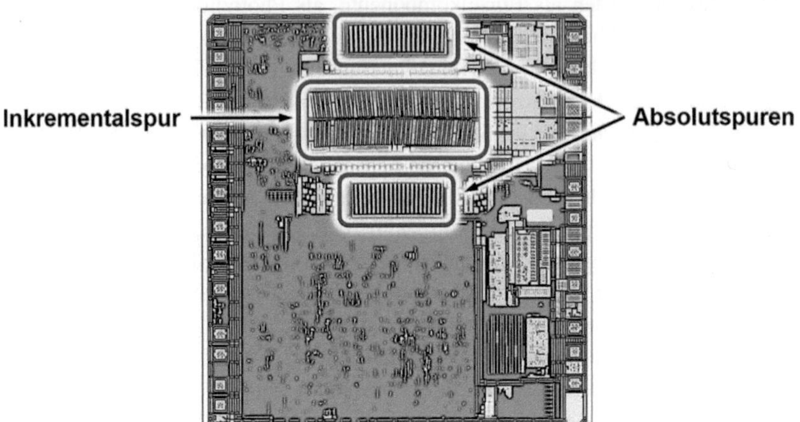

Abb. 3.5 Schematisierte Darstellung eines Abtast-ASICs für einen optischen Drehgeber. (In Anlehnung an SICK AG)

auf dem Lichtweg ergeben, können Photoströme ermittelt werden. Daneben gilt es elektrische Parameter, wie die Bandbreite, zu berücksichtigen.

Die hohe Integrations- und Funktionsdichte die in Halbleiterprozessen heute möglich ist und das gute Verständnis für die Umsetzung relevanter Aspekte für das Themengebiet der Maschinensicherheit brachte zuletzt auch Ansätze hervor redundante Abtastungen mit zwei unabhängigen Kanälen auf einem Siliziumsubstrat unterzubringen. Da die beiden Kanäle die Codeinformation von ein und derselben Codescheibe unabhängig voneinander abtasten und verarbeiten können, ergibt sich ein Realisierungskonzept für kompakte Drehgeber mit hohen SIL-Anforderungen (vgl. Abschn. 5.1.2).

Die Abbildung des/der Codemuster kann auch auf einen generischen Sensor geschehen, der in seiner Form nicht starr an die optischen Strukturen der Codescheibe angepasst ist. Es finden sich zwei Ansätze generalisierter Abtaster für Drehgeber: Pixelarray mit virtueller Maske oder generisches Pixelarray mit massiver Signalverarbeitung.

Mittels eines konfigurierbaren Feldes bestehend aus (mehr oder weniger) gleichmäßig angeordneten Empfangselementen können einzelne Elemente einem von mehreren Clustern (z. B. vier Quadraturzuständen oder „not-in-use") zugeordnet werden. Das Zusammenschalten ergibt sich durch Summierung der Signale (z. B. Photoströme) der Einzelelemente eines Clusters zu einem Summensignal über eine Multiplexerstruktur. Übertragen auf Drehgeber ergibt sich dadurch eine variabel konfigurierbare virtuelle Maske (Abb. 3.6), ([19–21]).

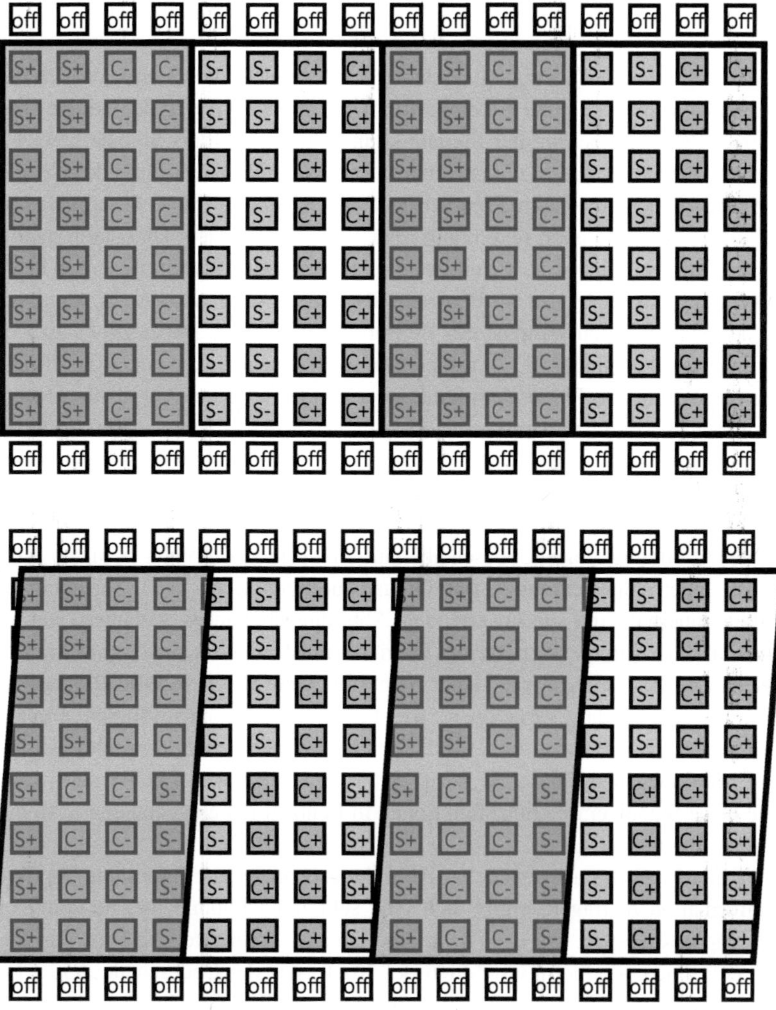

Abb. 3.6 Optischer Abtaster mit virtueller Maske. (Eigene Darstellung in Anlehnung an [19])

Die Konfiguration kann auf verschiedene Codescheiben angepasst werden, die sich im Durchmesser (bis hin zu linear) und der Auflösung unterscheiden können. Auch kann die Form der elektrischen Summensignale der Cluster variiert werden, z. B. dreieck- oder sinusförmig. Dieses Konzept lässt sich auch auf Mehrspursysteme übertragen (Inkremental- plus Absolutcode, Inkrementalcode mit Signalen für A, B und Z).

Die Definition der Konfigurationskarte bestimmt über die Qualität der Drehgebersignale. Vorgegeben und systembestimmend sind die Pixelgröße und der Pixelfüllgrad. Zur Optimierung der Signale können gegebenenfalls Signale gewichtet werden. Die Konfiguration (Clusterzuordnung, Wichtung) kann für jedes einzelne Empfangselement in einem Speicherblock gespeichert werden. Prinzipiell können solche Systeme auch rekonfigurierbar ausgelegt werden. Dies kann genutzt werden, um Fertigungstoleranzen bei Drehgebern oder Anbautoleranzen in der Anwendung auszugleichen, z. B., wenn Toleranzen groß sind. Auch Anpassungen der Konfiguration während des Betriebs sind möglich. Dabei gilt es aber ein Referenzsignal zu finden (z. B. top-konstante Geschwindigkeit) oder die intrinsische Anpassung von Phase, Amplitude oder/und Offset durch Vergleich mehrerer Einstellungen vorzunehmen.

Folgend beschriebener Ansatz ist beispielhaft dafür aufgeführt, wie eine Codescheibe mit einer Inkrementalspur mittels eines bildverarbeitenden Ansatzes ausgewertet werden kann.

Die Abbildung einer Codescheibe auf einer monochromen Kamera resultiert in einem Streifenmuster mit Grauabstufungen (Abb. 3.7). Nachdem die Spalten innerhalb des auszuwertenden Abbildungsbereiches summiert wurden, kann auf das Summensignal eine Fourier Transformation angewandt werden. Die Phase des Grundsignals stellt nun ein Maß für den Winkel innerhalb eines Inkrements dar. Variationen, wie Faltungen mit sinusförmigen Signalen oder andere Transformationen sind ebenso mögliche algorithmische Ansätze zur Ermittlung einer Phase. Moderne Mikrocontroller oder FPGAs sind in der Lage diese Signalverarbeitungsfunktionen in Echtzeit auf eingebetteten Systemen durchzuführen.

Da alle Pixel des ausgewerteten Abbildungsbereichs zur Ermittlung der Winkelinformation beitragen, ergibt sich eine sehr hohe Redundanz und somit ein sehr robustes System. Da die Phase des Signals ausgewertet wird, ist das System recht unempfindlich hinsichtlich des Kontrastes der Codescheibe und somit der Qualität der Abbildung. Eingehalten werden sollte aber die Periodizität des Musters (22).

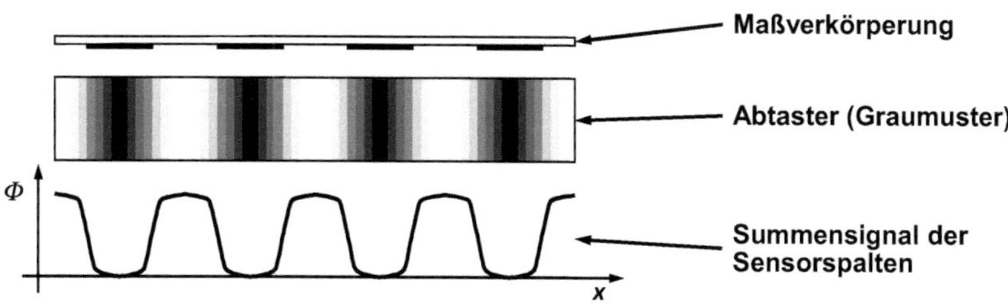

Abb. 3.7 Optische Abtastung für bildverarbeitenden Drehgeber. (Eigene Darstellung in Anlehnung an [22])

3.1.3 Schattenbildverfahren

Bei optischen Drehgebern wird das Prinzip des Schattenbildverfahrens am häufigsten verwendet (Tab. 3.1). Es wird so bezeichnet, da ein Schattenbild des Codes einer Maßverkörperung auf den Photoempfänger projiziert wird. Entsprechend handelt es sich um eine Projektion (idealerweise Parallelprojektion) nicht um eine Abbildung wie oft fälschlicherweise beschrieben (es gibt keine Abbildungsoptik im System). Auch das Moiré-Prinzip, das in Abschn. 3.1.5 behandelt wird, wird oft inkorrekt mit dem Schattenbildverfahren gleichgesetzt. Andere mögliche Bezeichnungen wären Durchlicht- oder Reflexlichtverfahren (abhängig von der Anordnung) oder Lichtschrankenverfahren. Soweit zur Begrifflichkeit.

Grundsätzlich wird mittels einer Lichtquelle eine Maßverkörperung beleuchtet. Diese Maßverkörperung besitzt bei einem transmissiven Aufbau lichtdurchlässige und lichtundurchlässige Felder (Abb. 3.8). Das sich ergebende Lichtmuster projiziert auf den Photoempfänger ein räumliches und drehwinkelabhängiges

Tab. 3.1 Sender-Modulator-Empfänger des nach dem Schattenbildverfahren arbeitenden optischen Drehgebers

Merkmal	Ausprägung
Sender	Beleuchtungseinheit
Modulator	Codescheibe mit lichtdurchlässigen und – undurchlässigen Feldern (transmissive Anordnung) bzw Reflektiven und absorbierenden Feldern (reflexive Anordnung)
Empfänger	Strukturierter Photoempfänger

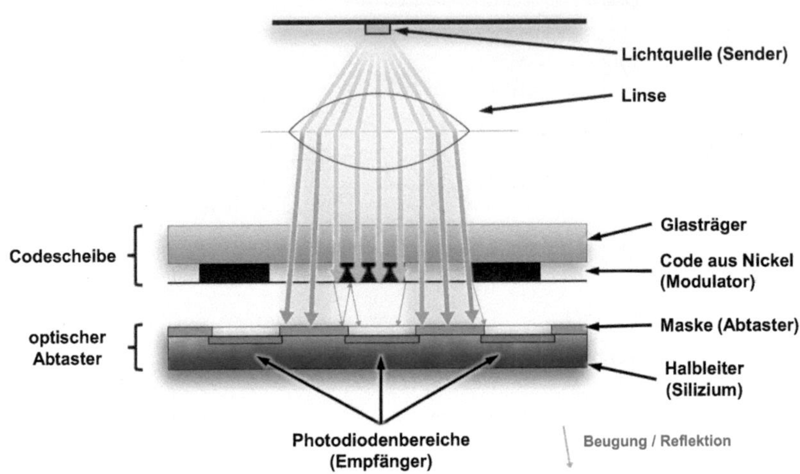

Abb. 3.8 Schattenbildverfahren als optisches Abtastprinzip. (In Anlehnung SICK AG)

Hell-Dunkel-Muster. Die Anordnung der Felder repräsentiert das zu generierende Codemuster. Dies entspricht im weiteren Sinne dem Lichtschrankenprinzip, das gerne zur Verdeutlichung des Schattenbildverfahrens herangezogen wird. Bei einem reflexiven Aufbau wird das Licht durch reflektierende und absorbierende Felder moduliert. Im weiteren Verlauf wird die transmissive Konfiguration beschrieben. Die meisten Aspekte gelten analog auch für den reflexiven Aufbau, wenn der optische Strahlengang unabhängig vom mechanischen Lichtpfad wirkt.

In einem transmissiven Aufbau ist die Maßverkörperung eine Codescheibe, die zentrisch auf die Drehgeberwelle aufgebracht ist (Abb. 3.9). Beleuchtungseinheit und Empfangseinheit umschließen die Codescheibe in axialer Richtung. Die Beleuchtungseinheit (Abschn. 3.1.2.2) ist so auszulegen, dass die photosensitiven Bereiche des Empfängers möglichst gleichmäßig ausgeleuchtet werden. Projektionsfehler, welche die Signale entlang des Lichtweges „verzerren" und das System empfindlich auf mechanische Toleranzen machen, werden durch möglichst kollimiertes Licht reduziert. Je kleiner die Strukturen der Maßverkörperung, desto besser müssen weitere Randbedingungen eingehalten werden, wie geringer Abstand zwischen Codescheibe und Empfänger und geringe Abstandstoleranzen. Strukturgrößen kleiner 10 μm sind nicht üblich. Aus optischer Sicht sind auch

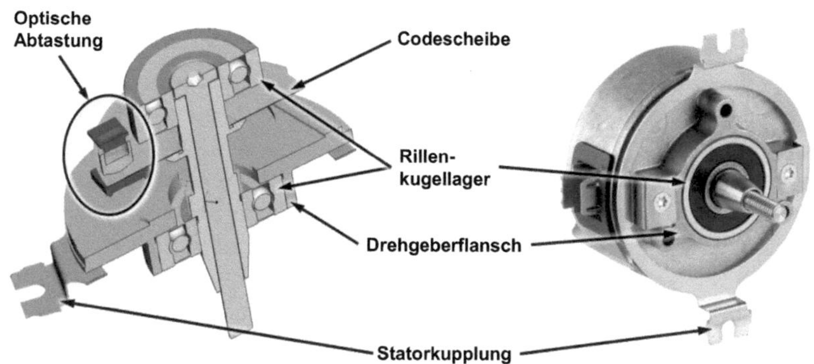

Abb. 3.9 Aufbau eines eigengelagerten optischen Drehgebers mit Schattenbildverfahren. (In Anlehnung SICK AG)

Beugungseffekte und Reflexionen zu beachten, da diese stark in die Signalgüte eingehen. Es lassen sich Drehgeber mit sehr hoher Auflösung realisieren.

Die Beleuchtung eines absoluten Codemusters wird üblicherweise mit nur einem Sender realisiert. Traditionelle Anordnungen radialer Spuren unterschiedlicher Periodizität (vgl. Abb. 2.13) haben ein ungünstiges Längen-Seiten-Verhältnis, wofür eine große, kreisförmige Beleuchtungsfläche benötigt wird. Die tangentiale Anordnung des Codemusters des Pseudo-Random-Code (vgl. Abb. 2.16) ist hier günstiger, da eine kleinere, nahezu runde Fläche auszuleuchten ist.

Der photoelektrische Empfänger hat üblicherweise jeder Codespur der Codescheibe ein Empfängerelement zugeordnet, das in Form und Größe der Spur angepasst ist. Häufig werden zusätzlich Blenden verwendet, welche eine exakte Anpassung der effektiven lichtempfindlichen Fläche an den Code ermöglichen. Dabei kann die Form der Aussparungen auch dazu benutzt werden die Form des photoelektrischen Signals bewusst zu formen. Im einfachsten Fall hat die Blende rechteckförmige bzw. trapezförmige Strukturen, wie es auf der Maßverkörperung auch der Fall ist. Daraus ergibt sich bei einer Drehbewegung ein dreieckförmiges Signal, welches durch einen Schwellwertschalter in ein rechteckförmiges Signal umgesetzt wird. So ist die Vorgehensweise bei einfachen Inkrementalgebern. Ist ein sinusförmiges Signal gewünscht, wird die Blende so gestaltet, dass die Blendenlöcher geschwungen geformt sind ($\sin^2$-ähnlich). Die Faltung der Formen auf der Maßverkörperung und der Blende ergibt rechnerisch ein Sinussignal. Da in der Realität Störeffekte (z. B. Beugung) die Sinusform verzerren, kann die geometrische Form der Blende angepasst werden, um das Signal zu optimieren (geringerer Klirrfaktor). Die Blende (Maske, Retikel) kann entweder zwischen Beleuchtungseinheit und Codescheibe oder zwischen Codescheibe und Empfänger angeordnet sein. Der zweite Fall ist der gängigere, da die Blende direkt auf den Empfänger aufgebracht werden kann. Bei komplexeren Opto-ASICs muss die Blende meist nicht mehr als separater Prozess auf dem Empfänger ausgerichtet und fixiert werden, sondern ist direkt in der Metallisierungsebene realisiert. Für einfache Inkrementalgeber werden einfache Diodenbaugruppen mit zusätzlichen Blech-Lochblenden verwendet. Die Lochblende lässt sich einfach und günstig an die Strichzahl und Strukturgröße der Codescheibe anpassen. Sind Quadratursignale gewünscht (zwei um 90° elektrisch phasenversetzte Signale für eine Spur) werden die Codespur auf der Maßverkörperung und Blenden- und Photodiodenstruktur der Empfängereinheit entsprechend angepasst, dass beide Signale generiert werden.

Codescheiben für das Schattenbildverfahren können auf unterschiedliche Art hergestellt werden. Bei Glas- und Kunststoffscheiben wird eine Chrom-Schicht auf einer Seite aufgebracht, darüber ein lichtempfindlicher Lack aufgetragen, das Codemuster belichtet und anschließend die Chromschicht in einem nasschemischen Prozess strukturiert. Bei metallischen Scheiben (Abb. 3.10), galvanisch oder mit Ätzverfahren hergestellt, sind die Funktionen Maßverkörperung und Träger in einem Material vereint und in einem Arbeitsprozess hergestellt. Im Unterschied zur Beschichtung sind hier relativ dicke Schichten (bis zu 100 µm) zu strukturieren. Bis vor wenigen Jahren wurden metallische Codescheiben deshalb nur im Bereich niedriger Auflösung verwendet (Strukturen bis 50 µm). Die Weiterentwicklung und Optimierung der galvanischen Prozesse erlaubt es inzwischen sehr homogene Codescheiben für hochauflösende Drehgeber herzustellen. Neben der Bruchfestigkeit ist vor allem die Möglichkeit selbstzentrierender Metallcodescheiben ein markanter Vorteil gegenüber Glasscheiben. Kunststoffscheiben sind aufgrund der einfachen Verarbeitung und Handhabung günstiger als Glasscheiben. Sie werden jedoch meist nur bei niederen Strichzahlen und anspruchslosen Einsatzbedingungen verwendet.

Neben der exzentrischen Anordnung gibt es auch Drehgeber mit zentrischer Anordnung von Sender, Modulator und Empfänger ([14, 15]). Maßverkörpeung, Lichtquelle und strahlformende Elemente sind zentrisch auf der Welle des Drehgebers angeordnet. Die elektrische Energie wird induktiv durch einen Lufttransformator mit zwei konzentrischen Ringspulen vom Stator auf den Rotor übertragen. Der Abtastchip ist ebenfalls zentrisch am Stator des Drehgebers angeordnet. Auf diese Weise ergibt sich eine radial kompakte Bauform eines holistisch wirkenden optischen Drehgebersensor.

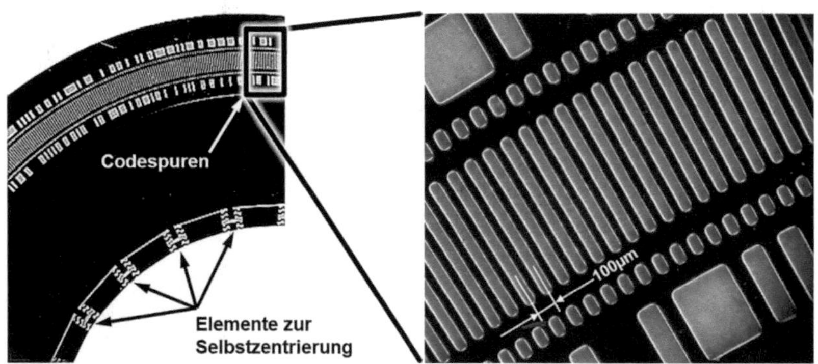

Abb. 3.10 Elektroformierte Federstruktur am Innendurchmesser einer Metallcodescheibe. (In Anlehnung an SICK AG)

3.1.4 Verfahren basierend auf optischer Beugung

Basis diffraktiver (beugender) Funktionsprinzipien sind sogenannte Beugungsgitter und Lichtquellen, die kohärentes Licht erzeugen ([16–18]) (Tab. 3.2). Mikrostrukturierte, periodische Gitter, die geeignet sind Licht zu beugen, werden mittels unterschiedlicher Fertigungsverfahren in einen Träger eingebracht. Die Gitterperioden sind im Bereich weniger Mikrometer und knapp darunter. Durch die Verwendung kohärenten, und damit monochromatischen Lichts in Drehgebern ergeben sich diskrete Beugungsordnungen. Die diffraktiven Komponenten werden in Durchlicht oder Reflexion betrieben. Mindestens eine Beugungsstruktur wird verwendet, die als Maßverkörperung auf einen Träger aufgebracht ist. Es gibt mehrere Prinzipien, die sich durch die Anzahl und Anordnung der diffraktiven Elemente unterscheiden. Zwei davon werden an dieser Stelle kurz erläutert.

Zur Erreichung höchster Auflösungen bis in die Größenordnung weniger Nanometer oder gar Pikometer, und somit im Sub-Winkelsekunden-Bereich, wird

Tab. 3.2 Sender-Modulator-Empfänger bei diffraktiver Drehgebersensorik

Merkmal	Ausprägung
Sender	Kohärente Lichtquelle, z. B. Laserdiode, VCSEL
Modulator	Codescheibe mit optisch-diffraktiven Strukturen
Empfänger	Photodioden

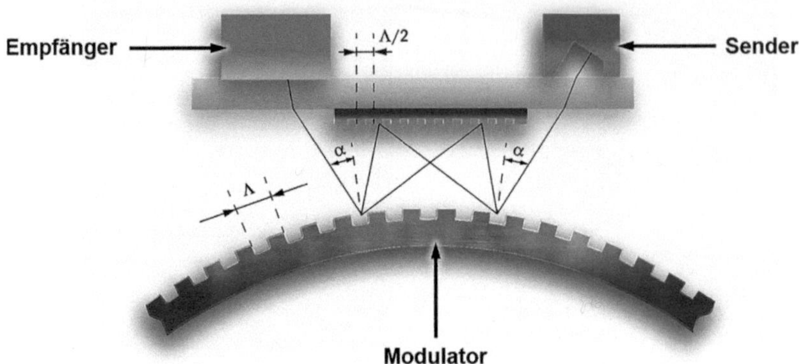

Abb. 3.11 Prinzip der Drehgeber mit diffrativer Optik. (In Anlehnung an [16])

ein optisch, diffraktives Prinzip auf Basis zweier Beugungsgittern verwendet. Bei der Beugung am Beugungsgitter erfährt der Lichtstrahl eine Ablenkung (Beugungsordnungen $\neq 0$) und eine positionsabhängige Phasenverschiebung. Wird ein Strahl kohärenten Lichts in zwei Teilstrahlen aufgeteilt und nach Durchlaufen unterschiedlicher optischer Pfade wieder überlagert, so entsteht eine Interferenz und bei geeigneter optischer Anordnung ein Interferenzmuster (Abb. 3.11). Die Interferenz wird hier also nur zur Messung der Phasenverschiebung verwendet, die drehwinkelabhängige Modulation resultiert jedoch aus der Beugung. Als Empfänger werden Photodioden oder strukturierte Photodiodenfelder eingesetzt.

Neben den höchstauflösenden Systemen lassen sich Beugungseffekte auch für weniger hochauflösende Drehgeber verwenden [17]. Es kommt nur ein Beugungsgitter zum Einsatz, das auf die Codescheibe aufgebracht ist. Von einem Laser erzeugtes, kohärentes Licht wird an der diffraktiven Struktur in Abhängigkeit von der Winkelstellung der Codescheibe gebeugt. Dadurch wird das Licht zum Empfänger hin oder davon abgelenkt. Ein Empfänger ist so ausgelegt, dass er eine winkelabhängige Intensitätsmodulation durch die erste Beugungsordnung erfährt. Durch geeignete Maßnahmen entsteht eine sinusförmige Intensitätsmodulation an der Photodiode. Durch Anordnung mehrerer mikrooptischer Strukturen lassen sich Quadratur- und/oder Differenzsignale erzeugen.

Im Bereich diffraktiver Optik werden mikrostrukturierte Scheiben aus Metall, Kunststoff oder Glas eingesetzt. Die Strukturtiefen sind kleiner als die Wellenlänge des verwendeten Lichts ($\lambda/2$ od. $\lambda/4$) und die Perioden im Mikrometerbereich. Die Strukturen werden entweder durch mikromechanische Verfahren

(z. B. Mikro-Diamantfräsen), Laser-Ablation oder durch lithografische Verfahren erzeugt. Codescheiben aus Kunststoff lassen sich durch Heißprägeverfahren oder Spritzprägeverfahren sehr kostengünstig herstellen.

3.1.5 Weitere optische Funktionsprinzipien

Werden zwei Raster übereinandergelegt und beleuchtet kann man den Moiré-Effekt beobachten (franz. „moirer"; marmorieren). Werden Raster mit periodischen, linienförmigen Gittern verwendet ergeben sich Moiré-Linien, welche ein scheinbar gröberes Raster haben als die Gitter. Werden die Gitter relativ zueinander bewegt ergibt sich eine Veränderung der Moiré-Muster, welche als Intensitätsmodulation erfasst werden können (Tab. 3.3). Dabei kann die relative Bewegung eine Verdrehung (Verdrehungsmoiré) oder eine Verschiebung (Verschiebungsmoiré) sein.

Beim Verdrehungsmoiré werden zwei Gitter gleicher Periode zueinander verdreht (Abb. 3.12). Dabei ändert sich der Abstand der Moiré-Streifen in Abhängigkeit des Winkels:

$$d = \frac{g}{2 \cdot \sin \frac{\varphi}{2}} \approx \frac{g}{\varphi} \tag{3.2}$$

(d: Streifenperiode in [m]; g: Gitterperiode in [m]; φ: Verdrehwinkel in [rad])

Werden die Gitter in konstanter Winkellage zueinander verdreht, so wandern diese Streifen quer zur Bewegungsrichtung. Bei diesem Prinzip ist zu beachten, dass sich bereits bei geringfügigen Änderungen in der Verkippung der Gitter zueinander eine Änderung der Periodenlänge ergibt.

Beim Verschiebungsmoiré werden zwei Gitter leicht unterschiedlicher Periode verwendet (vgl. Nonius-Prinzip; Abschn. 2.4.2, Abb. 2.14). Auch hier ergibt sich ein Moiré-Raster:

Tab. 3.3 Sender-Modulator-Empfänger des Moiré-Prinzips

Merkmal	Ausprägung
Sender	Lichtquelle (ggf. mit Gitterscheibe)
Modulator	Codescheibe mit Gitterstruktur
Empfänger	Photoempfänger (ggf. mit Gitterscheibe)

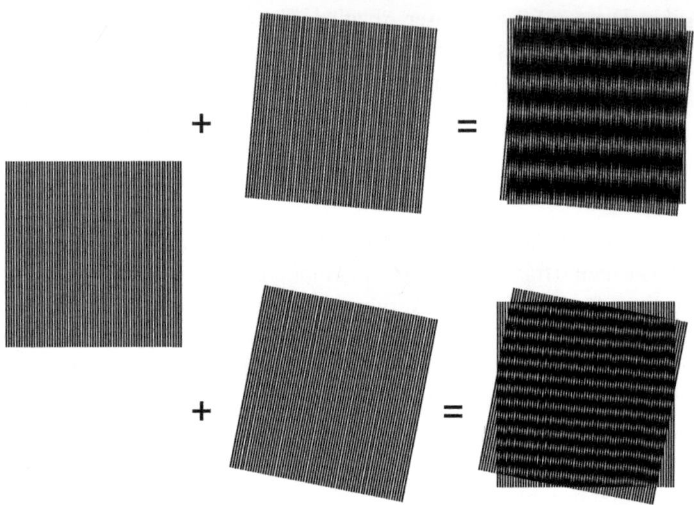

Abb. 3.12 Verdrehungsmoiré

$$d = \frac{g_1 \cdot g_2}{|g_1 - g_2|} \tag{3.3}$$

(d: Streifenperiode in [m]; g_1, g_2: Perioden der Gitter in [m])

Werden die parallel zueinander ausgerichteten Gitter quer zur Gitterrichtung verschoben, wandert das Moiré-Muster mit der Bewegungsrichtung. Ist das eine Gitter stationär und das zweite am Umfang einer Codescheibe angebracht, ergibt sich dadurch eine winkelabhängige Verschiebung und somit eine räumliche Intensitätsmodulation. Da dieses Verfahren stark an das Schattenbildverfahren erinnert (Maske als ein Gitter, Codescheibe als zweites), wird das Schattenbildverfahren fälschlicherweise als Moiré-Verfahren bezeichnet. Die Ausgestaltung der Strukturen und damit die Wirkung im Gerät sind aber unterschiedlich.

Da Moiré-Systeme mit der Modulation von Lichtintensitäten arbeiten, werden auch hier Photodioden und strukturierte Photodiodenfelder als Empfänger eingesetzt. Im Aufbau ist sehr darauf zu achten, dass nur die Bewegungsrichtung beeinflussbar und ansonsten das System gut justiert ist, da sich Nebeneffekte stark auf das Messergebnis auswirken.

Polarisationsdrehgeber sind bisher wenig bekannt [23–25], kommen sie doch vereinzelt nur im Konsumerbereich zum Einsatz. Bei diesen Drehgebern wird

Tab. 3.4 Sender-Modulator-Empfänger des Polarisationsdrehgebers

Merkmal	Ausprägung
Sender	Lichtquelle, ggf. polarisiert
Modulator	Optischer Polarisator
Empfänger	Photoempfänger, ggf. mit Polarisationsfiltern

die optische Polarisation zur Winkelerfassung genutzt. Um den Effekt experimentell nachzustellen, hält man zwei lineare Polarisatoren übereinander (d. h. in Durchlicht wirkende Polarisationsfilter) und gegen nicht polarisiertes Licht. Man erkennt eine Intensitätsänderung, wenn der eine Polarisator gegen den anderen verdreht wird. Den Polarisator auf dem stationären Teil des Systems bezeichnet man als Analysator den auf der Welle als Modulator (Tab. 3.4).

In der Umsetzung als Drehgeber wird ein Polarisator an der Welle angebracht und wird somit zu einer Codescheibe. Ein zweiter Polarisator ist dem stationären Teil zugeordnet. Dieser kann dabei entweder zwischen Lichtquelle und Codescheibe oder zwischen Codescheibe und Photoempfänger angeordnet sein. Im ersten Fall wird bereits polarisiertes Licht winkelabhängig polarisationsoptisch moduliert. Im zweiten Fall wird nicht linear polarisiertes Licht durch den auf der Welle befindlichen Polarisator ein linearer Polarisationszustand aufgeprägt. Der Polarisationszustand hängt von der Winkelstellung der Welle bzw. des Polarisators ab. Den Polarisationsfilter auf dem Empfänger passiert nur der Teil des Lichts mit einem entsprechenden vektoriellen Polarisationszustand. In beiden Fällen trifft auf die Oberfläche des Photoempfängers intensitätsmoduliertes Licht. Diese Intensitätsänderung folgt dabei dem Gesetz von Malus für eine linear polarisierte Welle gemäß Gl. 3.4:

$$i = \mathrm{I} \cdot \cos^2(\varphi) \tag{3.4}$$

(i: momentane Intensität; I: max. Intensität; φ: Verdrehwinkel in [rad])

Somit ist die Intensität proportional zum $\cos^2$ des Verdrehwinkels. Auf eine Umdrehung einer Welle ergeben sich somit inhärent zwei elektrische Perioden pro Umdrehung. Mit diesem einen Signal lässt sich kein mechanischer Winkel über eine elektrische Periode ermitteln. Verwendet man aber einen weiteren Analysator, dessen Polarisationsrichtung 45° zum ersten Polarisator ausgerichtet ist, so erhält man ein Signal proportional zu $\sin^2$. Verwendet man nun mehr als zwei Polarisatoren mit unterschiedlichen Polarisationswinkeln, so erhält man mehrere $\cos^2$-förmige Signale mit unterschiedlichen elektrischen Phasen (z. B. $\cos^2$, $\sin^2$, $-\cos^2$ und $-\sin^2$), die wiederum in einen mechanischen Winkel umgerechnet

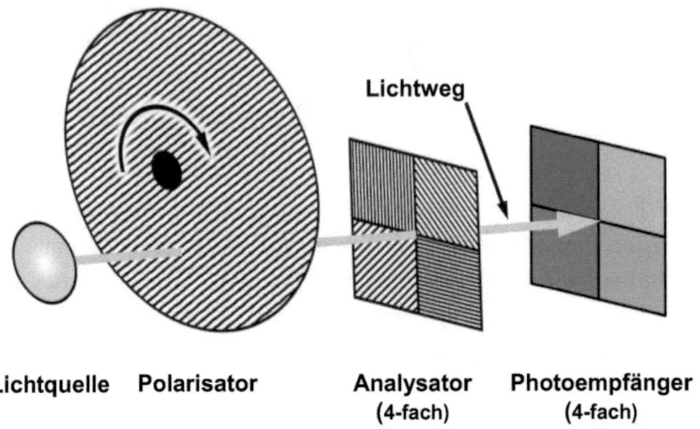

Abb. 3.13 Prinzip eines optischen Polarisationsdrehgebers

werden können. Abb. 3.13 zeigt das Prinzip und Abb. 3.14 die sich ergebenden Signale für einen Polarisationsdrehgeber mit vier Polarisationsfiltern auf vier Photoempfängern.

Ein Vorteil von Drehgebern basierend auf der optischen Polarisation liegt in den großen mechanischen Toleranzen. Dies begründet sich darin, dass die Polarisation des Lichts räumlich unabhängig ist (Abb. 3.15).

Auch auf Basis ringförmig angeordneter photosensitiver Flächen lassen sich Drehgeber realisieren ([26, 27]). Dazu wird ein Lichtspot exzentrisch um die Drehachse rotiert, sodass zu jeder Winkelstellung die Flächen der photosensitiven Elemente unterschiedlich stark bestrahlt werden. Dazu kann ein Spiegel geneigt zur Drehachse angeordnet werden. Wird der Spiegel zentrisch oder von der Seite mit einer Lichtquelle beleuchtet, die einen relativ kleinen Lichtspot bereitstellt, wandert der Lichtspot in Abhängigkeit von der Winkelstellung des Spiegels, der somit als Modulator wirkt (Abb. 3.16a). Alternativ wird der Spiegel, in den eine diffraktive Struktur eingebracht ist, senkrecht zur Drehachse orientiert. Die Strukturen bewirken dabei, dass der Lichtspot in einem Winkel zur Drehachse gebeugt wird, was wiederum zu einem wandernden Lichtspot führt (Abb. 3.16c). Als Empfänger kommt im einfachsten Fall ein optischer Quadrantensensor zum Einsatz (Abb. 3.16b). Die Signale A, A-, B und B- können dabei als sin+, sin−, cos+ und cos− interpretiert werden. In einer weiteren Ausbaustufe dieses Prinzips wird ein ringförmig angeordnetes Photodiodenarray eingesetzt (Abb. 3.16d).

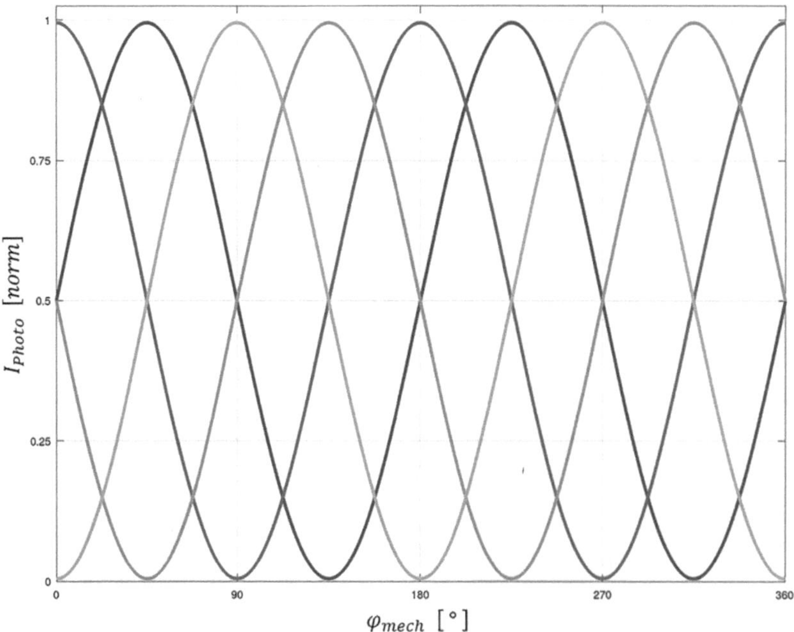

Abb. 3.14 Signale eines 4-phasigen optischen Polarisationsdrehgebers

Zur Messung einer linearen Bewegung gibt es einen Ansatz im Konsumerbereich, der in Wissenschaft und Technik noch eher ein Nischendasein führt. Die Messprinzipien an sich sind dabei berührungslos und somit verschleiß- und wartungsfrei. Dabei können sie auf beliebigen Oberflächen inkl. nichtfester oder gar flüssiger eingesetzt werden solange optische Parameter eingehalten werden (es muss genügend optische Energie erfassbar sein).

Beim ersten Prinzip besteht das Sensormodul im Wesentlichen aus drei Elementen ([28, 35]). Eine Beleuchtungseinheit, eine LED oder ein Laser, projiziert Licht auf eine optisch raue Oberfläche. Der meist monochrom ausgelegte Kamerachip empfängt die Projektion der Oberfläche. Ein Optikmodul orientiert die Beleuchtungseinheit und den Kamerachip mechanisch zueinander und die zwei integrierten Konvex-Linsen fokussieren das Licht auf der meist recht wenige Pixel umfassenden Kamera (z. B. 30×30 Pixel). Eine nachgelagerte Signalverarbeitungseinheit analysiert eine Bildsequenz auf Veränderungen und ermittelt daraus die ursächliche Positionsänderungen des Sensors relativ zur Oberfläche in zwei

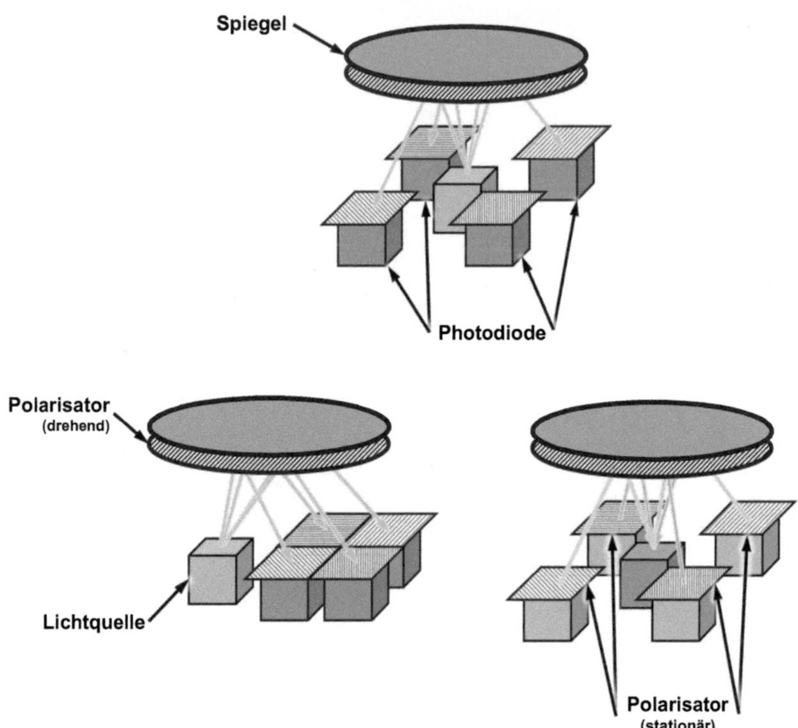

Abb. 3.15 Alternative Anordnungen von Polarisationdrehgeberkomponenten: oben – eine Lichtquelle zentrisch und mehrere Photodioden mit ausgerichteten Polarisatoren auf zentrischem Kreis, unten links - eine Lichtquelle exzentrisch und mehrere Photodioden mit strukturiertem Polarisator blockweise exzentrisch, unten rechts – eine zentrische Photodiode und mehrere Lichtquellen mit ausgerichteten Polarisatoren auf zentrischem Kreis

orthogonale Richtungen. Von den vielen möglichen Algorithmen kommt oft der des optischen Flusses zum Einsatz. Technologien auf dieser Basis, die für den Einsatz in z. B. Computer-Mäusen entwickelt wurden, erfassen Geschwindigkeiten bis zu > 10 m/s bei einer Auflösung in den Sub-μm-Bereich bzw. > 25.000 cpi (engl.: counts per inch) wobei die Oberfläche in einem Bereich von $\pm$0,2 mm von der Referenzebene eines Sensormoduls entfernt sein kann. Entsprechende Sensormodule erlauben es in definierten Szenarien gute Performanz zu erreichen. Anwendung findet das Prinzip wo klassisch Messrad-Drehgeber eingesetzt werden (Abb. 5.11) mit dem Vorteil, dass bei dem berührungslosen Prinzip

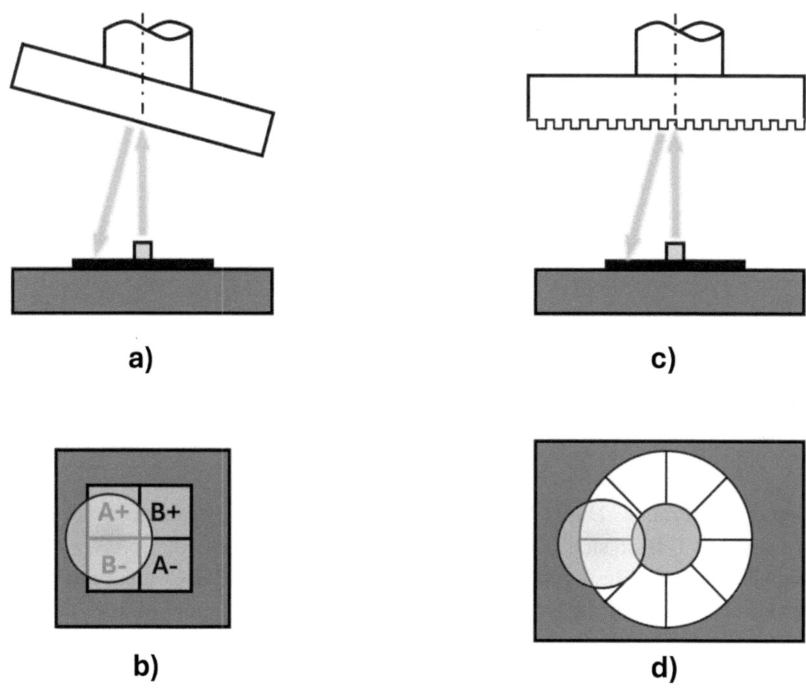

Abb. 3.16 Ringförmig rotierender Lichtspot

Schlupf keine Rolle spielt und es zu keinem Verschleiß kommt. Dabei ist zu beachten, dass die Messung eine reine Geschwindigkeitsmessung basierend auf Positionsänderungen ist (Abb. 3.17, links).

Neben dem bildgebenden Ansatz entwickelte sich ein anderes technologisches Prinzip – das der selbstmischenden Interferenz ([29, 30–34, 36–38]). Basis ist ein Laser, meist in der Form eines VCSEL. Dieser wird auf die Oberfläche unter einem Winkel ausgerichtet und auf die Oberfläche fokussiert. Ein Teil des ausgestrahlten Lichts reflektiert zurück in die Laserquelle, wo es mit dem ursprünglichen Laserfeld interferierte. Bewegt sich die Oberfläche relativ zu dem Laser, kommt es zwischen dem reflektierten und dem originalen Licht zu einer Phasenverschiebung. Das resultierende Signal variiert mit der Doppler-Frequenz, die wiederum linear abhängig ist von der Geschwindigkeit der beleuchteten Oberfläche. Das modulierte Signal wird durch einen Lichtempfänger, z. B. eine

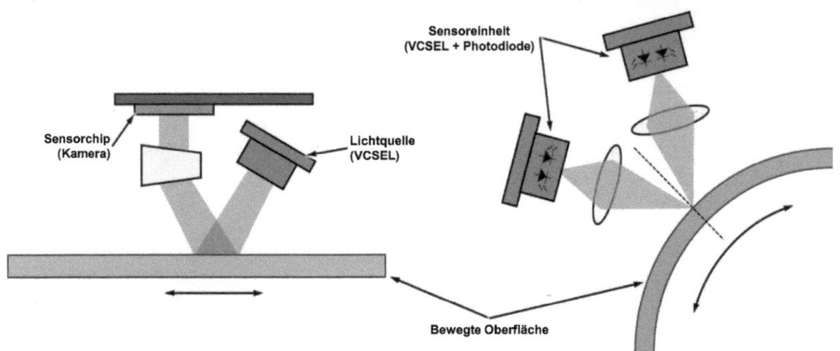

Abb. 3.17 Prinzip der optischen Maus (links) und Anwendungsbeispiel der selbstmischenden Interferenz zur Messung der Rotation einer Oberfläche (rechts; zwei Sensoreinheiten mit entgegengesetzter Neigung zur Reduzierung der Effekte mechanischer Toleranzen)

Photodiode, erfasst. Durch Frequenzanalyse des Empfangssignals, z. B. mittels einer FFT lässt sich die Geschwindigkeit ermitteln. Mit diesem Verfahren lässt sich auch die Bewegungsrichtung ermitteln, wenn das Lasersignal mit einer Grundfrequenz beaufschlagt wird. Ist die resultierende Frequenz größer als die Grundfrequenz findet die Bewegung in der einen Richtung statt, ist sie kleiner in die andere. Erhält man aus der Physik eine Information die proportional der Geschwindigkeit ist, lässt sich das mühelos in eine Positionsänderung umsetzen. Sensormodule auf dieser technologischen Basis für den Konsumerbereich erreichen Auflösungen von bis zu 3 µm bei Geschwindigkeiten von ca. 4 m/s und einer Abstandstoleranz von ±0,2 mm. Generell wird die Technologie der selbstmischenden Inferenz als robuster angesehen als die bildverarbeitende (Abb. 3.17, rechts).

In einer speziell für den Industriebereich entwickelten Version, die als Laser-Oberflächen-Bewegungssensoren bezeichnet wird, erlauben Geschwindigkeiten von bis zu 10 m/s, eine Auflösung bis zu 4 µm und eine Genauigkeit von bis zu 0,1 % bei einem nominalen Abstand von 50 mm und einer Toleranz von ±5 mm. Eingesetzt werden solche Sensoren, wo Längen erfasst werden müssen und heute Messrad-Dreheber verwendet werden und darüber hinaus. Aufgrund des berührungslosen Ansatzes können auch empfindliche, heiße, dünne etc. Oberflächen vermessen werden (z. B. Papier, Gewebe, Gummi, Kunststoffe). Auch ist es grundsätzlich möglich strömende Medien zu erfassen ([39]).

Selbstverständlich kann das Prinzip, das eben nur im Zusammenhang mit linearen Anwendungen besprochen wurde, auch auf gekrümmte Oberflächen angewandt werden (Abb. 3.17, rechts).

3.2 Magnetische Funktionsprinzipien

3.2.1 Vorbemerkungen

Bei magnetischen Drehgebern spielen Permanentmagnete eine tragende Rolle. Sie stellen aufgrund des Permanentmagnetfeldes den Sender dar und durch die magnetische Polteilung und die sich dadurch ergebende räumliche Verteilung des magnetischen Feldes, auch den Modulator. Aufgrund dieser Eigenschaft kann auch nicht sinnvoll zwischen transmissiver oder reflexiver Konfiguration unterschieden werden. Da die Pole immer paarweise auftreten (Nord- und Südpol) bezieht man sich begrifflich oft auch auf das Polpaar. In vielen Betrachtungen muss aber darauf geachtet werden, ob von einem Pol oder dem Polpaar gesprochen wird (Tab. 3.5).

Eine Besonderheit magnetischer Sensorsysteme ist die Tatsache, dass magnetische Energie dauerhaft zur Verfügung steht, d. h. auch ohne Zuführung elektrischer Energie. Dies wird in speziellen Multiturn-Ausprägungen genutzt (Abschn. 3.2.4). Entsprechend ist aber auch darauf zu achten, dass der Magnet nicht durch äußere Einflüsse, z. B. starke magnetische Felder, ummagnetisiert wird.

Magnetische Sensoren lassen sich nicht nur durch externe Magnetfelder stören, sondern auch durch eine ferromagnetische Umgebung oder ferromagnetischen Schmutz (z. B. Eisenstaub). Dies wird deshalb besonders erwähnt, da Magnetdrehgeber in Kits eingesetzt werden und in Anwendungen von Drehgebern solche Störungen durchaus vorkommen. Entsprechend ist die Sensorik vor solchen Einflüssen zu schützen.

Tab. 3.5 Sender-Modulator-Empfänger Einordnung für magnetische Drehgebersensorik

Merkmal	Ausprägung
Sender	Permanentmagnet
Modulator	Magnetische Polteilung eines Magneten
Empfänger	Magnetsensitives Element

3.2.2 Magnetfeldsensoren

Zur Abtastung eines magnetischen Feldes stehen unterschiedliche Sensoren zur Verfügung. Bei Drehgebern werden insbesondere Hall-Sensoren und magneto-resistive Elemente eingesetzt. Andere Magnetsensorprinzipien, wie Feldplatten oder Fluxgate-Magnetometer, spielen eine untergeordnete Rolle.

Hall-Elemente nutzen den sogenannten Hall-Effekt (auch: transversaler galvano-magnetischer Effekt). Beim Durchtritt eines Magnetfeldes durch einen stromdurchflossenen Leiter aus Halbleitermaterial, ergibt sich orthogonal zum Leiter eine elektrische Spannung, die sogenannte Hall-Spannung. Diese ist proportional zum Vektorprodukt aus der magnetischen Flussdichte und dem Strom. D. h. wird ein konstanter Strom eingeprägt, ergibt sich eine Spannungsänderung proportional zur Feldstärke:

$$\vec{U}_H \propto \vec{I}_0 \times \vec{B}_Z \tag{3.5}$$

Ein Hall-Element kann also zur Messung von Feldstärken verwendet werden. Bei entsprechender Anordnung eines Hall-Elements und Magnetisierung des Magneten lässt sich durch Drehen eines Magneten eine sinusförmige Hall-Spannung generieren. In Hall-Sensor-Bauelementen, die für den Einsatz in Drehgebern geeignet sind, gibt es verschiedene Arten der Anordnung der Hall-Elemente auf einem Halbleitersubstrat. Ist das Hall-Element flächig in der Horizontalen platziert und sind die elektrischen Anschlüsse ebenfalls flächig daran angeschlossen spricht man von einem horizontalen Hall-Element (Abb. 3.18, links). Damit lassen sich Feldstärken senkrecht zur Chip-Fläche messen. Implementierungen von Elementen können eine Kreuz-Form annehmen. Ist das Hall-Element in die Tiefe vertikal in den Chip eingebracht spricht man von einem vertikalen Hall-Element (Abb. 3.18, rechts). Die Anschlüsse verbleiben aber an der Chip-Oberfläche. Mit dieser Anordnung lässt sich die Feldstärke eines parallel zur Chipfläche orientierten magnetischen Vektors erfassen.

Hall-Sensoren für eine zentrische Abtastung („on-axis") integrieren typischerweise vier horizontale Hall-Elemente (Abb. 3.18, links, Abb. 3.19). Diese sind mit 90° geometrischem Versatz um das Zentrum des Hall-Element-Bereichs angeordnet, sodass sie Z-Komponenten des Magnetfeldes an verschiedenen Stellen auf dem Chip ausgesetzt sind. Werden je zwei diagonal platzierte Hall-Elemente differentiell ausgewertet, so ergeben sich bei der Drehung des Magneten ein Sinus- und ein Cosinussignal. Durch die Anordnung der Elemente auf einem Chip, stimmt die Geometrie zwischen den einzelnen Sensorelementen sehr gut überein

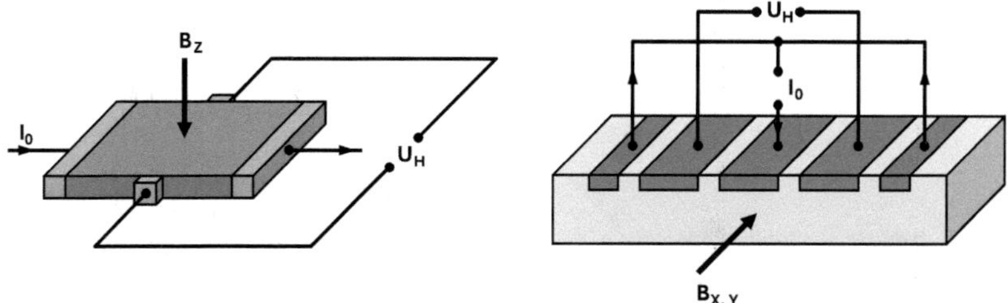

Abb. 3.18 Schematische Darstellung eines horizontalen (links) und eines vertikalen Hall-Elements (rechts)

(Gradientensensor). In der Anwendung ist dafür Sorge zu tragen, dass die Zentren des Magnetfeldes und des Hall-Sensors mit der Drehachse übereinstimmen. Dann ergibt sich die bestmögliche Linearität. Abgetastet werden üblicherweise zylindrische Magnete mit diametraler Magnetisierung (Abb. 3.19, rechts). Die Toleranz der Polteilung hat erheblichen Einfluss auf die Genauigkeit des Drehgebers. Der Abstand zwischen Magnet und Sensor beträgt einige zehntel bis zu mehreren Millimetern. Der mögliche Abstand, ebenso wie die Abstandstoleranz, hängt von der Größe und Feldstärke des verwendeten Magneten ab und orientiert sich an dem Empfindlichkeitsbereich des Sensorelements. Typische Feldstärken liegen im zweistelligen Millitesla-Bereich. Diese Art Hall-Sensoren hat Auflösungen von bis zu 14 Bit (digitale Ausgangssignale) bzw. kann bis in diesen Bereich interpoliert werden. Dabei sind Komponenten mit 8 oder 10 Bit Auflösung im unteren Performanzbereich eingesetzt, 12 Bit sehr häufig in Drehgebern und 14 Bit der Trend der Zukunft.

Hall-Sensoren für eine exzentrische Abtastung („off-axis"; auch für lineare Maßstäbe einsetzbar) ordnen Hall-Elemente in einer Reihe an. Der Abstand der Hall-Elemente definiert dabei die Größe der einsetzbaren Polweite. Auch hier können sinusförmige Quadratursignale gewonnen werden. Mit solchen Sensoren ist es möglich große, mehrpolige Ringmagnete abzutasten (Abschn. 3.2.3). Mit Ringmagneten mit einer Magnetspur lassen sich Inkrementaldrehgeber umsetzen. Wird zusätzlich eine Nonius- oder eine Pseudo-Random-Spur aufmagnetisiert, lassen sich absolute Systeme realisieren. Hall-Elemente können in CMOS-Halbleiter-Bauelementen integriert werden, was es ermöglicht, neben der eigentlichen Hall-Sensorik funktionale Blöcke zusätzlich auf einem Chip zu integrieren. Gängig sind Signalverarbeitungsblöcke oder serielle Schnittstellen aus dem Bereich der inter-IC Kommunikation (z. B. SPI, I2C).

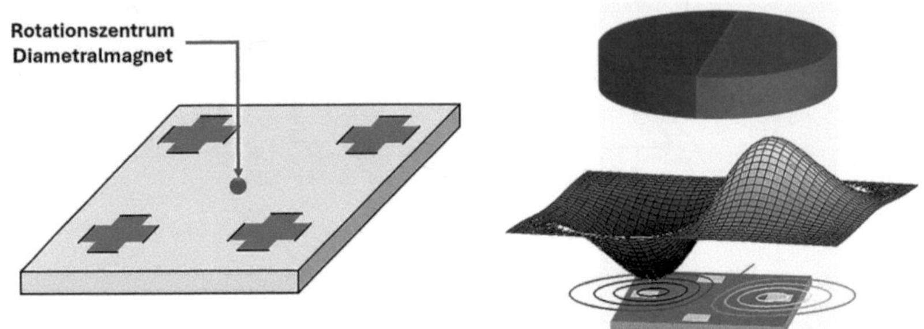

Abb. 3.19 Hall-Sensor: links – Hall-Sensor mit vier um ein rotatorisches Zentrum angeordneten horizontalen Hall-Elementen, rechts – Anordnung eines magnetischen Drehgebersensors mit diametral magnetisiertem Zylindermagnet und Hall-Sensor mit schematischer Darstellung der magnetischen Feldstärkekomponente senkrecht zum Sensor (Z-Richtung)

Sensoren, die in mehr als einer räumlichen Richtung messen können werden noch wenig in Drehgeberanwendungen eingesetzt – auch wenn sich das Magnetfeld eines Magneten immer in alle drei Raumrichtungen ausbreitet und mit den Sensoren die Feldstärken aller drei Raumrichtungen unabhängig voneinander erfasst werden können. Meist wird nur die Möglichkeit genutzt, einen Sensorbaustein mit Elementen an räumlich verteilten Elementen relativ zu einem Magneten einzusetzen (Komponentenstrategie). Bedarf es eines 3D-Hall-Sensors gibt es zwei Prinzipien.

Einerseits werden Magnetfelder für die magnetischen Feldvektoren parallel zur Chip-Fläche, d. h. orthogonal zur sensitiven Messrichtung eines horizontalen Sensorelements über Magnetfeldkonzentratoren so geführt, dass sie auf das sensitive Element im richtigen Winkel auftreffen ([43, 44]).

Andererseits gibt es Implementierungen die horizontale und vertikale Hall-Elemente auf einem Halbleitersubstrat integrieren, woraus ein „echter" 3D-Hall-Sensor resultiert. Werden zwei orthogonal zueinander angeordnete vertikale Hall-Elemente zur Messung der B_X – und B_Y – mit einem (klassischen) horizontalen Hall-Element kombiniert, ergibt sich eine 3D-Zelle die alle drei Komponenten des Magnetfeldes (näherungsweise) in einem Punkt erfasst (Abb. 3.20, rechts). Werden mehrere 3D-Zellen räumlich auf einem Chip verteilt spricht man von einem 3D-Hall-Array und man kann die Gradienten des Magnetfeldes erfassen, oder bei größerer flächiger Ausdehnung, ein räumliches Bild des umgebenden Magnetfeldes ermitteln ([45–47]).

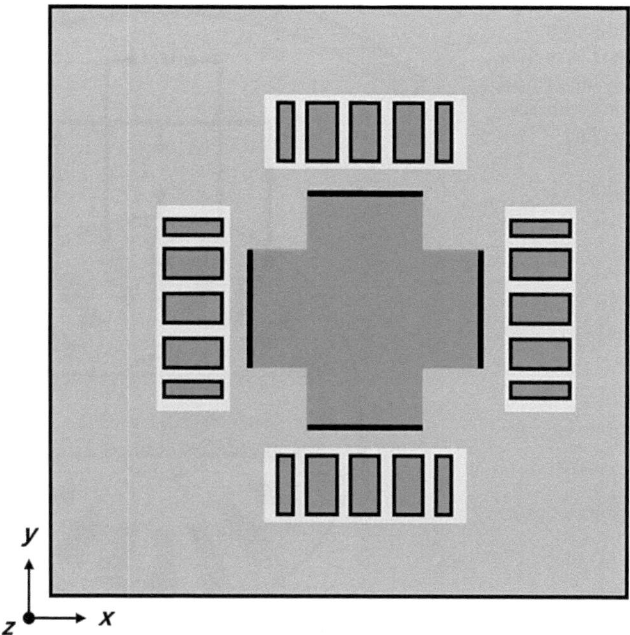

Abb. 3.20 3D-Hall-Pixelsensor (rechts) mit einem horizontalen Hall-Element zur Erfassung der magn. Flussdichte in der Z-Achse und je zwei vertikale Hall-Elemente für jeweils die X- und Y-Achse

Eine weitere alternative Anordnung vertikaler Hall-Elemente findet sich in kreisförmigen vertikalen Hall-Sensorelementen (engl.: „circular vertical Hall", CHV) ([41, 42]). Bei diesem Konzept wird eine Anzahl radial orientierter vertikaler Hall-Elemente auf einer kreisförmigen Bahn angeordnet (Abb. 3.21). Die Anschlüsse für die Hall-Elemente sind nicht fest verdrahtet, sondern sind einer Schaltmatrix zugeführt. In einem Messschritt werden jeweils fünf benachbarte Hall-Elemente zu einem vertikalen Hall-Sensor verschaltet. Wurde die Messung durchgeführt, werden die Anschlüsse um ein Inkrement weitergeführt. In einem vollständigen Messzyklus, der sehr schnell durchgeführt werden kann, erhält man das Abbild der magnetischen Feldstärke in der CHV-Komponenten-Ebene über den vollen Kreis. Dieses wird gegen eine Referenz verglichen. Das Ergebnis entspricht dann einer Winkelstellung des Magneten gegenüber dem CVH. Das Prinzip entspricht einer Messung einer magnetischen Phase anstatt einer reinen Feldstärken-Amplitudenmessung. Es ist dabei holistisch.

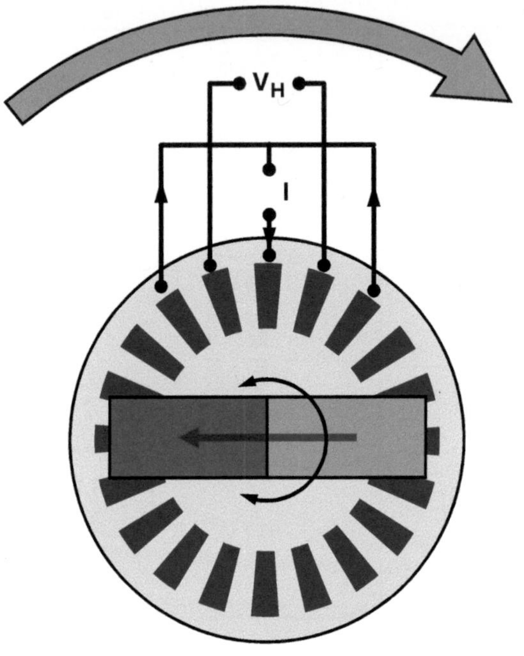

Abb. 3.21 Zirkular vertikaler Hallsensor (schematische Darstellung in Draufsicht) mit zentrisch angeordnetem drehbaren Dipol-Magnet und rotierender Anschlusstechnik

Sensoren, die ihren spezifischen Widerstand bei Einwirkung eines magnetischen Feldes auf einen stromdurchflossenen Leiter ändern, bezeichnet man als magneto-resistive Elemente (MR) ([40, 11]). Dabei sind die MR-Sensoren abhängig von der Betriebsart sensitiv auf die Richtung des Feldvektors bzw. dessen Feldstärke relativ zu einer Stromflussrichtung. Es gibt verschiedene Arten von MR-Elementen (allgemein als XMR bezeichnet, wobei das ‚X' für das Initial der MR-Art steht) denen gemeinsam ist, dass sie ferromagnetische Materialien enthalten. In diesen ändert sich durch ein externes Magnetfeld die interne Magnetisierungsrichtung und somit der intrinsische elektrische Widerstand. Die ferromagnetischen Materialien werden in dünnen Schichten mit Dicken im Nanometerbereich auf geeignete Substrate aufgebracht. Dabei unterscheiden sich Anzahl, Beschaffenheit und Anordnung der Schichten für die einzelnen Sensortypen und somit auch deren spezifischer Widerstand und die relative Widerstandsänderung in Abhängigkeit des Magnetfeldes. Die relative Widerstandsänderung

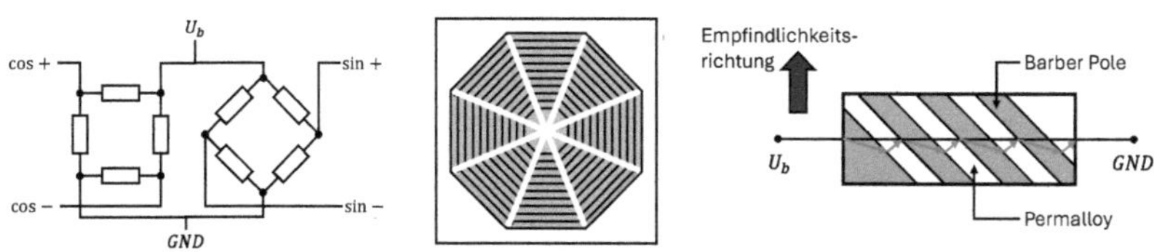

Abb. 3.22 Details zu XMR-Sensoren: links – XMR-Sensor-Messbrücke, mitte – AMR-Sensorstruktur, rechts – AMR-Element mit Barber-Pole

$$\frac{\Delta R}{R} = \frac{R_M - R_0}{R_0} \cdot 100\,\% \tag{3.6}$$

(R_0: Widerstandswert ohne äußeres Magnetfeld; R_0: Widerstandswert unter Einfluss eines äußeren Magnetfeldes) wird in Prozent angegeben und bezeichnet die Empfindlichkeit des Sensors und ist somit eine wichtige Kenngröße. Die unterschiedlichen magneto-resistiven Effekte erreichen verschiedene Wertebereiche. Zur Messung der relativen Widerstandsänderung werden MR-Elemente in einer Widerstandsmessbrücke angeordnet. Diese Anordnung ist auch deshalb zu wählen, da die relative Widerstandsänderung sehr klein sein kann. Auch hat sie den Vorteil, dass dadurch Temperatureffekte reduziert werden. In der Anwendung in Drehgebern erhält man aus der Brücke eine sinusförmige Differenzspannung, wenn sich darunter ein Magnet dreht. Eine Doppelbrücke mit zueinander verdrehten MR-Messbrücken (Abb. 3.22, links) ergibt ein Sinus-Cosinus-Paar mit differentiellen Signalen. Von den XMR-Elementen werden in Drehgebern heute primär AMR- und GMR-Sensoren eingesetzt, TMR-Sensoren sind auf dem Vormarsch.

AMR-Sensoren (engl.: „anisotrope magneto resistive") sind magnetische Materialien, die ihren spezifischen Widerstand in Abhängigkeit der magnetischen Feldrichtung relativ zum Stromfluss ändern. Daher auch die Bezeichnung als anisotrop. Unter Anisotropie versteht man im Allgemeinen die Richtungsabhängigkeit einer physikalischen Eigenschaft. Ein magnetisches Feld parallel zum Stromfluss führt zu einem maximalen Widerstand, ein orthogonales führt zu einem minimalen. Daraus leitet sich ab, dass bei AMR-Elementen die Widerstandsänderung proportional zum $\cos^2$ des Drehwinkels ist. Dreht man also einen magnetischen Dipol über dem Sensor mit einer aus AMR-Elementen aufgebauten Wheatstone-Widerstandsmessbrücke erhält man zwei Signalperioden pro Umdrehung. Dies beschreibt die Eigenschaften des Sensors in einem zu den

Materialeigenschaften starken Magnetfeld, d. h. im Starkfeldbetrieb. Im Schwach-feldbetrieb reagiert der Widerstand des Sensors auf die Feldstärke des externen Magnetfelds. Dazu platziert man in der unmittelbaren Nähe des Sensors einen Stützmagneten. Dadurch wird der Sensor in einem definierten Arbeitspunkt betrieben und es werden unerwünschte Nebeneffekte vermieden („flipping", [40]). Wird der AMR-Sensor in dieser Betriebsart in einem Drehgeber ange-ordnet, so erhält man eine elektrische Signalperiode pro magnetischem Polpaar. Die Widerstandsänderung beträgt bei AMR-Sensoren max. 5 %. Diese Werte erreicht man, wenn spezielle Materialien, z. B. magnetisch leitfähige Nickel-Eisen-Legierungen, wie Permalloy oder alternativ Mumetall, verwendet werden und dieses in komplexen Mäanderstrukturen auf dem Substrat aufgebracht wird (Abb. 3.22, mitte). Der spezifische Widerstand wird durch die Bahnverlängerung erhöht. Zur Linearisierung der Widerstandskennlinie werden auf das Permalloy Streifen aus Gold oder Aluminium in einem 45° Winkel abgeschieden (Abb. 3.22, rechts). Aufgrund der höheren Leitfähigkeit des Metalls wird der Winkel zwi-schen der Magnetisierung und dem elektrischen Strom verändert, wodurch die Winkelmessung zwischen $-45°$ und $+45°$ wesentlich genauer wird. Dieses Konzept wir als „Barber-Pole" bezeichnet ([48, 49]).

Basis beim Riesenmagnetwiderstandseffekt (engl.: „giant magneto-resistive"; GMR) ist ein mehrlagiger Aufbau aus extrem dünnen weichmagnetischen und nicht-magnetischen Materialien ([51]). Im einfachsten Fall ist zwischen zwei weichmagnetischen Schichten, eine nicht-magnetische aber elektrisch leitende angeordnet. Der Effekt basiert auf quantenmechanischen Phänomenen. Ist die Magnetisierung der beiden weichmagnetischen Schichten parallel gerichtet, ergibt sich ein minimaler Widerstand, sind sie antiparallel ausgerichtet ein maxima-ler. Die Magnetisierungsrichtungen lassen sich durch die Feldrichtung eines äußeren Magnetfelds beeinflussen. Gängig ist es den Schichtenstapel durch eine Referenzlage zu ergänzen – eine antiferromagnetische Schicht, die die magnetische Orientierung in der benachbarten weichmagnetischen Schicht fixiert. Somit bestimmt die magnetische Orientierung in der „freien" weichmagnetischen Schicht relativ zur magnetischen Orientierung in der Referenzschicht den elek-trischen Widerstand des Sensorelements. Ist die Magnetisierung in der freien Schicht gleich zur Referenzschicht orientiert, so ist der Widerstand des Ele-ments minimal. Sind sie antiparallel orientiert, so ist der Widerstand maximal. Das Signal eines GMR-Sensors ist entlang eines Polpaares proportional zu cos, d. h. es ergibt sich eine sinusförmige Periode über eine mechanische Umdre-hung eines magnetischen Dipols. Da die Empfindlichkeit, vor allem aber auch die Widerstandsänderung sehr groß ist, wird diese MR-Art als „giant" (riesig) bezeichnet. Diese kann eine größere zweistellige Prozentzahl betragen, sogar bis 100 %.

Der nanoskalige Lagenaufbau für den GMR-Effekt unterscheidet sich leicht von dem der erforderlich ist, um den Tunnel-Magneto-Widerstandseffekt (engl.: „tunnel magneto resistive"; TMR) zu generieren. Im Gegensatz zum GMR wird nicht eine nichtmagnetische, leitfähige Schicht zwischen zwei magnetische Schichten eingefügt, sondern eine Isolatorschicht. Die Isolierschicht ist extrem dünn (wenige Atomlagen), sodass Elektronen durch die Schicht „tunneln" können. Zu diesem Zweck ist es auch erforderlich den Schichtenstapel elektrisch vertikal zu orientieren (im Gegensatz zu GMR und AMR mit horizontaler Kontaktierung) – wobei die empfindliche Richtung weiterhin die in-plane Ebene ist. Erklärt wird dieser Effekt durch quantenmechanische Phänomene. Sowohl beim GMR- als auch bei TMR-Sensor kann der Widerstandseffekt anhand der Anzahl der Schichten (zusätzlich zu den minimal erforderlichen, um den eigentlichen physikalischen Effekt zu generieren), deren Dicke und Material und die Herstellprozesse beeinflusst werden. Die relative Widerstandsänderung beim TMR ist größer als bei GMR-Strukturen und damit auch wesentlich größer als bei AMR-Sensoren. Auch TMR-Sensorelemente werden für eine Wheatstone'sche-Anordnung geometrisch angeordnet und elektrisch verschaltet. Der absolute Widerstand eines TMR-Sensorelements kann sehr hoch konfiguriert werden, d. h. im einige 100 kΩ-Bereich (GMR und AMR eher im einstelligen kΩ-Bereich), wodurch TMR-Sensoren auch für Anwendungen mit hohen Anforderungen an einen geringen Stromverbrauch interessant sind.

XMR-Sensoren sind sehr empfindlich, können also auch bei Anordnungen mit schwachen magnetischen Feldern eingesetzt werden. Dies erlaubt große Abstände zwischen Magnet und Sensorelement. Dabei sind GMR- und TMR-Sensoren wesentlich empfindlicher als AMR-Sensoren. Dies macht die Auswerteschaltung für TMR- und GMR-Sensoren prinzipiell einfacher. Aufgrund der hohen Empfindlichkeit ist allerdings auf externe Störfelder zu achten. Abhängig von der Anwendung kann es nötig sein, dass das Sensormodul (MR-Sensor und Magnet) mit einer magnetischen Schirmung versehen wird. XMR-Sensoren weisen, bedingt durch die magnetisch aktiven Materialschichten, eine Hysterese auf (TMR/GMR mehr als AMR), die allerdings durch geeignete Maßnahmen im Sensorelement-Design reduziert werden kann. XMR-Elemente können aufgrund ihres Aufbaus in einem sehr großen Temperaturbereich betrieben werden. Allerdings sind sie nur bedingt kompatibel mit Halbleiterprozessen. Somit können nur eingeschränkt weitere Funktionen (Verstärker, analoge oder digitale Signalverarbeitung) direkt mit dem Sensorelement integriert werden. Gegebenenfalls können diese Zusatzschaltungen über einen hybriden Ansatz in ein Gehäuse mit

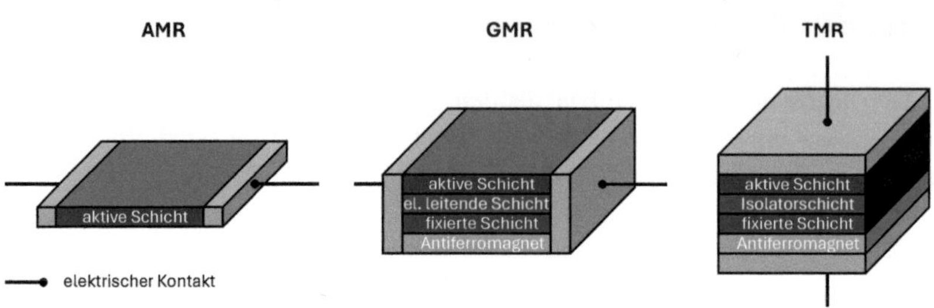

Abb. 3.23 Schichtmodelle von XMR-Sensorelementen in vereinfachter schematischer Darstellung: links – AMR, mitte – GMR, rechts – TMR. (In Anlehnung an [52])

eingebracht werden. Damit wird allerdings der Betriebstemperaturbereich wieder eingeschränkt. Im Vergleich zu Hall-Sensoren haben XMR-Sensoren einen kleineren Temperaturkoeffizienten. Abb. 3.23 stellt den grundsätzlichen Aufbau der drei relevantesten XMR-Technologien gegenüber.

Magnetfeldsensoren werden mit unterschiedlichen elektrischen Schnittstellen angeboten. Neben den typischen Schnittstellen auf Leiterplatten (z. B. I^2C, SPI) finden sich auch solche mit PWM (pulsweiten moduliertes Signal, welches digital ausgelesen wird oder mittels eines Tiefpassfilters in ein analoges Signal umgesetzt wird) oder rein analoger Schnittstelle. Letztere haben Vorteile, wenn Anwendungen mit hohen Echtzeitanforderungen adressiert werden.

Seit einiger Zeit werden magnetische Sensorelemente mit doppeltem Aufbau angeboten. Diese verbauen zwei Sensorsubstrate in einem Chip-Gehäuse, wobei diese entweder horizontal nebeneinander (Abb. 3.24, rechts) oder vertikal übereinander angeordnet sind (Abb. 3.24, links). Bei der vertikalen Anordnung gibt es wiederum zwei Varianten. Entweder sind die Substrate übereinander auf dem Leadframe (Abb. 3.24, links unten) oder oberhalb und unterhalb des Leadframe (Abb. 3.24, links oben) angeordnet. Wichtig ist in der Anwendung die Orientierung am sensorischen Zentrum. Bei den beiden Substraten kann es sich um gleichartige handeln. Sie können aber auch ein technologischer Mix aus den zur Verfügung stehenden Magnetsensortechnologien aus Hall- und/oder XMR-Sensor sein.

Die Zwei-Chip-Anordnung ist in Anwendungen hilfreich, in denen die Ausfallwahrscheinlichkeit eines Systems reduziert werden muss oder Anforderungen für funktionale Sicherheit zu erfüllen sind (vgl. Abschn. 5.1.2). Weiterhin kann dies zur Erkennung oder Unterdrückung von Störungen, induziert durch elektro-magnetische Felder, genutzt werden.

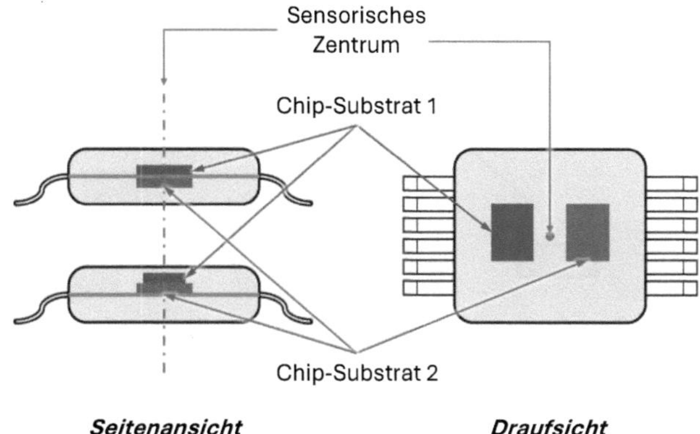

Abb. 3.24 Sensorkomponente mit zwei magnetischen Sensorelementen; links – vertikal gestapelt, rechts – horizontal nebeneinander

3.2.3 Messanordnungen und Magnete

Bei der Gestaltung eines magnetischen Drehgebers kann nicht nur auf mehrere Sensortypen zurückgegriffen werden. Auch in der Auswahl der Magnete und der Anordnung von Magnet und Magnetsensor stehen unterschiedliche Möglichkeiten zur Auswahl ([55]).

In Drehgebern finden sich im Wesentlichen drei Konfigurationen zur relativen Anordnung von Magnet und Magnetfeldsensor (Abb. 3.25). Bei der axialzentrischen Anordnung wird ein Magnet, meist ein diametral magnetisierter, zylindrischer Dipol am Ende der Drehgeberwelle aufgebracht und der Magnetfeldsensor in dessen Verlängerung entlang der Drehachse. Somit ergibt sich eine kompakte Bauweise. Auf 360° absolute Systeme lassen sich einfach realisieren, allerdings mit relativ geringer Auflösung, die primär durch den Magnetfeldsensor definiert wird. Höhere Auflösungen lassen sich erreichen indem höherpolige Magnete eingesetzt werden. Diese werden dann nicht mehr zentrisch abgetastet, sondern exzentrisch. Dabei kann der Magnetfeldsensor axial oder am Magnetumfang angeordnet sein. Typischerweise werden bei dieser Anordnung Ringmagnete eingesetzt, insbesondere, wenn eine Hohlwellenanordnung für den Drehgeber realisiert werden soll.

Es gibt drei Magnetformen, die wesentlich sind für Anwendungen zur Erfassung von Drehwinkeln. Die kompakteste Bauform ist der Diametralmagnet. Ein

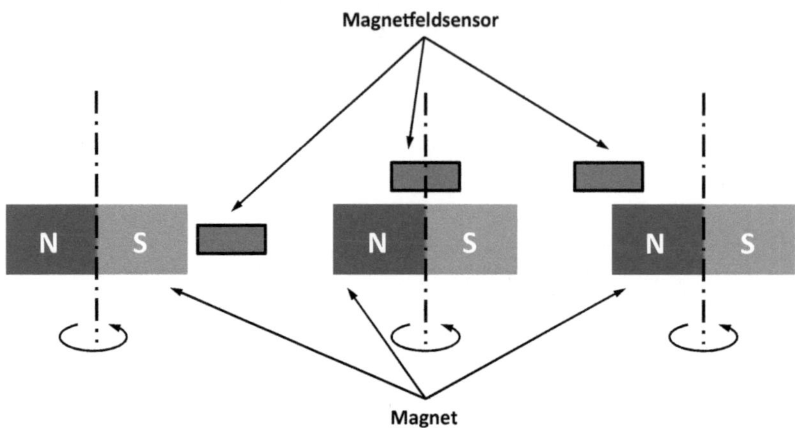

Abb. 3.25 Messanordnungen magnetischer Drehgeber: links – tangential-exzentrisch, mitte – axial-zentrisch, rechts – axial-exzentrisch)

zylindrischer Magnetkörper wird in der Regel als Dipol diametral magnetisiert (Abb. 3.26, links, auch Abb. 3.19). Magnet und Magnetfeldsensor werden entlang der Achse zentrisch angebracht. Dadurch ergibt sich eine End-of-Shaft-Anordnung. Bei einer Polscheibe wird auf einem Träger eine Schicht mit magnetisierbarem Werkstoff aufgebracht. Diese wird mit mehreren Polpaaren entlang des Umfangs versehen (Abb. 3.26 mitte). Die zentrisch montierte Scheibe wird axial-zentrisch abgetastet. Mit dieser Anordnung lassen sich Hohlwellen-Systeme realisieren – allerdings mit begrenzt großem Durchmesser für Durchführungen. Sollen größere Hohlwellendurchmesser oder noch höhere Auflösungen realisiert werden, kommen Polräder zum Einsatz. Hier wird auf einen hohlzylindrischen Träger am Umfang eine magnetisierbare Schicht aufgebracht, die tangential mit einer recht hohen Anzahl an Polpaaren magnetisiert wird (Abb. 3.26, rechts). Abgetastet werden Polräder in der Regel tangential-exzentrisch. Bei höherpoligen Magneten benötigt man für die Realisierung eines Absolutsystems neben der hochauflösenden Spur (hier die hochpolige Magnetspur) mindestens eine weitere Spur. Dabei kommen Nonius- oder Pseudo-Random-Kodierungen zum Einsatz.

Neben den klassischen Polrädern gibt es eine weitere ringförmige Magnetanordnung, die in der Messtechnik Anwendung findet, welche auf den sog. Halbach-Arrays basiert (Abb. 3.27). Das Halbach-Array ist im ersten Ansatz eine lineare Anordnung einzelner Permanentmagnete mit einem räumlich rotierenden Magnetisierungsmuster, dem Halbach-Muster. Dadurch wird das magnetische

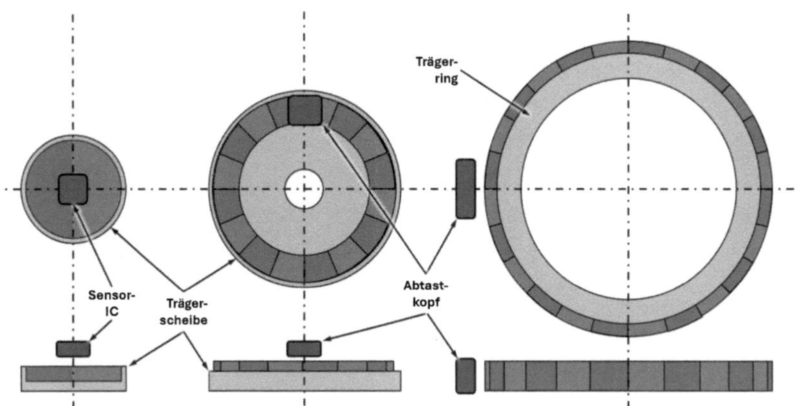

Abb. 3.26 Verschiedene magnetische Maßverkörperungen jeweils in Draufsicht (oben) und Seitenansicht (unten): links – Diametralmagnet, mitte – Polscheibe, rechts – Polrad

Feld auf einer Seite des linearen Arrays verstärkt und auf der anderen Seite erheblich reduziert. Ordnet man die Magnete auf einer Kreisbahn an, so ergibt sich im Zentrum ein starkes, lineares Magnetfeld, das durch einen zentrisch angeordneten Magnetfeldsensor abgetastet werden kann. Das Sensorelement kann dabei in gewissen Grenzen beliebig axial angeordnet sein (Abb. 3.27, links unten). Das Magnetfeld am Außenumfang ist schwach und kann mit geringen Mitteln geschirmt werden ([53, 54]).

Die räumliche Orientierung der magnetischen Feldlinien hängt nicht nur von der Magnetisierung des Magneten ab, sondern auch von konstruktiven Details des Drehgebers. In der Entwicklung ist nicht nur das reine Sensormodul magnetisch zu betrachten, sondern unbedingt auch die nähere Umgebung. Diese nimmt großen Einfluss auf die Ausbreitung und somit die Wirkung des Magnetfeldes hin zum Sensorelement. Es ist genau zu betrachten für welche Konstruktionselemente ferromagnetisches und nicht-ferromagnetisches Material eingesetzt wird. Dies gilt insbesondere für die Drehgeberwelle, aber auch Konstruktionselemente des Flansches und des Gehäuses. Gelegentlich ist es sinnvoll konstruktive Elemente gezielt als Flusskonzentrator einzusetzen. Auch eine magnetische Schirmung gegen externe Fremdfelder kann notwendig sein, die dann wiederum auch Einfluss auf die magnetischen Verhältnisse des Sensormoduls nimmt. Idealerweise wird die Entwicklung eines magnetischen Sensors durch Finite-Elemente-Simulationen unterstützt. In der Auslegung kann sich zeigen, dass es sinnvoll ist, die Magnetisierungsform des Magneten aufgrund äußerer Einflüsse

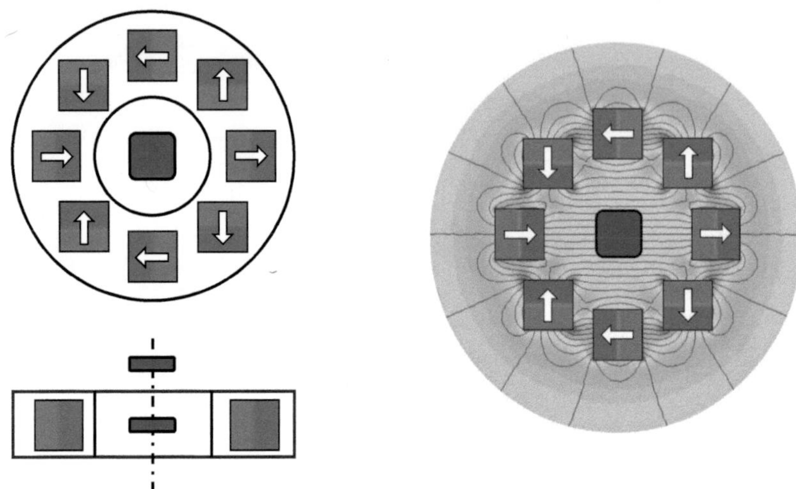

Abb. 3.27 Ringmagnet mit Halbach-Muster unter Darstellung der Feldlinien und der magnetischen Feldstärke und zentrisch angeordnetem Magnetfeldsensor

zu ändern. So kann, z. B. aus einem einfachen mehrpoligen Ringmagneten ein axial sektorenförmig magnetisierter Ringmagnet werden. Bei der Konstruktion sind auch Toleranzen zu betrachten. Die Zuordnung von Magnet und Sensor muss meist recht präzise, d. h. im 0,1 mm Bereich, ausgelegt sein. Dies gilt, insbesondere wenn Magnetfeldsensoren mit phasenverschobenen Elementen zur Generierung eines Sinus-Cosinus-Signalpaars verwendet werden. Bei solchen Sensoren spielt auch die Zuordnung zu der Polteilung eine wichtige Rolle. Bei mehrpoligen Ringmagneten ändert sich die Polteilung in radialer Richtung, da die Bogenlänge durch die konvexe Ausprägung mit größerem Radius länger wird (Pole werden nach außen hin breiter). Gleiches gilt für den Abstand des Sensors bei Abtastung am Wellenumfang. Stimmt die effektive Polteilung nicht mit der geometrischen Vorgabe des Sensorelements überein, ergeben sich Phasenverschiebungen zwischen Sinus- und Cosinus-Signal oder Abweichungen von der idealen Sinusform der Signale, mit entsprechender Auswirkung auf die differentielle Nicht-Linearität. Für eine zuverlässige Funktion ist auch das magnetische Fenster (Bereich der zulässigen Remanenz) des Magnetfeldsensors in den Toleranzstudien zu beachten. Insbesondere ändert sich die Remanenz des Magneten über den gesamten Betriebstemperaturbereich je nach Magnetart stark. Die Abstandstoleranz spielt demgegenüber eine untergeordnete Rolle.

Die Maßverkörperung magnetischer Drehgeber wird über den eingesetzten Magneten dargestellt. Es kommen Permanentmagnete zum Einsatz (ugs.: Dauermagnete). Somit ist der Magnet im sensorischen System nicht nur der Modulator, sondern im gewissen Sinne auch der Sender. Zwei Arten hartmagnetischer Materialien kommen zum Einsatz: Hartferrite und Seltenerdmagnete. Hartferrite sind zwar vergleichsweise günstig, haben aber eine deutlich geringere magnetische Energiedichte. Man findet sie noch im Einsatz bei linearen magnetischen Messsystemen, seltener aber bei modernen magnetischen Drehgebern. Seltenerdmagnete haben eine sehr hohe Energiedichte. Mit ihnen lassen sich die derzeit stärksten Dauermagnete herstellen. Dies ermöglicht es mit relativ kleinen Magneten die Messaufgabe zu erfüllen. Allerdings sind Seltenerden verhältnismäßig teuer. Verwendung finden Legierungen aus Neodym-Eisen-Bor (NdFeB) und Samarium-Kobalt (SmCo). NdFeB-Magnete ermöglichen eine etwas höhere Remanenz als SmCo-Magnete. Mit beiden Materialien lassen sich aber Werte bis maximal in den Bereich von 1 T realisieren. Vorteile haben SmCo-Magnete beim Temperaturkoeffizienten. Liegt dieser bei SmCo-Legierungen unterhalb von −0,05 %/K, so ist er bei NdFeB-Magneten in der Größenordnung von −0,1 %/K. Zu beachten ist, dass der Temperaturkoeffizient negativ ist. Somit nimmt die Remanenz mit steigender Temperatur ab. Im Umkehrschluss sollte aber nicht vergessen werden, dass sie mit sinkender Temperatur auch zunimmt.

Beispiel

Ein Seltenerd-Magnet auf NdFeB-Basis weise einen Temperaturkoeffizienten von −0,1 %/K auf. Bei einem Einsatztemperaturbereich von −40 °C bis + 125 °C (Motor-Feedback-System, vgl. Abschn. 5.3) erfährt dieser, bezogen auf eine nominale Temperatur von 20 °C, eine Remanenzänderung von +6 % bis −10,5 %. Die Toleranz der Grundremanenz betrage ±5 %. Wird dieser Magnet mit einem GMR-Sensor mit einem Temperaturkoeffizienten von −0,1 %/K abgetastet, zeigt das elektrische Signal im Extremfall eine Änderung von +18 % bei −40 °C und von −24 % bei +125 °C an – allein aufgrund der genannten Toleranzen und Temperaturkoeffizienten.

Wird ein Hartferrit mit einem Temperaturkoeffizienten von −0,19 %/K und einer Toleranz in der Grundremanenz von ±2,7 % mit einem AMR-Sensor mit einem Temperaturkoeffizienten von −0,4 %/K abgetastet, kann sich sogar eine Signaländerung von +42 % bis −54 % ergeben.◄

Die Curie-Temperatur, d. h. die Temperatur bis zu der Magnete ihre ferromagnetischen Eigenschaften verloren haben ist bei SmCo-Materialien zwar deutlich höher als bei NdFeB aber bei allen eingesetzten Seltenerdwerkstoffen so hoch, dass sie im Zusammenhang mit Drehgeberanwendungen keine Rolle spielt.

Permanentmagnete werden aus Materialien mit geeigneten magnetischen Eigenschaften hergestellt, geformt und durch ein äußeres Magnetfeld magnetisiert ([55]). Wird die äußere Magnetisierung entfernt, erhalten Permanentmagnete die aufgeprägte Magnetisierung dauerhaft. Bei den Materialien unterscheidet man zwischen weichmagnetischen und hartmagnetischen. Weichmagnetische Werkstoffe lassen sich leicht magnetisieren, verlieren aber aufgrund ihrer geringen magnetischen Feldstärke (Koerzitivfeldstärke) nach kurzer Zeit eine aufgeprägte Magnetisierung. Entsprechend werden diese Materialien verwendet, um magnetische Felder zu leiten oder als konstruktive Elemente. Hartmagnetische Werkstoffe hingegen erhalten mit ihrer großen Koerzitivfeldstärke die aufgeprägte Magnetisierung mit hoher magnetischer Flussdichte (Remanenz) dauerhaft, und können in Drehgebern somit als Maßverkörperung eingesetzt werden. Alle magnetischen Materialien enthalten die chemischen Elemente Eisen (Fe; Ordnungszahl 26), Cobalt (Co; 27) und/oder Nickel (Ni; 28). Diese werden meist in Legierungen verwendet, z. B. mit Seltenen Erden wie Neodym (Nd; 60) oder Samarium (Sm; 62).

Permanentmagnete sind in gesinterter, kunststoff- oder elastomergebundener Form erhältlich. Gesinterte Hartferritmagnete sind relativ günstig im Werkstoff und in der Herstellung. Ferrite bestehen aus Metalloxid (z. B. Eisenoxid – Fe_2O_3, Strontiumferrit – $SrFe_{12}O_{19}$) und werden daher den oxydkeramischen Werkstoffen zugeordnet. Der Werkstoff wird zuerst granuliert und dann zu einem Pulver kleiner Korngröße gemahlen und durchläuft weitere Prozessschritte, bevor es durch Pressen in seine geometrische Form gebracht wird. Anschließend wird der Pressling in einem Ofen gesintert. Gegebenenfalls wird der Ferrit mechanisch bearbeitet und/oder beschichtet bevor er magnetisiert wird. Hartferrite sind nicht zu verwechseln mit Ferriten wie sie z. B. als Spulenkörper eingesetzt werden – dabei handelt es sich um Weichferrite mit geringer Koerzitivfeldstärke. Gesinterte Seltenerdmagnete durchlaufen die gleichen Grundschritte der Herstellung von pulverisieren, pressen, sintern und nachbearbeiten wie die gesinterten Hartferrite. Das Grundmaterial ist jedoch gänzlich verschieden. Wie der Name schon vorgibt, sind Seltenerdmetalle wesentlich. Diese werden mit sogenannte Übergangsmetallen zu Legierungen verarbeitet. Gängig sind Legierungen wie Samarium-Cobalt (SmCo) und Neodym-Eisen-Bor (NdFeB). Kunststoffgebundene Magnete (auch als polymergebundene Magnete bezeichnet) werden aus Verbundwerkstoffen (engl.: „compound") hergestellt, wobei ein Pulver magnetischen Materials (z. B. die zuvor benannten Ferrite oder Seltenerdmetalllegierungen) in eine Kunststoffmatrix eingebettet wird. Der Verbundwerkstoff kann entweder gespritzt oder gepresst werden. Für das Spritzverfahren eignen sich thermoplastische Kunststoffe, beim Pressverfahren kommen duroplastische Kunststoffe zum Einsatz. Beim gespritzten Magneten werden Füllgrade bis zu 70 Vol.-% erreicht, bei gepressten Magneten sogar bis zu 90 Vol.-%, wobei der Füllgrad das Verhältnis des Volumens des magnetischen Pulvers zum Gesamtvolumen beschreibt. Hilfreich kann es sein, dass beim Spritzverfahren Einlegeteile mit dem Verbundwerkstoff umspritzt werden können. Durch den Herstellprozess entstehen so magnetische Funktionsteile. Bei der Auswahl der Materialien der Einlegeteile ist auf deren magnetische Eigenschaften zu achten, sodass der nachfolgende Magnetisierungsprozess nicht nachteilig gestört wird. Elastomergebundene Magnete setzen auf synthetischen Kautschuk als Verbundpartner für das magnetische Pulver. Der Verbundwerkstoff wird durch Vulkanisation auf einen Träger aufgebracht. Dabei wird der Kautschuk in einen elastomeren Kunststoff, d. h. Gummi umgewandelt. Durch die dabei entstehenden Prozesse entsteht eine mechanisch robuste, chemische Verbindung zwischen dem Gummi und dem Träger. Der magnetische Werkstoff kann anisotrop oder isotrop verarbeitet werden, d. h. mit oder ohne magnetischer Vorzugsrichtung. Dazu wird bei der Herstellung eines Rohlings ein zusätzliches Magnetfeld angelegt (anisotrop) oder nicht (isotrop).

Gesinterte Seltenerdmagnete und kunststoffgebundene Magnete sind die Magnete mit der höchsten industriellen Relevanz. Seltenerdmagnete sind aufgrund ihres hohen Energieprodukts (Remanenz mal Koerzitivfeldstärke),

$$E = B \cdot H \tag{3.7}$$

die erste Wahl für magnetische Dipole, z. B. in der Form zylindrischer Diametralmagnete, da sie auf kleinem Bauraum hohe magnetische Feldstärken bereitstellen. Kunststoff- oder elastomergebundene Magnete eignen sich für die Herstellung von Polscheiben und Polrädern durch Aufspritzen bzw. Vulkanisieren des Verbundmaterials auf einen Träger. Der Träger muss dazu zwei Eigenschaften erfüllen: geeignete Hafteigenschaften in Kombination mit dem Verbundwerkstoff und anwendungsspezifische, mechanische Eigenschaften. Der Träger kann in den magnetischen Kreis mit eingearbeitet sein, z. B. als magnetischer Rückschluss. Haben gesinterte Magnete eine höhere Energiedichte, so bieten kunststoffgebundene Vorteile in der Formgebung, bis hin zur Integration in konstruktive Elemente. Da Magnetmaterialien nicht korrosionsbeständig sind ist es meist erforderlich die Magnete mit einer schützenden Beschichtung zu versehen. Weitere Auswahlkriterien für eine magnetische Maßverkörperung sind die erreichbare Homogenität, mechanische und chemische Eigenschaften, der Einsatztemperaturbereich und letztendlich der Preis ([50]).

Präzise Formen durch Sintern herzustellen ist herausfordernd, da der Sinterprozess mit großem Volumenschwund verbunden bzw. für gewisse vorteilhafte Geometrien nicht möglich ist. Die Formgebung gesinterter Hartferrite bzw. Seltenerdmagnete ist aufgrund deren Härte und Sprödigkeit mittels subtraktiver Fertigungsverfahren aufwendig und im Wesentlichen auf Schleifen, Sägen und Erodieren beschränkt. Weiterhin sind für das Sintern, aber auch für Spritzguss- und Pressverfahren für jede Form des magnetischen Objekts entsprechende Werkzeuge als Negativ-Formen erforderlich, wodurch individualisierte oder kundenspezifische Geometrien schnell sehr teuer werden können. Durch die Entwicklungen und weitere Industrialisierung der additiven Fertigung bzw. des 3D-Drucks wird es möglich individualisierte Rohlinge für Magnete (z. B. für Kleinserien oder Prototypenbau) oder Magnete komplexer mechanischer Geometrie herzustellen (Additive Fertigung allg.: [56]; Anwendung auf Magnetwerkstoffe [57–62]). Auch können anwendungsspezifische Zusatzfunktionen, z. B. zur mechanischen Fixierung in der Konstruktion mit vorgesehen und im selben Herstellvorgang gefertigt werden wie der eigentliche Magnet, wodurch die Systemkosten reduziert werden können. Dabei profitieren Magnete für Drehgeber von Entwicklungen in hochvolumigen Bereichen. Es gibt verschiedene Verfahren unter dem Begriff der additiven Fertigung, die für die Herstellung magnetischer Formkörper zum Einsatz kommen können.

Grundansatz bei der additiven Fertigung ist der schichtweise Aufbau eines Werkstücks durch selektives Verbinden von Material. Die Verfahren unterscheiden sich darin, wie Schichten aufgetragen werden und wie Elemente der neuen Schicht mit denen der vorigen verbunden werden. Beim Extrusionsverfahren (engl.: „Fused Layer Molding") werden mit magnetischem Material angereicherte Polymere über eine beheizte Düse in Drahtform (Filament) aufgeschmolzen und anschließend auf das Substrat bzw. Werkstück zugeführt (extrudiert). Während der Extrusion erweicht das Material der darunterliegenden Schicht, sodass sich das Material der neuen und der vorigen Schicht stoffschlüssig verbindet. Vorteilhaft an diesem Verfahren ist die Möglichkeit durch den Einsatz von und Wechsel zwischen unterschiedlichen Materialien (z. B. Filamente mit einheitlichem Kunststoff mit und ohne magnetischen Werkstoff) komplexe Formen mit magnetisierbaren und nicht-magnetisierbaren Regionen zu generieren. Recht ähnlich arbeitet das Laserauftragsschweißen (engl.: „Laser Metal Deposition"). Dabei wird jedoch der Werkstoff pulverförmig über einen Gasstrom durch eine Düse, die an einem Laserkopf angebracht ist, gelenkt. Am Auftreffpunkt des Pulvers auf dem generativen Werkstück schmilzt der Laser sowohl das Pulver als auch das Material der bereits bestehenden Schicht. So kommt es auch hier zu einer stoffschlüssigen Verbindung. Dieses Verfahren bietet sich u. a. dafür an, Magnetstrukturen auf ein Substrat oder einen Träger, z. B. in Ringform, aufzutragen. Beim selektiven Lasersintern bzw. -schmelzen (engl.: „Laser Powder Bed Fusion") wird auf ein Substrat eine Schicht aus dem Werkstoff in Pulverform aufgetragen und mithilfe eines Lasers, der entlang der zu verfestigenden Regionen über die Fläche des Pulverbetts geführt wird, gesintert (Kunststoffe; engl.: „Selective Laser Sintering (SLS)") oder verschmolzen (metallische Werkstoffe; engl.: „Selective Laser Melting (SLM)").

Eine separat zu nennende magnetische Messanordnung für einen Drehgeber stellt der magnetische Zahnraddrehgeber dar (Abb. 3.28). In dieser Anordnung wird die Maßverkörperung nicht mit einem Magneten realisiert, sondern über ein Zahnrad aus weichmagnetischem Material. Ein Magnet (Stützmagnet = Sender) der ortsfest angebracht ist spannt ein magnetisches Feld auf. Dieses wird durch Effekte der effektiven Reluktanz und des Feldlinienverlaufs bei Drehung des Zahnrads moduliert. Diese Modulation kann durch einen Magnetfeldsensor erfasst und in eine Winkelinformation umgewandelt werden. Abhängig von der Zahnform leitet man rechteckförmige oder sinusförmige Signale ab. Die Anordnung von Sender, Modulator und Empfänger kann dabei zu einem transmissiven (Stützmagnet und Sensor umschließen in axialer Richtung das Zahnrad) oder quasi-reflexiven (Magnet und Sensor sind am Umfang des Zahnrades angebracht) Aufbau führen. Meist werden Zahnraddrehgeber als Kit ausgeführt, insbesondere für Anwendungen in denen große Zahnraddurchmesser sinnvoll oder notwendig sind. Prinzipiell kann ein Zahnraddrehgeber auch mit induktiver Sensorik realisiert werden (Abschn. 3.3.3).

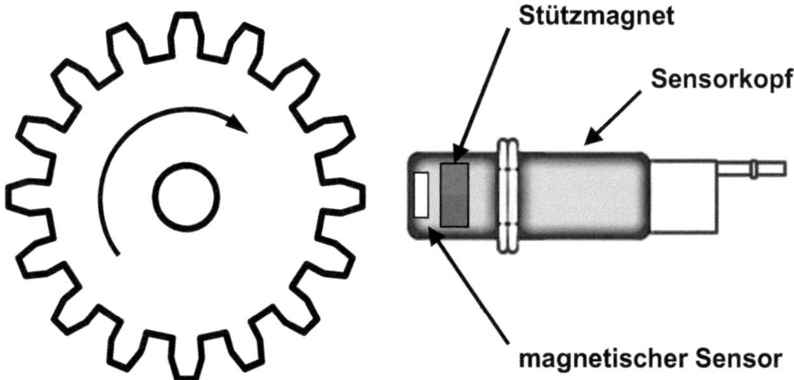

Abb. 3.28 magnetischer Zahnradsensor

3.2.4   Spezielle magnetische Sensoren für Drehgeber

Neben den klassischen Magnetfeldsensoren, Hall-Element und XMR-Element gibt es weitere in Drehgebern eingesetzte Typen, die vorzugsweise für die Realisierung eines Multiturn-Moduls eingesetzt werden (Abschn. 4.2.3.4).

Ein Wiegand-Draht[1] [1, 3, 11] besteht aus einem Vicalloy-Werkstoff (eine Kobalt-Eisen-Vanadium-Legierung), der in einem Kaltverarbeitungsprozess durch mehrfaches Verdrehen unter Zug und abschließendem tempern hergestellt wird[2]. Dadurch ergibt sich ein Gebilde mit einem weichmagnetischen Kern und einem hartmagnetischen Mantel (Abb. 3.29, links) ([63, 64])[3]. Die magnetischen Domänen (Bereiche identischer magnetischer Eigenschaften; auch als Weiss-Bezirke bekannt) im Kern und im Mantel ändern ihre Magnetisierung unterschiedlich unter dem Einfluss eines externen magnetischen Feldes. Der Kern des Drahts hat zwei stabile Zustände – die magnetischen Domänen haben entweder eine gleichläufige magnetische Polung wie das äußere Magnetfeld oder eine gegenläufige. Ändert sich die magnetische Polarität des Kerns durch eine ausreichend große Änderung der Stärke eines externen Magnetfeldes, so entsteht ein sogenannter Barckhausen-Impuls. Durch die speziellen Eigenschaften des Wiegand-Drahtes verstärkt sich der Effekt. Der Draht hat typische Abmessungen mit einem Durchmesser von ca. 0,25 mm und einer Länge von ca. 11 mm[4]. Der Ummagnetisierungsimpuls induziert in einer Spule, die den Draht umschließt, eine Spannung im Voltbereich induziert (Abb. 3.29, rechts).

Ein Wiegand-Draht kann in zwei Betriebsarten betrieben werden: symmetrisch oder asymmetrisch. Der symmetrische Betrieb überwiegt in Drehgeberanwendungen und wird in Abb. 3.30 dargestellt: Initial und ohne äußeres Feld sind die Magnetisierungen von Kern und Mantel gleich orientiert. Ein externes Magnetfeld wird parallel aber mit entgegengesetzter Magnetisierung zum Draht angelegt.

---

[1] Wiegand-Effekt wurde durch John R. Wiegand in den frühen 1970er-Jahren entdeckt, erforscht und patentiert ([63, 64]).

[2] Die Forschung beschäftigt sich seit Anfang der 2000er Jahre mit Dünnschicht-Komponenten (z. B. NiFe/CoFe) mit deutlich höheren induzierbaren Spannungen. Kommerzielle Produkte sind allerdings nicht bekannt ([67]).

[3] Neue Studien zeigen durch neue Messungen und theoretischer Überlegungen, dass der Mantel weichmagnetisch und der Kern hartmagnetisch sind und es neben Kern und Mantel noch eine dritte, mittlere Schicht mit dazwischenliegender Koerzitivfeldstärke liegt ([68]). An der Außenwirkung ändert diese Erkenntnis jedoch nichts, kann aber für weitere Optimierungen von Relevanz sein.

[4] Bei einer Ausbreitungsgeschwindigkeit der Domänenwände im Draht mit ca. 500 m/s, ergibt sich bei einer effektiven Länge vom 10 mm eine Pulsdauer von ca. 20 µs.

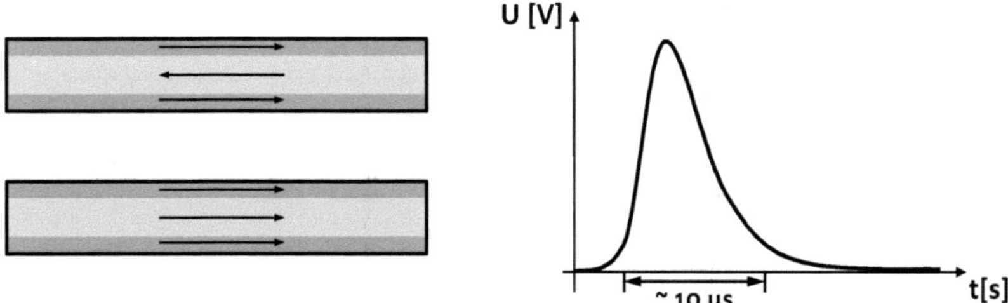

Abb. 3.29 Wiegand-Draht: links oben – Wiegand-Draht mit gegensinniger Magnetisierung von Mantel und Kern, links unten – Wiegand-Draht mit gleichsinniger Magnetisierung von Mantel und Kern, rechts – elektrischer Impuls eines Wiegand-Drahts

Erreicht die Feldstärke die Koerzitivfeldstärke des weichmagnetischen Kerns, wechselt dieser seine Polarität entsprechend der des externen Magnetfeldes. Die magnetische Polarität in Kern und Mantel verlaufen nun antiparallel. Durch das spontane Schalten von Magnetdomänen entsteht ein Barckhausen-Sprung und ein starker Induktionspuls wird generiert. Steigt die Feldstärke auf die Koerzitivfeldstärke des hartmagnetischen Mantels, wechselt auch dieser seine Polarität, was einen deutlich kleineren Puls erzeugt. Die Polarisierungen der magnetischen Bereiche sind nun wieder in die gleiche Richtung orientiert. Nimmt nun die Stärke des externen Magnetfeldes wieder ab und wechselt seine Richtung wiederholt sich das Prozedere, nun mit inverser Polarität als zuvor. In einem Sensorsystem werden die induktiven Pulse durch eine Spule, die den Draht umgibt, aufgenommen. Die Impulse sind dabei energetisch und von der Position relativ zum Magnetfeld und von der Änderungsgeschwindigkeit des äußeren magnetischen Feldes weitestgehend unabhängig. Auch ereignet er sich schlagartig bei reproduzierbaren Feldstärken. Die so freiwerdende Energie reicht aus, zuverlässig und kurzzeitig eine elektronische Schaltung zu betreiben (siehe hierzu Abschn. 4. 2.3.4) ([65–68]).

Für die symmetrische Betriebsart ist es erforderlich, dass der Betrag der maximalen Feldstärke für das positive und das negative Feld gleich stark sind. Dies ist gegeben, wenn ein diametral magnetisierter Zylindermagnet zentrisch über dem Wiegand-Draht rotiert oder mehrere in Sequenz in abwechselnder Polorientierung auf einem drehenden Träger Magnete angebracht werden (Abb. 3.31). In letzterem Fall setzt man bevorzugt mehrere gleichartige Magnete ein. Im asymmetrischen Betrieb sind das positive und negative Magnetfeld unterschiedlich

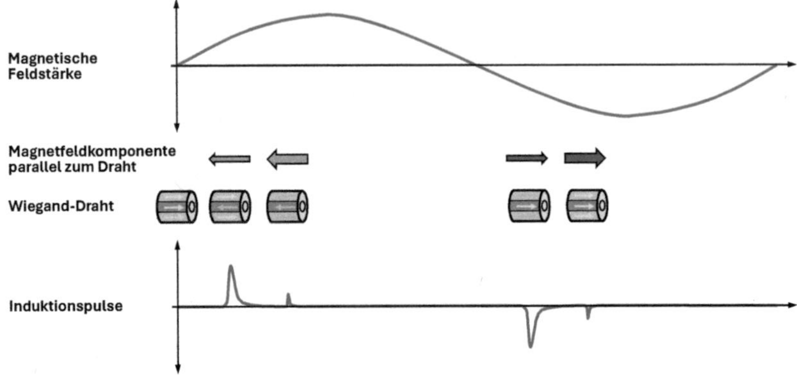

Abb. 3.30 Verhalten eines Wiegand-Draht in einem veränderlichen magnetischen Feld

stark. Bei jedem Polaritätswechsel wird ein starker und ein schwacher Induktionspuls inverser elektrischer Polarität erzeugt. Der starke Magnet wirkt wie ein Setzmagnet und der schwache wie ein Rücksetzmagnet.

Verwandt mit dem Wiegand-Draht sind Impulsdrähte ([69]). Der impulsbestimmende Draht nutzt unterschiedliche Materialien für den Kern und den Mantel, z. B. NiCoFe für den Mantel und CoFeV für den Kern. Ein zweiter, hartmagnetischer Draht wird neben dem Verbunddraht zur Festlegung der Magnetisierung an

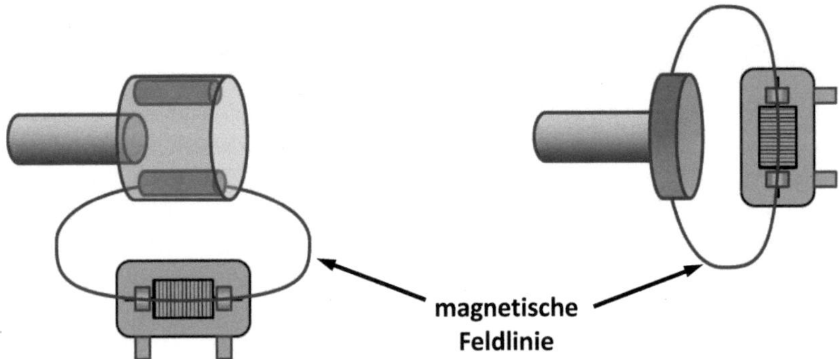

Abb. 3.31 Anordnungsbeispiele eines Wiegand-Sensors

den Außenbereichen des Verbunddrahtes angeordnet. Der so gebildete Impulsdraht ist symmetrisch ansteuerbar und benötigt geringere Feldstärken für das äußere Feld als der Wiegand-Draht.

Streng genommen stellt der Wiegand-Draht mit der umgebenden Spule keine sensorische Funktion dar. Aber durch die präzise Bereitstellung eines Energieimpulses in der Konfiguration eines sensorischen Systems ergänzt er dieses. Ein anderes schaltendes Element, das für sensorische Funktionen in Drehgebern Einsatz findet, wenn auch mit schwindender Bedeutung, ist der Reed-Schalter. Im Hohlkörper eines Glaskolbens, der unter Vakuum steht oder mit Schutzgas gefüllt ist, sind zwei als Kontaktzungen ausgebildete Blattfedern an den gegenüberliegenden äußeren Enden eingeschmolzen. Die Federn sind edelmetallbeschichtet und aus weichmagnetischem Material (z. B. Eisen-Nickellegierung). An den freien Enden überlappen sich die Kontaktzungen mechanisch, berühren sich im Ruhezustand jedoch nicht, da sie federnd vorgespannt sind. Der Kontakt wird durch ein externes Magnetfeld betätigt. Ist das Magnetfeld korrekt zum Schalter orientiert, bilden sich an den Kontaktenden der Zungen gegensinnige magnetische Pole aus. Ist das Magnetfeld stark genug die Rückstellfederkraft zu überwinden ziehen sich die Zungenenden an und schließen einen elektrischen Kontakt. Somit fungieren die Kontaktzungen zugleich als Kontaktfeder und Magnetanker. In einem Drehgeber wird dieser Wirkmechanismus dazu verwendet eine elektronische Schaltung (kurzzeitig) mit einem Strom aus einer Batterie zu versorgen, d. h. bewegt sich ein Permanentmagnet über den Reed-Schalter hinweg kann die Schaltung einen Zählvorgang registrieren (vgl. Abschn. 4.2.3.3 zum Thema Multiturn Module). Das System kann eine hohe Anzahl von Schaltzyklen realisieren und arbeitet berührungslos. ([3, 70], Abb. 3.32).

Ein anderer Magnetfeldsensor, der der Klasse der GMR-Sensoren zugeordnet wird, ändert lokal sein Widerstandsniveau wenn er einem sich ändernden

Abb. 3.32 Wirkprinzip eines Reed-Schalters

Magnetfeld ausgesetzt wird ([1, 71–75]). Auf einem Substrat wird ein weich-
magnetischer Streifen aus GMR-Schichten spiralförmig angeordnet (Abb. 3.33,
links). An einem Ende dieses Streifens befindet sich ein Domänenwandgenera-
tor. Ein drehendes Magnetfeld (z. B. Dipolmagnet auf Welle) erzeugt in dem
Generator kontinuierlich gegensinnige magnetische Domänen. Generierte Domänenwände pflanzen sich durch den Einfluss eines sich durch Drehung änderndes
externes Magnetfeld entlang des Streifens fort. Da die Schichten und die Geometrie des Streifens speziell gestaltet sind, ist dies nur in Längsrichtung möglich – in
Vorwärts- und in Rückwärtsrichtung. Die Position der Domänenwände beeinflusst
das Widerstandsverhalten des GMR-Streifens (Abb. 3.33, rechts). Dabei ergeben
sich variable, aber stabile Widerstandsniveaus, unterstützt durch die sog. Domä-
nenwandenergie, die zu jeder Zeit an definierten Punkten entlang des Streifens
ausgewertet werden können. Durch die spiralförmige Form des Streifens und eine
zentrische Anordnung eines magnetischen Dipols (z. B. diametral magnetisierter
Zylindermagnet) lassen sich so die Umdrehungen des Magneten bestimmen. Mit
rein spiralförmigen Strukturen ist die Anzahl erfassbarer Umdrehungen begrenzt.
Soll eine höhere Anzahl von Umdrehungen realisiert werden, werden die Strukturen komplexer und geschickt angebrachte Wegkreuzungen müssen in Kauf
genommen werden. Diese Effekte wirken ganz ohne Zuführung elektrischer Energie, sodass sich die Technologie zur Realisierung von Multiturn-Modulen eignet
(Abschn. 4.2.3.2).

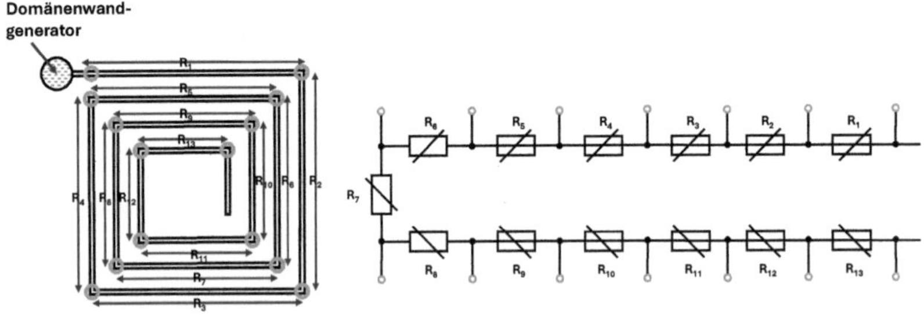

Abb. 3.33 Domänenzähler. (In Anlehnung an [76])

3.3   Induktive Funktionsprinzipien

3.3.1   Vorbemerkungen

Bei induktiven Winkelsensoren induziert ein Wechselstrom über eine Spule ein elektromagnetisches Wechselfeld. Dieses Feld wird durch Kopplungseffekte zwischen Stator und Rotor des Drehgebers moduliert. Das modulierte elektromagnetische Feld wird wieder über eine oder mehrere Spulen empfangen. In einigen Fällen kann die Sende- auch die Empfangsspule sein. Es gibt verschiedene Anordnungen, welche zu verschiedenen Kopplungsarten führen (Abb. 3.34). Induktive Sensoren beschreibt man am besten in der entsprechenden Sender-Modulator-Empfänger-Kombination (Tab. 3.6). Verschiedene Ausprägungen werden im folgenden Kapitel noch ausführlicher behandelt.

variabler Transformator   **variable Reluktanz**

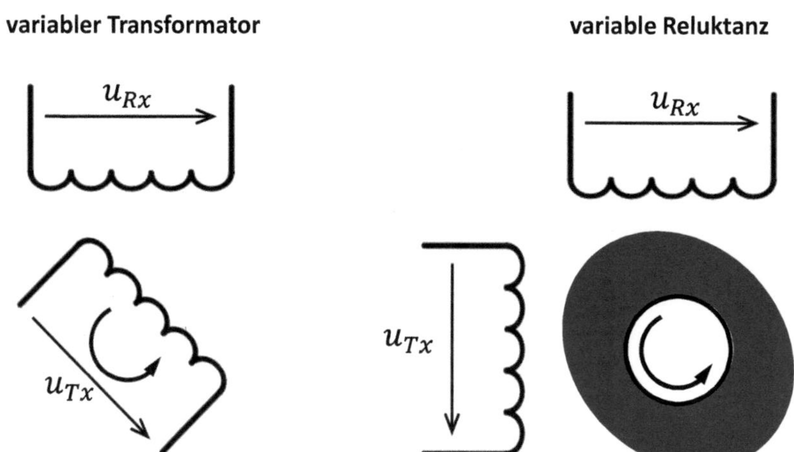

Abb. 3.34 Arten induktiver Kopplung: links – variabler Transformator, rechts – variable Reluktanz

Tab. 3.6 Sender-Modulator-Empfänger Einordnung für induktive Drehgebersensorik

Merkmal	Ausprägung
Sender	Spule
Modulator	Elektromagnetische Kopplung
Empfänger	Spule

Beim Prinzip des variablen Transformators wird die induktive Kopplung zwischen den Spulen über die Winkelstellung einer gerichteten Spule auf dem Rotor variiert:

$$u_2 = u_1 \frac{N_1}{N_2} k(\varphi) \tag{3.8}$$

(u_1, u_2: Eingangs- bzw. Ausgangsspannung in $[V]$; N_1, N_2: Windungszahl der Primär- bzw. Sekundärspule, []; $k(\varphi)$: winkelabhängige induktive Kopplung, [])

Eine energiegespeiste Spule ist so auf dem Rotor aufgewickelt, dass die Wechselspannung ein elektromagnetisches Feld induziert, das sich in der Intensität räumlich am Außenumfang verteilt (Innenläuferkonfiguration). Dadurch entsteht eine Polteilung, die den Modulator darstellt. Am Stator ist ebenfalls eine räumlich lokale Spule angebracht. Dreht sich der angeregte Rotor so ändert sich die induktive Kopplung abhängig vom Drehwinkel. Werden zwei räumlich versetzte Spulen am Stator aufgebracht, so lassen sich phasenverschobene Signale ableiten. Sind sie um 90° verschoben, ergeben sich Sinus- und Cosinus-modulierte Signale. Ist das Gebilde ringförmig ausgebildet und sind Rotor und Stator konzentrisch angeordnet ergibt sich ein Drehgeber. Bekanntestes Beispiel für dieses Prinzip ist der Resolver (mit oder ohne Bürsten, vgl. Abschn. 3.3.3).

Der Ansatz der variablen Reluktanz, $\mathcal{R}$, basiert, wie der Name schon sagt, auf der Beeinflussung des magnetischen Widerstandes (Reluktanz) in einem magnetischen Kreis. Neben den Spulen des Stators wird ein geometrisch geformter Rotor (Rotorkern) mit hoher Permeabilität benötigt, der aber keine Wirbelströme ausbildet. Dabei ist der Rotorkern so geformt, dass sich der effektive Luftspalt zwischen den Spulen und dem Rotor, und somit der effektive magnetische Widerstand, in Abhängigkeit von der Winkelstellung ändert. Für die Reluktanz gilt folgende Beziehung:

$$\mathcal{R} = \frac{l}{\mu \cdot A} \tag{3.9}$$

($\mathcal{R}$: Reluktanz in $[A/V \cdot s]$; l: Größe des Luftspalts in $[m]$; μ: effektive Permeabilität in $[V \cdot s/A \cdot m]$; A: Fläche des Luftspalts in $[m^2]$);

Sender- und Empfangsspulen befinden sich räumlich verteilt auf dem Stator. Der Rotor ist ein rein mechanisches Gebilde. Die Senderspule, der Rotor, die Empfangsspule und der Körper des Stators bilden einen magnetischen Kreis mit Luftspalt. Durch die geometrische Form des Rotors variiert dabei der effektive Luftspalt, sodass sich eine Signalmodulation bei Drehung ergibt. Die geometrische Form des Rotors gibt dabei die Form des modulierten Signals vor. Bei entsprechender Ausformung und Verwendung von zwei Empfängerspulen lässt sich ein Sinus-Cosinus-Signalpaar generieren. Auch hier erhält man einen Drehgeber wenn Rotor und Stator ringförmig ausgebildet und konzentrisch angeordnet werden. Dieses Prinzip kommt beim Reluktanzresolver zum Einsatz (Abb. 3.35).

Nach einem weiteren Prinzip werden sogenannte „Targets" (dt.: „Zielobjekt") in das elektromagnetische Wechselfeld einer Spule eingebracht. Unterschiedliche Ausprägungen der Targets führen durch unterschiedliche elektromagnetische Dämpfungsmechanismen zu winkelabhängigen Signalen, die ausgewertet werden können. Bei Drehgebern sind die Spulen in den meisten Ausführungen als Planarspulen auf einer Leiterplatte realisiert. Diese nutzen einen Multilagenaufbau zur Schichtung der Spulenlagen bzw. für die Umverdrahtung bei der Anordnung mehrerer Spulen auf einer Leiterebene. Auch einige der folgend genannten Targets lassen sich mithilfe von Leiterplatten einfach umsetzen. Entsprechend werden die

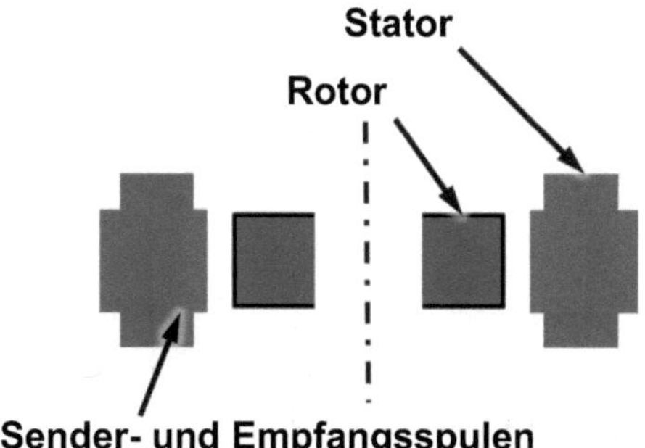

Abb. 3.35 Schematische Darstellung eines Reluktanzresolvers: oben – Schnittbild, unten – Draufsicht

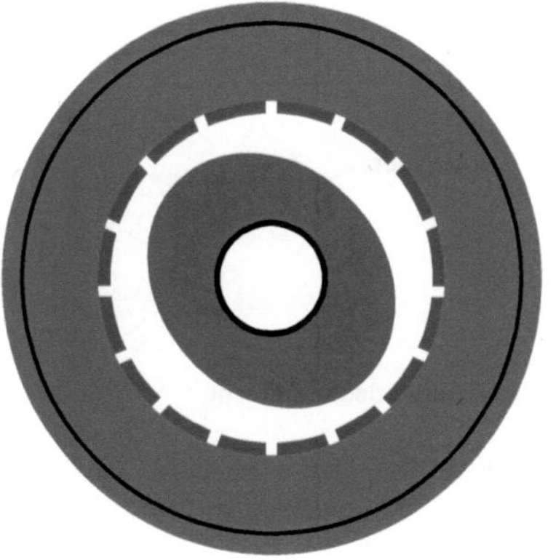

Prinzipien für die Konfiguration beschrieben, in der eine ebene Scheibe am Stator aufgebracht ist und eine weitere an der Drehgeberwelle. Auf der Statorscheibe befindet sich eine konzentrisch angeordnete Spule, die als Erregerspule wirkt und, abhängig von der Umsetzung, auch Empfangsspulen. Dabei ist die Erregerspule so angeordnet, dass sie auf das Target unabhängig von der Winkelstellung immer gleich einkoppelt. Das Target selbst ist auf dem Rotor aufgebracht.

Das Target kann als gerichtete Leiterschleife ausgestaltet, sein (Abb. 3.36, links oben), die eine Induktivität darstellt. Das Erregerfeld induziert in der Leiterstruktur einen Wechselstrom, der wiederum ein elektromagnetisches Feld induziert, das auf die Empfangsspulen koppelt. Die Überdeckung der Leiterschleife mit der Empfangsspule definiert dabei einen Kopplungsfaktor, somit das winkelabhängige Signal. Dieses Prinzip ist vergleichbar mit dem des variablen Transformators.

Wird die Spule auf dem Rotor mit einem Serienkondensator zu einem Resonanzkreis erweitert ergeben sich leicht unterschiedliche Verhältnisse (Abb. 3.36, oben mittig). Auch hier wird durch die Erregerspule eine Wechselspannung in der Rotorspule induziert. Durch die Konfiguration als Resonanzkreis hat das vom Rotor induzierte Feld eine Phasenverschiebung gegenüber der Erregerspannung und ist in der Amplitude abhängig von der Resonanzüberhöhung. Dadurch ist

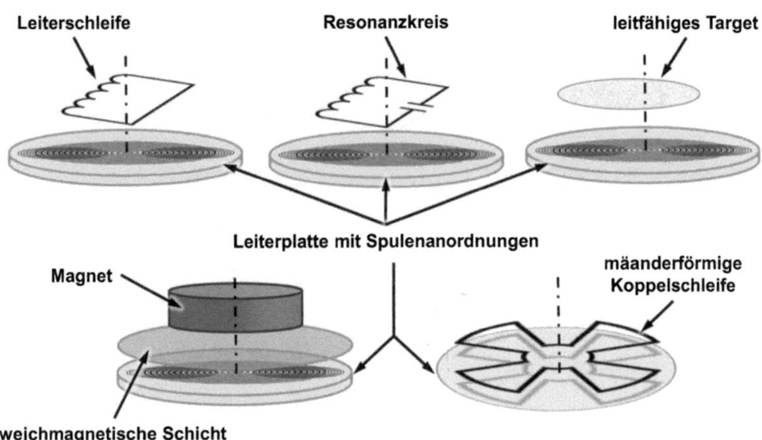

Abb. 3.36 Targets für induktive Drehgebersensorik: von links oben im Uhrzeigersinn – Leiterschleife, LC-Ressonanzkreis, leitfähiges, geometrisch geformtes Element, Koppelschleife, Magnet

die in der Empfangsspule induzierte Wechselspannung größer als im vorigen Verfahren.

Ein anderes Target ist eine geometrisch geformte Fläche aus leitfähigem Material (Abb. 3.36, rechts oben). Das elektromagnetische Feld induziert in dem Leiter Wirbelströme. Diese Wirbelströme generieren wieder ein Wechselfeld. Dieses kann auf zwei Arten genutzt werden. Zum einen kann das wirbelstrom-induzierte Wechselfeld in Empfangsspulen auf dem Stator eine Wechselspannung induzieren. Abhängig von der Überdeckung der Metallfläche über den Empfangsspulen ändert sich der Kopplungsfaktor. Zum anderen kann ausgenutzt werden, dass die Gegenkopplung auf die Erregerspule rückwirkt, was zu einer Dämpfung des Erregersignals führt. Ist die Spule in einem Parallelschwingkreis verschaltet, ändert sich hierbei die Amplitude im Schwingkreis. Diese kann durch Messung der Amplitude ermittelt werden. Alternativ kann der Regelfaktor eines Regelkreises erfasst werden, der die Amplitude konstant hält. Auch in diesem Fall ergibt sich aus der Überdeckung der Metallfläche mit der Erregerspule das winkelabhängige Signal.

Auch ein Magnet kann als Target eingesetzt werden (Abb. 3.36, links unten). Dazu ist es aber notwendig, dass auf den Spulen des Stators ein als Folie ausgeprägtes, weichmagnetisches Material aufgebracht wird. Dadurch koppelt die Erregerspule direkt auf die Empfangsspule. Kommt das Gleichfeld des Magneten in die Nähe der Folie, so wird die Homogenität der elektromagnetischen Verhältnisse des Stators gestört. Der Magnet treibt die Folie in die magnetische Sättigung, wodurch die Sender-Empfängerkopplung gezielt manipuliert wird. Dies kann messtechnisch erfasst werden. Sind die Spulen geometrisch geformt, lässt sich die Position des Magnetfeldes auf dem Rotor relativ zum Stator ermitteln. Auch kann das Prinzip auf nur eine Spule angewandt werden. Dann verändert sich die Spuleninduktivität in Abhängigkeit der Position, die wie oben beschrieben über einen Resonanzkreis ermittelt werden kann.

Das zuletzt behandelte Verfahren weicht etwas von den eben Beschriebenen ab. Es kommt mit nur einer Spule am Stator aus. Diese hat eine ringförmig angeordnete Mäanderstruktur (Abb. 3.36, rechts unten). Auf dem Rotor befindet sich quasi die gleiche Struktur. Abhängig davon, wie die Mäanderstrukturen zueinander liegen, ändert sich die Kopplung. Überdecken sich Stator- und Rotorstruktur, so kommt es zu einer maximalen Induktion in der Rotorstruktur und somit zu einer maximalen Gegenkopplung. Liegen die radialen Teile der Statorstruktur über den radialen Lücken der Rotorstruktur kommt es zu einer minimalen Induktion und somit zu einer minimalen Gegenkopplung. Somit ändert sich die Auswirkung winkelabhängig.

Durch die Ausgestaltung des induktiven Systems lässt sich aus den Empfangs-signalen eine Sinus-Cosinus-Signalpaarung ableiten. Diese können interpoliert und somit in einen Winkel umgerechnet werden.

Eine weitere Möglichkeit zur induktiven Erfassung einer Winkellage ist der althergebrachte rotative Differentialtransformator (engl.: „rotary variable diffe-rential transformer", RVDT) (Abb. 3.37). Es handelt sich also auch um einen variablen Transformator, bei dem allerdings zu dem zuvor beschriebenen Ansatz die Kopplung nicht durch geometrische Anordnungen der Spulen, sondern durch die Kopplung mit einem Kern bewirkt wird. Den weichmagnetischen Kern, der auf der Drehachse angebracht ist, umschließen drei in einer Reihe angeordnete Spulen. Die mittlere Spule ist die Primärspule, die beiden äußeren Spulen sind die Sekundärspulen. Die Primärspule umschließt den Kern immer vollständig und die Sekundärspulen in Abhängigkeit von der Winkelstellung. Über eine Wechsel-spannung wird durch die Primärspule ein magnetisches Wechselfeld induziert, das über den Kern auf die Sekundärspulen koppelt. Durch die mechanische Anordnung und die differentielle Auswertung ergibt sich ein winkelabhängiges, symmetrisches Signal, das in einem gewissen Arbeitsbereich linear verläuft. Typi-scherweise liegt der Messbereich des RDVT bei einigen mechanischen Grad (d. h. kein Vollwinkel).

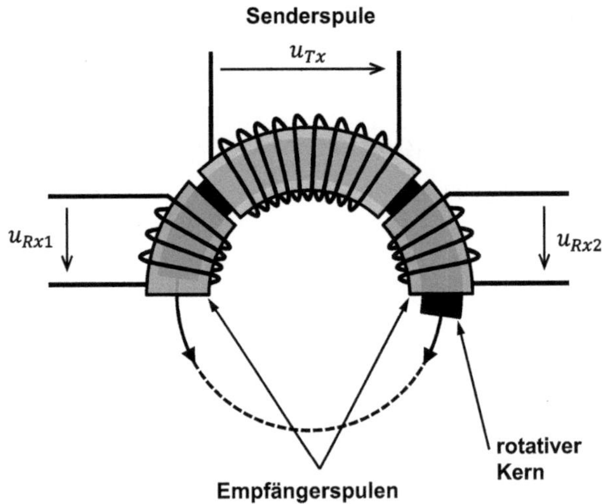

Abb. 3.37 RVDT („rotary variable differential transformer")

3.3.2 Signalverarbeitung

Basis für induktive Sensoren ist eine Wechselspannung. Die gewählte Anregespannung und -frequenz sind dabei von vielen Faktoren abhängig. Dabei sind die
Induktivitäten bzw. die Impedanzen (Wechselstromwiderstand) ebenso zu berücksichtigen wie Sättigungseffekte. Je nach Konfiguration und Dimensionierung
beträgt die Anregefrequenz einige Hertz bis in den Megahertz-Bereich hinein.
Größere Frequenzen sind bei Drehgebern untypisch, häufig verwendet man aber
Frequenzen im ein- bis zweistelligen Kilohertz-Bereich. Die Anregespannung
beträgt einige Volt. Gegebenenfalls müssen geeignete Verstärker (Treiber; engl.:
„buffer", „driver") in der Schaltung vorgesehen werden.

Bei der Auswertung der Empfangssignale werden unterschiedliche Verfahren
verwendet. Werden im Sensor unterschiedliche Spulen für Sender und Empfänger
verwendet, gelten folgende Beziehungen:

$$u_P = U_P \cdot \sin(2\pi f_{exc} \cdot t) \tag{3.10}$$

$$u_{S,\sin} = U_{S,\sin} \cdot \sin(2\pi f_{exc} \cdot t) \cdot \sin \varphi \tag{3.11}$$

$$u_{S,\cos} = U_{S,\cos} \cdot \sin(2\pi f_{exc} \cdot t) \cdot \cos \varphi \tag{3.12}$$

(u_P, $u_{S,\sin}$, $u_{S,\cos}$: Momentanwerte der Primär- und Sekundärspulenspannungen in $[V]$; U_P, $U_{S,\sin}$, $U_{S,\cos}$: Amplituden der Primär- und Sekundärspulenspannungen in $[V]$ (abhängig von den Kopplungsfaktoren); f_{exc}: Anregefrequenz
in $[Hz]$[5]; t: Zeit in $[s]$; φ: mechanischer Winkel in $[rad]$)

Die in den Sekundärspulen induzierten Spannungen sind amplitudenmodulierte Signale, bei denen die Frequenz des Trägersignals der des Anregesignals
entspricht. Die Einhüllenden der Trägersignale haben dabei einen sinus- oder
cosinusförmigen Verlauf. Für die Ableitung eines Winkels aus den Sekundär-
spannungen kann die Interpolationsformel Gl. 2.13 aufgrund der Trägerfrequenz
(es gibt Stellen mit $u_{S,\sin}$, $u_{S,\cos} = 0$) nicht direkt auf die Signale aus Gl. 3.11
und 3.12 angewendet werden. Deshalb werden zwei andere Verfahren einge-
setzt. Beim Amplitudenauswerteverfahren werden die Einhüllenden der Signale
ermittelt. Dazu werden entweder Demodulationsverfahren für amplitudenmodulierte Signale genutzt oder die Signale werden zum Amplitudenmaximum

---

[5] Die Kreisfrequenz ω wird an dieser Stelle vermieden, da sie mit der Winkelgeschwindigkeit
verwechselt werden könnte.

innerhalb einer Anregeperiode abgetastet. In moderneren Systemen werden aber Nachlaufverfahren eingesetzt (engl.: „tracking converter"; [77]). Die Signale der Sekundärspulen werden einer Verarbeitungsstruktur zugeführt die mit Filtern erster, oder besser, zweiter Ordnung und Rückkopplungen arbeitet. Auf diese Weise wird ein Winkel geschätzt und mit den Originalsignalen verglichen. Werden Abweichungen erkannt, werden diese mithilfe einer Reglerstruktur ausgeglichen. Entsprechend läuft das gemessene Winkelergebnis dem eigentlichen Winkel nach, was die Bezeichnung Nachlaufverfahren begründet. Diese Strukturen weisen eine geringe Latenz auf und sind durch die eingesetzten Filter weniger empfindlich auf Rauschen. Die Qualität der Ergebnisse kann durch aufwendige Signalverarbeitung, z. B. Beobachter, gesteigert werden. Solche Wandlungsfunktionen sind in modernen ASSPs, sogenannten Resolver-Digital-Wandlern (engl.: „resolver-to-digital converter"; RDC), umgesetzt ([78]). Auch ist der Anregeoszillator in den entsprechenden Bausteinen integriert. RDCs können nicht nur für klassische Resolver verwendet werden, sondern auch für weitere induktive Anordnungen.

Ein anderes Auswerteschema ergibt sich, wenn nicht die Primärspule angeregt wird, sondern die Sekundärspulen. Nun gelten die folgenden Beziehungen:

$$u_{S,\cos} = U_{S,\cos} \cdot \cos(2\pi f_{exc} \cdot t) \tag{3.13}$$

$$u_{S,\sin} = U_{S,\sin} \cdot \sin(2\pi f_{exc} \cdot t) \tag{3.14}$$

$$u_P = u_{S,\cos} \cdot \sin\varphi + u_{S,\sin} \cdot \cos\varphi = U_P \cdot \sin(2\pi f_{exc} \cdot t + \varphi) \tag{3.15}$$

(u_P, $u_{S,\sin}$, $u_{S,\cos}$: Momentanwerte der Primär- und Sekundärspulenspannungen in [V]; U_P, $U_{S,\sin}$, $U_{S,\cos}$: Amplituden der Primär- und Sekundärspulenspannungen in [V] (abhängig von den Kopplungsfaktoren); f_{exc}: Anregefrequenz in Hz; t: Zeit in s; φ: mechanischer Winkel in [rad])

Ergebnis ist in der Primärspule eine induzierte Spannung konstanter Amplitude aber winkelabhängiger Phase. Somit kann der mechanische Winkel durch eine Phasenmessung ermittelt werden.

Abb. 3.38 zeigt auf der linken Seite die Signale bei Anregung der Primärspule und auf der rechten Seite die bei Anregung der Sekundärspulen.

Wird eine Spule als Sender und Empfänger eingesetzt, kommen Induktivitätswandler (engl.: „inductance-to-digital converter"; LDC[6]) zum Einsatz. Diese

---

[6] L für das Formelzeichen der Induktivität.

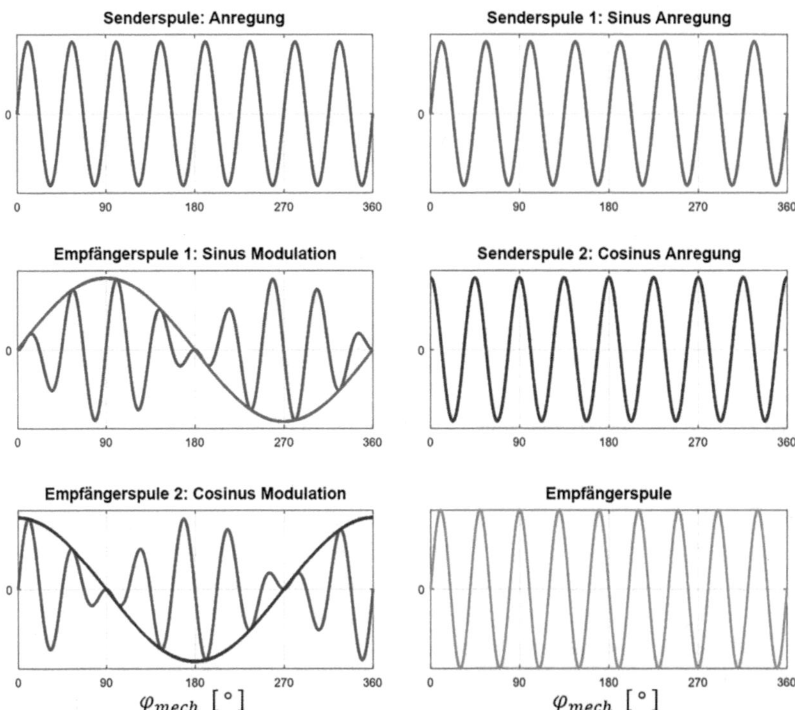

Abb. 3.38 Signale induktiver Sensoren mit drei Spulen: linke Spalte – eine Erregerspule, zwei Empfangsspulen, rechte Spalte – zwei Erregerspulen, eine Empfangsspule

setzen die Dämpfung in ein digitales Winkelsignal um. Das Prinzip wurde bereits im vorigen Kapitel erläutert.

Bei der Auswahl des induktiven Sensors und dessen Signalverarbeitung sollte nicht nur auf die Qualität des Winkels im stationären Zustand geachtet werden, sondern auch das Verhalten des Systems unter Drehzahl und Beschleunigung. So sind, z. B. bei Ansätzen mit Nachlauffiltern mit Winkelabweichungen bei Beschleunigungsvorgängen zu beachten. Auch kann die Latenz (Abschn. 5.3.1) in induktiven Systemen mit kleiner Anregefrequenz relative hoch sein.

3.3.3 Häufig verwendete induktive Drehgeber

Der Resolver (dt.: Koordinatenwandler, Drehmelder) ist eine sehr weit verbreitete Ausführung eines induktiven Drehgebers. Insbesondere in der Antriebstechnik wird er häufig als Motor-Feedback-System eingesetzt. Unter dem Begriff „Resolver" werden zwei Arten von induktiven Drehgebern verstanden. Die Grundprinzipien wurden im vorigen Kapitel beschrieben. An dieser Stelle folgt die Beschreibung der Sensoren.

Der Resolver, der nach dem Prinzip des variablen Transformators arbeitet hat auf dem Stator zwei um 90° versetzt angeordnete Empfangsspulen und auf dem Rotor eine Erregerspule angeordnet. Die Energie wird dabei auf zwei Arten auf die Primärspule übertragen. Früher wurde eine Wechselspannung mittels Bürsten oder eines Schleifrings vom Stator auf den Rotor zugeführt (engl.: „brushed resolver"). Heute nutzt man einen Hilfstransformator bzw. elektromagnetischen Übertrager (engl.: „brushless resolver"). Eine Primärspule am Stator wird mit einer Wechselspannung beaufschlagt, welche in einer Sekundärspule auf dem Rotor einen Wechselstrom induziert. Dieser Wechselstrom wird an die eigentliche Primärspule des Resolvers geleitet. Dieses induziert in den zwei Sekundärspulen des Stators je ein amplitudenmoduliertes Sinus- und Cosinussignal. Die beiden Spulensysteme sind dabei typischerweise übereinander angeordnet (Abb. 3.39).

Eine weitere Variante des allgemeinen Resolvers ist der Reluktanzresolver. Bei diesem befindet sich die Primärspule auf dem Stator und induziert ein gleichmäßiges radial gerichtetes zeitlich variierendes Magnetfeld. Der Rotor wird durch ein geometrisch geformtes Reluktanzelement gebildet, welches das Magnetfeld örtlich, und somit abhängig von der Winkelstellung, beeinflusst. Das Rotorelement wird aus laminiertem Trafoblech hergestellt, sodass keine nennenswerten Wirbelströme im Rotor generiert und Hystereseverluste minimiert werden. Auch der mechanischen Stabilität ist die Laminierung zuträglich. Zur Verbesserung der magnetischen Eigenschaften wird auch der Stator wird aus laminiertem Blech hergestellt.

Resolver generieren eine oder mehrere Winkelperioden pro Umdrehung (PPR). Erreicht wird dies durch die Anordnung der Spulen im Stator und, beim Reluktanzresolver, durch die geometrische Gestaltung des Rotorelements (vgl. Abb. 3.40). Da bei mehr als einer Winkelperiode pro Umdrehung der Absolutwinkel auf eine mechanische Umdrehung verloren geht, werden solche hochpoligen Resolver nur für Inkrementalsysteme oder für die Drehzahlregelung eingesetzt. Stimmen die Polzahl des Resolvers und die eines elektronisch kommutierten Motors überein, so kann der Resolver in der Antriebstechnik auch

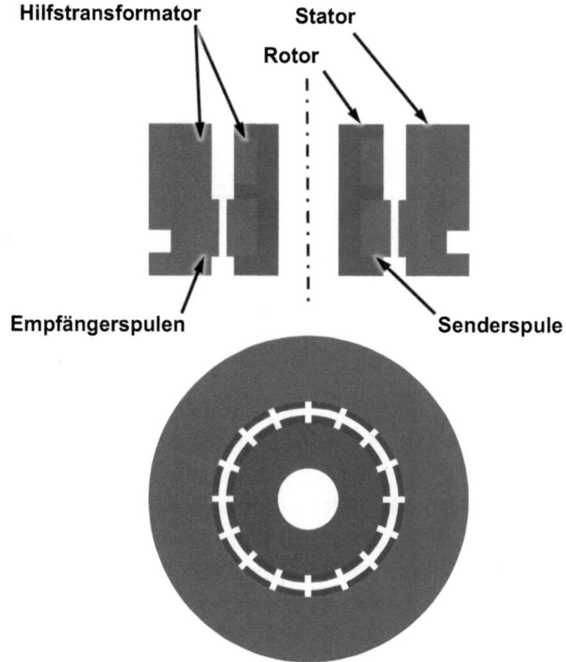

Abb. 3.39 Schematische Darstellung eines bürstenlosen Resolvers: oben – Schnittbild, unten – Draufsicht

für die Kommutierung eingesetzt werden. Durch Kombination mehrerer übereinander angeordneter Spulensysteme mit unterschiedlicher Periodenzahl kann ein Absolutresolver mit höherer Auflösung realisiert werden. Dies ist allerdings recht aufwendig und somit kostspielig in der Herstellung, sodass man solche Ausführungen sehr selten antrifft.

Resolver werden typischerweise als Kits angeboten, d. h. Rotor und Stator sind einzelne Komponenten. Diese müssen in der Anwendung sowohl in der Zentrizität als auch in der axialen Lage gut zueinander ausgerichtet werden (konstruktiv oder durch mechanische Justage). Ansonsten ist die Kopplung nicht ideal, was sich negativ auf die Genauigkeit des Winkelsignals auswirkt. Dabei ist die Zentrizität aufgrund der holistischen Wirkung anwendungsbedingt weniger kritisch als die axiale Lage, dabei sind die Reluktanzresolver verträglicher als deren bürstenlose Verwandten.

Abb. 3.40 Reluktanzresolver mit unterschiedlich in der Periodenstruktur konfigurierten Rotoren schematische: links – einpoliger Rotor, mitte – zweipoliger Rotor, rechts – vierpoliger Rotor

Resolver sind rein elektromechanische Konstruktionen. Für die Signalauswertung benötigen sie einen RDC. Diese werden entweder als dedizierte Bausteine angeboten oder werden beim Einsatz in der Antriebstechnik oft im Regler in der ohnehin verfügbaren Elektronik (FPGA oder leistungsfähiger Prozessor) umgesetzt. Dass Signalwandler (Resolver) und Signalauswertung separiert sind, wird in der Antriebstechnik genutzt. Der Resolver ist im Motor untergebracht, in dem es sehr heiß werden kann, wobei die auf elektronischen Bauteilen basierende Signalauswertung im „kühlen" Regler sitzt. Somit kann der Motor mit höheren Temperaturen betrieben werden, als es mit mechatronischen Motor-Feedback-Systemen zulässig wäre. Begrenzt wird die Betriebstemperatur des Resolvers primär durch die Isolationsklasse der Spulendrähte. Diese ist aber typischerweise identisch mit der der Motorwicklungen. Zu achten ist auch auf die Verkabelung des Resolvers, insbesondere dadurch, dass analoge Signale übertragen werden. Neben der Temperaturverträglichkeit sind Resolver auch mechanisch sehr robust. In der Auswahl eines Resolvers ist zu beachten, dass der erreichbare Winkelfehler nicht nur durch den Resolver an sich bestimmt wird, sondern, dass der RDC auch einen signifikanten Fehler einbringen kann (78). Selten findet man Multiturn-Resolver oder gar elektronische Komponenten die Mehrwertfunktionen bereitstellen (Abschn. 5.1.3), wie es die mechatronischen Drehgeber können.

Sowohl die „klassischen" Resolver mit variablem Transformator als auch die Resolver mit variabler Reluktanz sind nachteilig in den Parametern Kosten und Gewicht. Insbesondere das Massenträgheitsmoment der Resolverrotoren wirkt sich nachteilig auf dynamische Anwendungen aus. Hier setzen seit Ende der 2010er Jahre mehrere Halbleiterhersteller an und offerieren mehr und mehr ICs, mit denen Leiterplatten-basierte induktive Positionssensorlösungen mit metallischen Targets umgesetzt werden können (Abb. 3.36, rechts oben). Dabei werden nicht nur die Chips angeboten, sondern auch Designunterstützung für ein sensorisches System. Dazu zählt die Generierung von Daten für die erforderlichen Spulen auf der Platine sowie auch für das Target.

Diese induktiven Positionssensoren nutzen das Prinzip induktiv gekoppelter Spulen ([79–81], Abb. 3.41). Auf der Sensorplatine werden eine Sendespule und mindestens zwei Empfängerspulen untergebracht. Die Platine wird am statischen Teil der Anwendung angebracht. Als Modulator, der auf dem Rotor der Anwendung platziert wird, dient ein geometrisch geformtes elektrisch leitfähiges, nicht ferromagnetisches Target. Dieses Target weist eine flügelartige Struktur auf. An den radialen Randbereichen überstreicht dieses eine konzentrisch angeordnete kreisrunde, spiralförmige Spule, die Senderspule. Diese Spule wird zusätzlich mit Kondensatoren beschaltet, sodass sich ein LC-Schwingkreis bildet. Der Stromverbrauch kann so geringgehalten werden. Dieser wird durch das Sensor-IC mit einer Frequenz (meist) im einstelligen MHz-Bereich angeregt. Das von der Wechselspannung induzierte elektromagnetische Feld koppelt auf die „Flügel" des Targets und induziert darin Wirbelströme. Diese induzieren ihrerseits wieder ein elektromagnetisches Feld, das auf die Empfängerspulen einkoppelt. Dabei ist die Kopplung abhängig von der rotativen Stellung des Targets relativ zu den Empfängerspulen. Die Empfängerspulen sind polar aufgetragene sinus-förmige Leiterbahnstrukturen, die ebenfalls von dem Target überstrichen werden. Die Senderspule ist in der Regel am Außenradius des Targets orientiert und die Empfängerspulen innerhalb. So kann trotz radial möglichst geringer Ausdehnung durch die Senderspule ausreichend Energie in das Target eingebracht werden. Die Empfängerspulen nutzen möglichst viel radiale Fläche. Jede Empfängerspule besteht aus zwei Schleifen, wovon eine im Uhrzeigersinn und die andere entgegen dem Uhrzeigersinn um das Drehzentrum angeordnet ist. So entsteht ein differentielles Spulenpaar, das Kopplungen durch die Senderspule ausgleicht, insbesondere durch die systemische, symmetrische und konzentrische Anordnung der Spulen zueinander. Durch die Sensor-ICs werden meist zwei Empfängerspulen unterstützt. Diese sind in sich identisch, aber räumlich, in tangentialer Richtung, phasenverschoben zueinander verdreht. Dadurch ergeben sich, vergleichbar zu den elektromechanischen Resolvern amplitudenmodulierte Signale mit Sinus- und Cosinus-förmiger Hüllkurve auf dem Trägersignal. Es gibt aber auch Chips, die drei Empfängerspulen unterstützen. Diese Konfiguration ist zwar aufwendiger in der Umsetzung, zeigt aber Vorteile durch eine kleinere Amplitude in den höheren Ordnungen der differentiellen Nichtlinearität ([81]). Die Signale der Empfängerspulen werden durch den Sensor-Chip gefiltert und, z. B. unter Nutzung eines synchronen Demodulators, vom Trägersignal befreit. Durch die

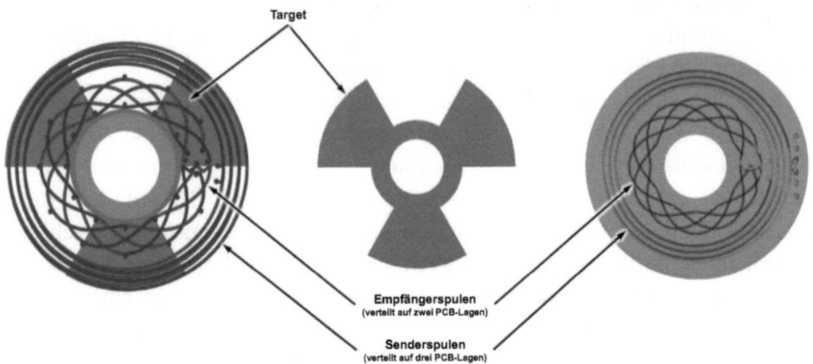

Abb. 3.41 Induktiver Sensor mit drei PPR (Konturen generiert mit der Software „LDC5072 Sensor Designer" von Texas Instruments, Version 2.0); links – Spulen und Target überlagert, mitte – Target, rechts – PCBA mit Fokus auf den Spulen und deren Anschlüsse

Filterwirkung des Demodulators und die hohe Trägerfrequenz, die auch Hochpassfilter mit hoher Eckfrequenz zulässt, werden typische Störsignale aus der Anwendung eliminiert. Danach können sie zur Ermittlung eines Drehwinkels weiterverarbeitet werden. Die Empfängerspulen sind ineinander verwoben. Somit ist es möglich alle Spulenschleifen in einem Flächenbereich anzuordnen, ohne dass die Symmetrie verloren geht. Möglich ist dies durch den Einsatz mehrlagiger Leiterplatten unter Nutzung geeigneter Durchkontaktierungen.

Die Anzahl der „Flügel" des Targets entspricht der Anzahl der Perioden der Empfängerspulen. Die Anzahl der Perioden kann in vielen Dimensionen an die Anforderungen der Anwendung angepasst werden. Nutzt man, zum Beispiel, so viele Perioden, wie ein Elektromotor Pole hat erreicht man eine hohe Auflösung in der Periode braucht aber keinen Absolutwert, da sich der Motor direkt über das Drehgebersignal kommutieren und in der Geschwindigkeit regeln lässt. Es ist lediglich ein durch Ungenauigkeiten im Einbau bedingter radialer Positionsoffset zu beachten.

PCB-basierte induktive Positionssensoren können sehr gut skaliert werden. In der Größe (Durchmesser) wird der maximale Durchmesser durch die Leiterplattentechnologie bestimmt. Die fertigbaren Kupferstrukturen definieren über die PCB-Designregeln und die minimale Größe des Sensors Grenzen für die Anzahl Sinus-Cosinus-Perioden. Nutzt das Prinzip der induktiv gekoppelten Spulen den Vollkreis, ergibt sich eine holistische Abtastung. Ist für die Anwendung ein Messbereich kleiner 360° ausreichend, können auch Systeme einfach umgesetzt werden, die nur einen Teilkreis beschreiben. Das Target kann sich dann trotzdem um den Vollkreis bewegen, oder nur in der Region des Teilkreises und auch nur eine reduzierte Ausdehnung einnehmen.

Vergleicht man Resolver mit induktiven Positionssensoren zeigen sich Vorteile bei den induktiven Positionssensoren hinsichtlich des Gewichts, Bauraum, Trägheitsmoment und Skalierbarkeit. Durch die kleinen Induktivitäten der planaren Spulen können hohe Trägerfrequenzen eingesetzt werden (typisch: 1–10 MHz gegenüber gängigen 2–20 kHz bei Resolvern). Hinzu kommt, dass die Empfängerspulen inhärent differentiell angeordnet sind. Diese beiden Eigenschaften ergeben eine hohe Immunität gegen Störfelder. Auch lassen sich mit induktiven Positionssensoren Doppel-Drehgeber aufbauen. Hierzu wird auf der einen Seite der Leiterplatte ein Sensorsystem und auf der gegenüberliegenden ein zweites angeordnet ([82]). Die Leiterplatte mit dem Sensorsystem ist in die Anwendung zu integrieren, der Sensor-Chip kann jedoch abseits von Hotspots angeordnet werden, sodass der Resolver seine Vorteile hinsichtlich des Betriebstemperaturbereichs nur bedingt einbringen kann.

Wurde in Abschn. 3.2.3 bereits ein Zahnradsensor auf magnetischer Basis beschrieben, wird an dieser Stelle gezeigt, wie ein induktiver Zahnradsensor aufgebaut ist. Auch in diesem Fall ist der Modulator ein auf die Welle montiertes Zahnrad (alternativ Zahnkranz oder Zahnscheibe) aus weichmagnetischem Material. Kann der Sensorkopf zwar in ähnlicher Weise konstruiert sein wie der des magnetischen Gegenstücks, so ist doch die Sensorik unterschiedlich. Der induktive Sensorkopf beinhaltet eine gerichtete Spule und eine Elektronik. Es wird ein Schwingkreis realisiert, in dem die Sensorspule die Induktivität darstellt. Durch das sich drehende Zahnrad ändert sich durch die Gegenkopplung die Dämpfung im Erregerschwingkreis, die messtechnisch erfasst werden kann. Auch diese Sensoren sind mechanisch sehr robust. Aufgrund der Temperaturkoeffizienten der Komponenten muss bei diesem System aber gegebenenfalls eine Temperaturkompensation vorgesehen werden. Der Sensorkopf kann nicht nur für die Winkelsensorik verwendet werden, sondern auch für die Abstandsmessung.

3.4 Kapazitives Funktionsprinzip

Für das Erfassen von Winkeln und Drehbewegung eignet sich auch die kapazitive Sensorik (Tab. 3.7), [11, 83, 84]. Einige der Vorteile sind: kompakte Bauform, hohe Lebensdauer und Robustheit gegenüber mechanischen Toleranzen sowie gegen Schmutz und magnetische Felder.

Tab. 3.7 Sender-Modulator-Empfänger Einordnung für optische Drehgebersensorik

Merkmal	Ausprägung
Sender	Elektrisches Feld
Modulator	Variables Dielektrikum od Variable effektive Elektrodenfläche
Empfänger	Empfangselektrode mit Ladungsverstärker

Die elektrische Kapazität beschreibt die Fähigkeit eines Elements elektrische Ladung zu speichern. Definiert ist sie als das Verhältnis der elektrischen Ladung zu der zwischen zwei voneinander isolierend angeordneten Leitern angelegten elektrischen Spannung. Die Isolation kann dabei Luft sein oder ein anderes nicht-leitendes Material, das sogenannte Dielektrikum. Technisch gezielt umgesetzt werden kann sie durch eine Kapazität.

$$C = \frac{Q}{U} = \varepsilon_0 \, \varepsilon_r \frac{A}{d} \tag{3.16}$$

(C: elektrische Kapazität in As/V oder F(Farad); Q: elektrische Ladung in As; U: elektrische Spannung in V; ε_0: elektrische Feldkonstante mit $8,8541 \times 10^{-12} \frac{As}{Vm}$; ε_r: dimensionslose materialspezifische Dielektrizitätskonstante bzw. relative Permittivität; d: Plattenabstand in m; A: effektive Fläche zwischen den Platten in m^2)

Ein Kondensator besteht aus zwei parallel zueinander angebrachten Elektroden, zwischen denen mittels einer elektrischen Potenzialdifferenz ein elektrisches Feld erzeugt wird. Davon ausgehend gibt es zwei Konfigurationen, welche für den Aufbau eines Drehgebers relevant sind. Zum einen können geometrisch geformte Elektrodenstrukturen zueinander bewegt bzw. verdreht werden. Hierdurch wird die effektive Fläche A zwischen den Elektroden variiert, was zu einer Änderung der Kapazität führt. Zum anderen kann ein mechanisch geformtes Dielektrikum zwischen zwei stationären Elektroden bewegt, bzw. gedreht werden. Dadurch ändert sich die effektive Permittivitätszahl ε_r zwischen den Elektroden, was wiederum zu einer Kapazitätsänderung führt. Diese Ansätze werden schematisch in Abb. 3.42 zusammen mit Reflektion auf die Formel für die Kapazität dargestellt.

Wie diese Prinzipien in einen Drehgeber umgesetzt werden können, zeigt Abb. 3.43.

In Abb. 3.43 wird links die sogenannte 3-Platten-Konfiguration dargestellt. Hier sind die drei Grundelemente des Drehgebers, d. h. Sender, Modulator und Empfänger als einzelne Komponenten ausgeprägt. Der Sender ist eine stationäre

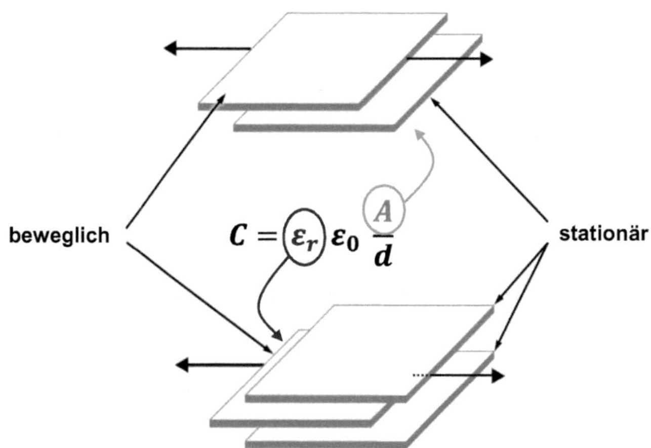

Abb. 3.42 Prinzipien kapazitiver Sensoren: oben – variable Elektrodenfläche, unten – variable Permittivität

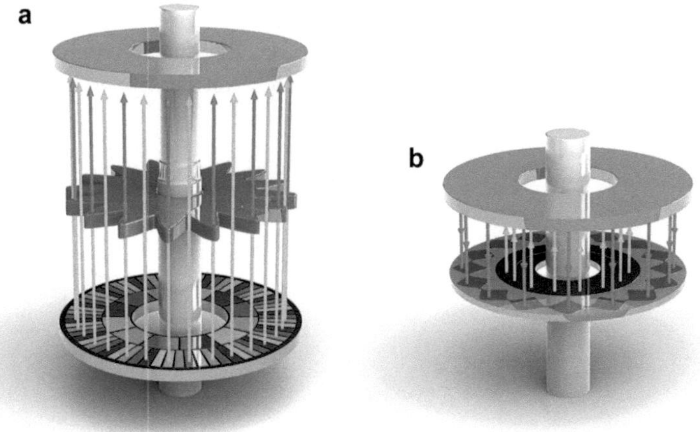

Abb. 3.43 Aufbau kapazitiver Drehgeber. a) 3-Platten, b) 2-Platten. (Quelle: SICK AG)

Leiterplatte mit einer zirkularen leitenden Plattenstruktur. Die leitende Struktur ist in radialer Richtung segmentiert, um sogenannte Lamellen auszuprägen (Abb. 3.44, links). Die Lamellen werden durch hochfrequente Signale angeregt, um eine Signalmodulation (Zeitbereich) zu erhalten. Jede vierte der Lamellen ist elektrisch miteinander verbunden. Es ergibt sich eine Multi-Elektroden-Struktur. Der Empfänger basiert ebenfalls auf einer zirkularen, leitenden, stationären Platte (Abb. 3.44, rechts). Wie der Sender, so lässt sich auch der Empfänger als Leiterplatte herstellen. Die dritte Platte ist der Rotor (Abb. 3.44, mittig). Dieser ist aus dielektrischem Material und moduliert (räumlich) das elektrische Feld zwischen Sender und Empfänger abhängig von der Winkelposition der Achse, auf der er angebracht ist. Dieser Rotor (die Maßverkörperung) wird aus einem Material mit dielektrischen Eigenschaften, z. B. Kunststoff, hergestellt und ist sinusförmig ausgeprägt, wenn sinusförmige Ausgangssignale vom Sensor erforderlich sind. Die stationären Platten werden durch mechanische Elemente, beispielsweise einem metallischen Distanzring, auf einen definierten Abstand gehalten.

Jeweils vier benachbarte Lamellen überdecken den Bereich für eine Sinusform auf dem Rotor (vgl. Signalverarbeitung weiter unten). Die Anzahl der Sinusformen auf dem Rotor definiert die Anzahl der Sinus-Cosinus-Perioden pro Umdrehung für den kapazitiven Drehgeber. In den Bildern Abb. 3.43 (links) und Abb. 3.44 ist eine Konfiguration mit 16 Perioden pro Umdrehung dargestellt.

Die in Abb. 3.43 rechts dargestellte 2-Platten-Anordnung repräsentiert einen Messkondensator mit variabler Elektrodenfläche. Auf der Statorplatine sind die

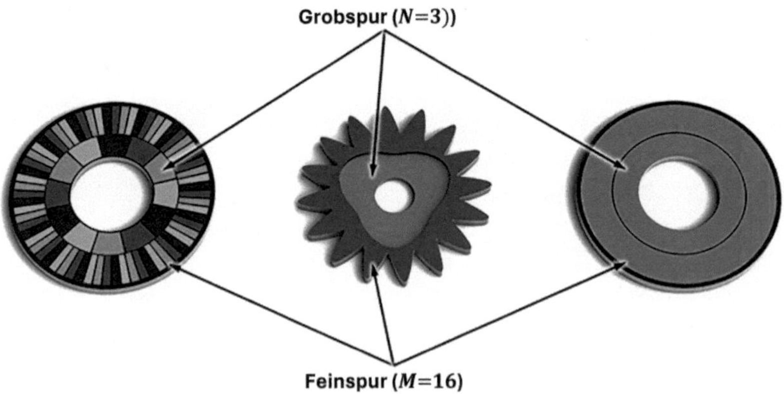

Abb. 3.44 Komponenten eines kapazitiven 3-Platten-Drehgebers: links – Senderplatine, mitte – dielektrischer Rotor, rechts – Empfängerplatine. (In Anlehnung an SICK AG)

Strukturen für den Sender und den Empfänger aufgebracht. Der Rotor trägt die sinusförmig ausgeprägte Kupferstruktur für die Feldmodulation, welche dem Sender gegenübersteht und eine zirkulare Kopplungsspur, welche elektrisch mit der Modulationsstruktur verbunden ist und auf die Empfängerstruktur kapazitiv rückkoppelt. Durch eine solche Anordnung wird vermieden, dass auf dem Rotor elektronische Komponenten verschaltet werden müssen, die dann über eine induktive Kopplung oder Schleifkontakte mit dem Stator zu verbinden wären. Ein Nachteil dieser Konfiguration ist die hohe Amplitudenempfindlichkeit in Bezug auf Axialbewegungen des Rotors ($C \propto 1/2l$). Diese Abstandsempfindlichkeit spielt bei der 3-Platten-Konfiguration keine Rolle, da die Elektrodenplatten fix zueinander angeordnet sind.

Beiden Konfigurationen gemeinsam sind die holistische (ganzheitliche) Abtastung, d. h. die kapazitive Abtastung ist auf die gesamte zirkulare Fläche verteilt und somit nicht auf einen räumlichen Punkt beschränkt, wie beispielsweise bei den meisten optischen Abtastanordnungen. Dieses Design macht den Sensor in seinem Verhalten sehr unempfindlich für mechanische Änderungen, die 3-Platten Konfiguration noch weniger als die 2-Platten Konfiguration.

Da die Funktion des Sensors nicht nur durch die Modulation des elektrischen Feldes gegeben ist, lohnt sich ein Blick auf die Verarbeitung der Signale. Die Signalverarbeitung ist für beide Anordnungen identisch. Ein Anregegenerator erzeugt vier hochfrequente Spannungen. Diese Rechteckspannungen sind $90°$ elektrisch zueinander phasenverschoben. Die Anregefrequenz ist deutlich höher als die maximale Drehzahl des entsprechenden Drehgebers, aber doch so gering, dass typische Hochfrequenzprobleme vermieden werden. Die Anregesignale werden an den Multi-Elektroden-Sender angelegt, wohingegen der Empfänger die induzierten elektrischen Ladungen des modulierten elektrischen Feldes empfängt. Ein Ladungsverstärker wandelt die Ladungen in eine Spannung, welche durch einen nachgeschalteten Verstärker verstärkt und in ein differenzielles Signal umgesetzt wird. Der Synchrondemodulator demoduliert (Zeitbereich) das differenzielle Signal, wobei die Synchronisationssignale vom Anregegenerator abgeleitet werden. Zwei Demodulatoren können dabei zur Generierung je eines Sinus- und eines Cosinus-Signals eingesetzt werden. Die nachfolgenden Tiefpassfilter unterdrücken Störungen der Demodulation sowie das Signalrauschen. Allerdings haben diese Tiefpassfilter ein Laufzeitverhalten, welches durch die Gruppenlaufzeit beschrieben wird (vgl. Abschn. 5.3.1), was zu einer Latenz führt. Abb. 3.45 zeigt, wie die Signale kapazitiver Drehgeber verarbeitet werden.

Textlich beschrieben wurden bisher nur Einspursysteme. Werden mehrere Auswertespuren integriert und ausgewertet, so ist es möglich, einen Absolutwert-Drehgeber zu realisieren. Dies ist in den Bildern Abb. 3.43 und 3.44 bereits

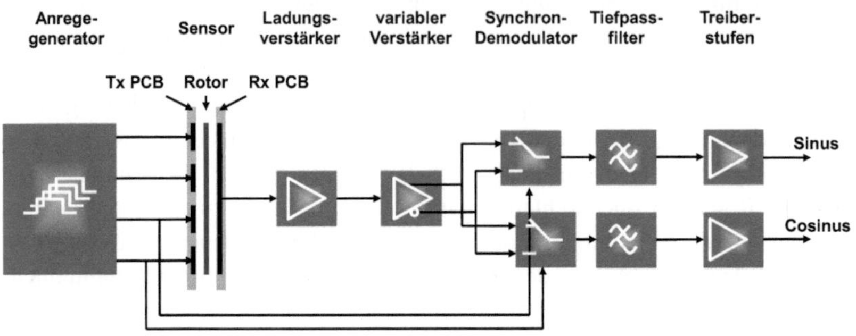

Abb. 3.45   Signalverarbeitung kapazitiver Drehgeber

erkennbar. Dabei findet die in Abschn. 2.4.2 beschriebene MxN-Codierung Verwendung. In den dargestellten Systemen sind dabei $M = 16$ und $N = 3$.

Bei geringen Kapazitätsänderungswerten bis hinunter in den Femtofarad-Bereich (fF, 10^{-15} F) müssen die Messkerne vor externen Störungen geschützt werden. Dies geschieht, indem man den Messkern durch einen Faraday'schen Käfig schützt. Dazu wird um den Messkern eine geschlossene Hülle aus leitend verbundenen Elementen gelegt. Da dieser Käfig nicht zu 100 % geschlossen werden kann – schließlich muss der Rotor an die Drehachse mechanisch angebunden werden – ist darauf zu achten, dass elektrische Störquellen einen ausreichend großen Abstand zu den offenen Stellen haben (Abb. 3.46). Ein weiterer Schutzmechanismus ist durch das Bandpassverhalten des synchronen Demodulators implizit gegeben. Somit können nur Störungen in einem eng definierten Frequenzband und genügend großer Störamplitude das Messergebnis beeinflussen.

Da kapazitive Drehgeber recht unempfindlich auf mechanische Toleranzen reagieren, können diese grundsätzlich ohne Eigenlagerung aufgebaut werden. Dies verringert das Massenträgheitsmoment deutlich und erhöht die Lebensdauer des Drehgebers wesentlich, da das anfällige Bauelement Wälzlager nicht vorhanden ist.

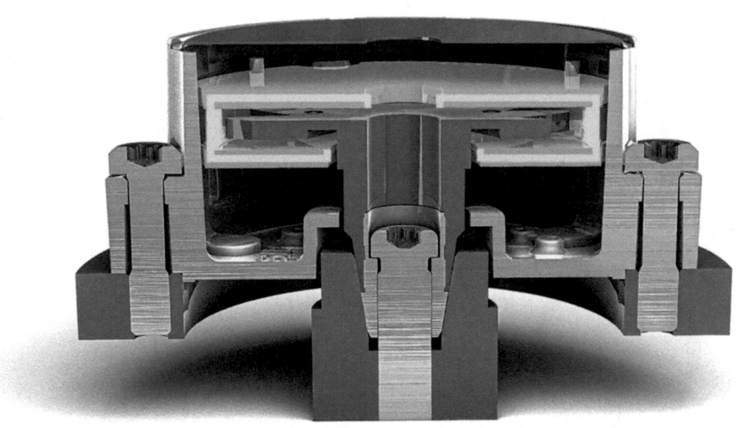

Abb. 3.46 integrierte Schirmung bei kapazitiven Drehgebern. (Quelle: SICK AG)

3.5 Resistiv-Potenziometrisches Funktionsprinzip

Beim resistiv-potenziometrischen[7] Wirkprinzip wird der ohmsche Widerstand eines Drehgebers in Abhängigkeit von der Winkelstellung moduliert (Tab. 3.8). Verwendet man das Potenziometer als ohmschen Spannungsteiler, wirkt eine Drehung als Spannungsänderung an einem variablen Teilwiderstand. Die sich ergebende Potenzialdifferenz ist namensgebend für das Potenziometer. Prinzipiell wird ein elektrischer Gleitkontakt bzw. Schleifkontakt über eine Widerstandsbahn bewegt. Für die rotative Messaufgabe ist die Widerstandsbahn ringförmig ausgeprägt. Von den im Rahmen dieses Buches genannten Funktionsprinzipien für Drehgeber ist das resistiv-potenziometrische somit das einzige berührungsbehaftete. Typische Umsetzungen haben einen Messbereich kleiner als 360° mechanisch. Aus konstruktiven Gründen ergibt sich ein Totbereich von einigen Grad. Dieser kann je nach Ausführung und Hersteller innerhalb eines Bereichs von nur 5° bis hin zu 60° betragen (sind es mehr kann dies durch die Spezifikation bedingt sein). Teilweise sind die Potenziometer auch mechanisch auf den

---

[7] Im Rahmen dieses Buchs wird nicht von einem resistiven, sondern vom resistiv-potenziometrischen Prinzip gesprochen, um es vom magneto-resistiven Prinzip aus Abschn. 3.2 deutlicher abzugrenzen.

Tab. 3.8 Sender-Modulator-Empfänger Einordnung für resistiv-potenziometrische Drehgebersensorik

Merkmal	Ausprägung
Sender	Strom-/Spannungsquelle
Modulator	Schleifer eines variablen Spannungsteilers
Empfänger	Operationsverstärker

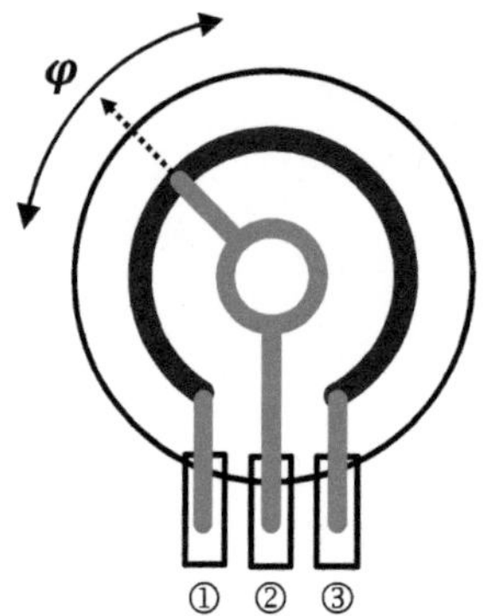
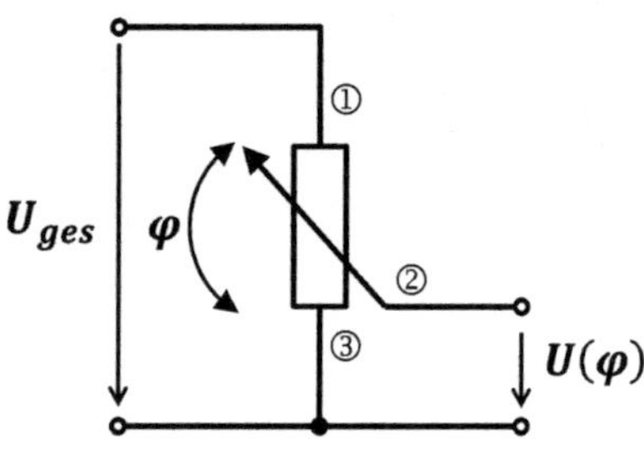

Abb. 3.47 Resistives Potenziometer: links – schematische Darstellung, rechts – Ersatzschaltbild

Messbereich eingeschränkt, viele sind gar mechanisch durchdrehbar. Es gibt aber auch Sonderausführungen mit dem vollen Messbereich von 360° (Abb. 3.47).

Die Widerstandsbahn wird in industriellen Ausführungen durch einen Draht oder eine Leitplastikschicht realisiert. Es gilt folgende Gleichung zu beachten:

$$R = \rho \frac{l}{A} \tag{3.17}$$

(R: Widerstand in $[\Omega]$; ρ: (material-)spezifischer Widerstand in $[\Omega \cdot mm^2/m]$; A: Querschnittsfläche in $[mm^2]$; l: Widerstandslänge in $[m]$)

Eine Widerstandsbahn wird auf einem Träger aufgebracht. Kohle, Kohlegemisch oder Cermet (Verbundwerkstoff aus keramischen und metallischen Materialien), sind Werkstoffe, die bevorzugt im nicht Konsumerbereich genutzt werden. Im industriellen Bereich werden Leitplastikausführungen bevorzugt. Bei diesen besteht der aktive Widerstandsbahnbereich aus leitfähigem Kunststoff.

Dieser wird mittels Siebdruck- oder Dickschichtverfahren auf ein Substratmaterial, meist aus FR4,[8] aufgetragen. Bei der Herstellung wird eine möglichst kleine Schichtdickenstreuung angestrebt, da der effektive Querschnitt direkt die Linearität des Potenziometers beeinflusst (vgl. Gl. 3.17). Die Oberfläche entlang der Schleifbahn ist möglichst homogen. Dazu wird sie mit speziellen Verfahren gehärtet und geglättet. Es ergibt sich ein stetig veränderbarer Widerstand. Bei Draht-Potenziometern wird ein Widerstandsdraht als Widerstandsbahn verwendet. Der Draht wird um einen Träger gewickelt und der Schleifer bewegt sich über die sich ergebenden Schleifen. Diese Ausführung wird überwiegend in Bereichen eingesetzt, in denen das Potenziometer direkt mit hohen elektrischen Leistungen arbeiten muss. Neben der größeren möglichen elektrischen Verlustleistung sind Draht-Potenziometer in vielen Parametern vergleichbar mit Leitplastikausführungen. Sie haben aber typischerweise eine geringere Lebensdauer, können nur für langsamere Bewegungen eingesetzt werden und haben tendenziell eine kleinere Widerstandstoleranz. Durch ihren Aufbau haben sie auch keinen stetigen Widerstandsverlauf, sondern einen mit diskreten Stufen. Die Auflösung wird bestimmt durch die Drahtdicke und den Schleifendurchmesser. Der Schleifer besitzt eine Edelmetall-Legierung da diese korrosionsbeständig ist, einen wenig variierenden Kontaktwiderstand und ein dauerhaft gutes Kontaktverhalten aufweist. Zur Unterstützung dieser Eigenschaften sind die Schleifer als Mehrfingerkonstruktion ausgeprägt. Zu bedenken ist, dass der Schleifer eigentlich als Doppelschleifer ausgeführt ist. Wobei der eine Teil des Schleifers über die Widerstandsbahn fährt und der andere über eine Kontaktbahn, die mit dem Angriffspunkt des Teilwiderstandes verbunden ist.

Heutige industriell einsetzbare Potenziometer haben wenig gemein mit früheren Realisierungen oder gar denen, die aus dem Bereich der Unterhaltungselektronik bekannt sind. Industrie-Potenziometer verfügen über hochwertige Schleifer-Schicht-Systeme, um eine hohe Zuverlässigkeit und Lebensdauer zu gewährleisten. Speziell bei Leitplastik-Potenziometern ist die Analogie zu Gleitlagern bzw. tribologischen Systemen angebracht. Des Weiteren verfügen sie über eine hochwertige Eigenlagerung, einen großen möglichen Betriebstemperaturbereich und höherklassige IP-Schutzarten.[9] Der Anschlusswiderstand liegt im Bereich von einigen Kiloohm. Solche eher geringen Widerstände sind sinnvoll

---

[8] Engl.: „flame retardant class 4"; Verbundwerkstoff aus Epoxidharz und Glasfaser, wie er als Leiterplattenbasismaterial häufig eingesetzt wird.

[9] Die IP-Schutzart (engl.: „international protection code") definiert unterschiedliche Klassen hinsichtlich des Schutzes elektrischer Einrichtungen gegen Berührung und das Eindringen von Fremdkörpern oder Wasser.

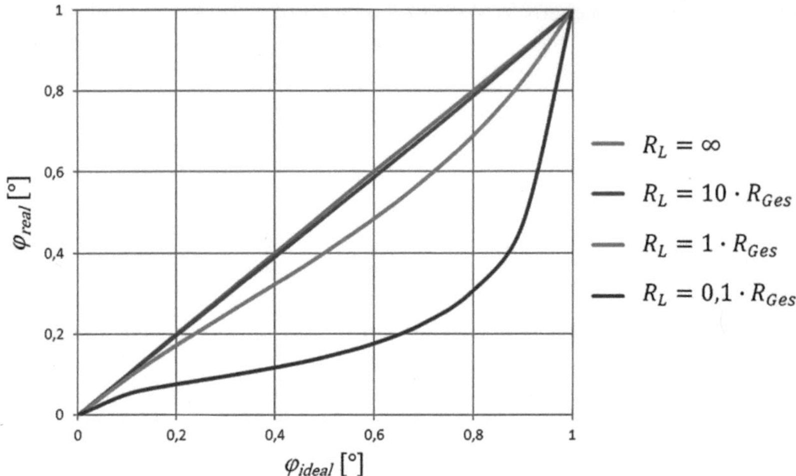

Abb. 3.48 Durchhangfehler bei resistiv-potenziometrischen Drehgebern

für die Beschaltung als Spannungsteiler. Denn die Schleiferspannung sollte möglichst belastungsfrei abgegriffen werden, um den sogenannten Durchhangfehler so gering wie möglich zu halten. Der Belastungswiderstand R_L sollte möglichst groß gegenüber dem Anschlusswiderstand R_{Ges} sein. Empfehlungen reichen von $R_L > 100 \cdot R_{Ges}$ bis $R_L > 1000 \cdot R_{Ges}$, um den systematischen Anteil am Linearitätsfehler so gering wie möglich zu halten. Meist wird dies durch einen als Spannungsfolger beschalteten Operationsverstärker mit hochohmigem Eingang erreicht. Ein geringer Anschlusswiderstand kommt dem entgegen (Abb. 3.48).

Für den Betrieb eines Potenziometers benötigt man eine hochkonstante Spannungs- oder Stromquelle. Alle Schwankungen oder Störquellen (z. B. Rauschen) in der Quelle reflektieren direkt auf das Messergebnis. Neben den Eigenschaften der Widerstandsbahn und der Qualität der Spannungs- oder Stromquelle wird die Auflösung durch die Auswerteelektronik begrenzt. Heutige Potenziometer realisieren eine unabhängige Linearität bis 0,02 %, haben typischerweise eine sehr gute Wiederholgenauigkeit und verhältnismäßig kleine Temperaturdriften. Sie zeigen aber eine gewisse mechanisch bedingte Hysterese. Der Anschlusswiderstand R_{Ges} weist relativ hohe Toleranzen auf, was eine Kalibrierung erforderlich machen kann. Bei Draht-Potenziometern liegt diese Toleranz mit z. B. ±5 % enger als bei Leitplastik-Potenziometern, wo sie bis zu ±20 % betragen kann. Da das resistiv-potenziometrische Funktionsprinzip einen berührend-gleitenden Aufbau hat, hat dies Einfluss auf die Lebensdauer. Die Widerstandsbahnen sind zwar mechanisch abriebfest ausgelegt, trotzdem ist die Anzahl der Bewegungszyklen nicht beliebig hoch. Standard-Industrie-Potenziometer werden mit Zyklen im einstelligen Millionenbereich angegeben, bessere im zweistelligen Bereich. In Ausnahmen finden sich auch Geräte mit bis zu 100 Mio. Zyklen. Einhergehend mit der Frage der Lebensdauer ist die nach der Verfahrgeschwindigkeit. Typischerweise liegt diese bei Potenziometern nicht so hoch, d. h. kleiner 1000 UPM. Auch in diesem Parameter gibt es wieder Sonderfälle bis zu 10.000 UPM. Allerdings stehen die maximale Verfahrgeschwindigkeit und die Lebensdauer in Konkurrenz. Dies kann auch anders interpretiert werden: bei kleinen Verfahrgeschwindigkeiten kann es sein, dass der mechanische Abrieb sich schlussendlich gar nicht lebensdauerbegrenzend auf das Potenziometer auswirkt. Hinsichtlich des Betriebs in Anwendungen mit Schock- und Vibrationsbelastung gilt es bei Potenziometern den Anpressdruck des Schleifers auf die Widerstandsbahn so ausbalancieren, dass der Kontakt des Schleifers erhalten bleibt aber der Abrieb nicht beschleunigt wird. Entsprechend ist bei der Auslegung der Kontaktkräfte ein Kompromiss zwischen Verschleiß und Kontaktzuverlässigkeit einzugehen. Aufgrund konstruktiver Maßnahmen hinsichtlich Korrosionsbeständigkeit hat die relative Luftfeuchte relativ wenig Einfluss auf den Betrieb und die Zuverlässigkeit.

Resistiv-potenziometrische Drehgeber sind eher passiv ausgeführt, d. h. sie stellen nur das Widerstands-Potenziometer dar und besitzen keine aktive Elektronik. Die Widerstandsauswertung wird in der Steuerung realisiert. Es ist auch keine aufwendige Interpolation auf Quadratursignale erforderlich. Das Echtzeitverhalten ist sehr gut. Auch weisen sie keine Schleppfehler bzw. Latenz (vgl. Abschn. 5.3.1) auf. Passive Komponenten sind auch weniger problematisch in der elektromagnetischen Empfindlichkeit und werden nicht durch aktive Bauteile im Temperaturbereich begrenzt. Der Widerstandsverlauf bei Industrie-Potenziometern ist typischerweise linear. Logarithmische Kennlinien sind im Industriebereich nicht üblich.

Ein spezieller Aufbau für resistiv-potenziometrische Drehgeber sind Mehrgangpotenziometer oder Wendelpotenziometer. Bei diesen wird die rotative Bewegung über eine Spindel in eine lineare umgesetzt. Der Schleifer wird entlang einer linearen Widerstandsbahn verschoben. Dadurch ergibt sich ein Messbereich über mehrere Umdrehungen, somit ein Multiturn-Drehgeber.

3.6   Zusammenfassung

Die vorangegangenen Kapitel haben gezeigt, dass es eine Reihe an Wirkprinzipien gibt, die als sensorische Basis für Drehgeber dienen können. Diese lassen sich noch durch unterschiedliche Varianten implementieren. Und die Liste ist nicht vollständig. Tab. 3.9 gibt einen Überblick zu den in diesem Buch dargestellten Möglichkeiten.

Demgegenüber stehen nahezu unzählige Anforderungsparameter wie sie in der folgenden Tabelle exemplarische genannt werden (Tab. 3.10):

Es gibt zwar Faustregeln, welches sensorische Funktionsprinzip für welche Anwendung geeignet ist. An dieser Stelle wird aber empfohlen, dass Anwender und Sensortechnologe gemeinsam die passendste Lösung individuell erarbeiten.

Tab. 3.9 Sensorische Funktionsprinzipien im Einsatz bei Drehgebern

Sensorisches Grundprinzip	Variante/Effekt
Optisch	Schattenbild Diffraktion Moiré-Muster Polarisation
Magnetisch	Hall-Effekt Magneto-resistiv (inkl. Domänenmanipulation) Wiegand-Effekt
Induktiv	Variabler Transformator Variable Reluktanz Variable Dämpfung
Kapazitiv	Variables Dielektrikum Variable effektive Elektrodenfläche
Resistiv-potenziometrisch	Variabler elektrischer Widerstand

Tab. 3.10 Anforderungsparameter bezüglich Drehgebersensorik (Auszug)

Parameter	Beispiele
Sensorisch, primär	Auflösung, Reproduzierbarkeit, Genauigkeit
Sensorisch, sekundär	Latenz, Hysterese
Mechanisch	Anordnung von Sender-Modulator-Empfänger, Baugröße, Gewicht, Anbau- und Betriebstoleranzen
Elektrisch	Höhe der Versorgungsspannung, Stromverbrauch
Empfindlichkeit auf Betriebsbedingungen	Temperatur, Luftfeuchte, Schmutz oder mechanische Belastungen, elektromagnetische Felder
Wirtschaftlich	Kosten, Verfügbarkeit
Sonstige	Regionale, branchenspezifische oder individuelle Vorlieben, Technologiereife, Kompetenz

Literatur

1. Hering E, Schönfelder G (Hrsg) (2012) Sensoren in Wissenschaft und Technik – Funktionsweise und Einsatzgebiete. Vieweg+Teubner, Wiesbaden
2. Hesse S, Schnell G (2014) Sensoren für die Prozess- und Fabrikautomation – Funktion – Ausführung – Anwendung, 6. Korrigierte und verbesserte Aufl. Springer Vieweg, Wiesbaden
3. Schiessle E (2010) Industriesensorik – Automation, Messtechnik, Mechatronik. Vogel Buch, Würzburg
4. Fraden J (2010) Handbook of modern sensors – physics, designs, and applications, 4. Aufl. Springer, New York
5. Tränkler HR, Reindl LM (Hrsg) (2014) Sensortechnik – Handbuch für Praxis und Wissenschaft, 2. Aufl. Springer Vieweg, Berlin
6. Walcher H (1985) Winkel- und Wegmessung im Maschinenbau, 2. Aufl. VDI Verlag, Düsseldorf
7. Ernst A (1998) Digitale Längen- und Winkelmeßtechnik – Positionsmeßsysteme für den Maschinenbau und die Elektronikindustrie. verlag moderne industrie, Landsberg/Lech
8. Burkhardt T, Feinäugle A, Fericean S, Forkl A (2004) Lineare Weg- und Abstandssensoren – Berührungslose Messsysteme für den industriellen Einsatz. verlag moderne industrie, München
9. Homburg D, Reiff EC (2003) Weg- und Winkelmessung (Absolute Messverfahren). PKS Verlag, Stutensee

10. Diamond CT, Todd M, Orlosky S (2010) Industrial encoders for dummies, 2. Aufl. Wiley, Hoboken
11. Du WY (2015) Resistive, capacitive, inductive, and magnetic sensor technologies. CRC Press, Boca Raton
12. Pandza G, Fischer P (2018) Verfahren zum Betrieb einer reflektiven Positionsmessvorrichtung, Offenlegungsschrift DE102018104280A1, Deutsches Patent- und Markenamt, veröffentlicht am 29.08.2019
13. Quasdorf J (2015) Ins richtige – blaue – Licht gesetzt. Mechatronik 6(2015):26–27
14. Mutschler R (2002) Optoelektronische Winkelmessgerät sowie Verfahren zu dessen Herstellung. Patentschrift DE10229246B4, Deutsches Patent- und Markenamt, veröffentlicht am 27.05.2004
15. Mutschler R, Dachroth M (2005) Drehgeber: kleine Optik, großer Gewinn. at – Aktuelle Technik 12/2005, S 22–25
16. Parriaux OM (1998) Device for measuring translation, rotation or velocity via light beam interference. Internationale Patentanmeldung Nr. WO 00/11431, PCT, veröffentlicht am 02.03.2000
17. Hopp DM (2012) Inkrementale und absolute Kodierung von Positionssignalen diffraktiver optischer Drehgeber. Dissertation, Universität Stuttgart
18. Samland T (2011) Positions-Encoder mit replizierten und mittels diffraktiver optischer Elemente codierten Maßstäben. Dissertation, Albert-Ludwigs-Universität Freiburg
19. Cusey JP, Iliasevitch S, Mak B, Mandyam B, Larson BH (2017) Method and apparatus for configurable array patterning for optical encoders. Offenlegungsschrift WO2018174962A1, World Intellectual Property Organization, veröffentlicht am 27.09.2018
20. Cusey JP, Larson BH (2019) Method and apparatus for alignment adjustment of encoder systems. Offenlegungsschrift WO2020055884A1, World Intellectual Property Organization, veröffentlicht am 19.03.2020
21. Oberhauser J (2007) Detektorelement-Array für eine optische Positionsmesseinrichtung. Offenlegungsschrift DE102007050253A1, Deutsches Patent und Markenamt, veröffentlicht am 23.04.2009
22. Mortara A, Masa P, Heim P, Heitger F (1999) Position sensor and circuit for optical encoder. Offenlegungsschrift WO0036377A1, World Intellectual Property Organization, veröffentlicht am 22.06.2000
23. Siraky J, Johnson M (2008) Verfahren und Vorrichtung zur Messung des Drehwinkels eines rotierenden Objekts. Europäisches Patent Nr. EP2187178B1, Europäisches Patentamt, veröffentlicht am 14.08.2013
24. Oguchi T (2013) Optische Codiereinheit und optischer Codierer. Europäisches Patent EP3067668B1, Europäisches Patentamt, veröffentlicht am 30.01.2019
25. Basler S, Hopp D (2017) Systemkonzept nanooptischer monolithisch integrierter Polarisationsencoder für neuartige Motorfeedback Systeme. Schlussbericht zum Verbundprojekt: Nanooptischer monolithisch integrierter Polarisationsencoder für neuartige Motorfeedback Systeme (NencoS), Teilvorhaben: Systemkonzept nanooptischer monolithisch integrierter Polarisationsencoder für neuartige Motorfeedback Systeme
26. Seybold J, Kück H, Fritz K-P (2012) Vorrichtung und Verfahren zur Erfassung einer Winkelstellung. Deutsche Offenlegungsschrift DE102012211944A1, Deutsches Patent- und Markenamt, veröffentlicht am 09.01.2014

27. Basler S, Mutschler R, Hopp D (2012) Sende- und Empfangseinheit und Drehgeber mit einer solchen. Europäische Patentanmeldung EP2741056A1, Europäisches Patentamt, veröffentlicht am 11.06.2014
28. Tresanchez M, Pallejà T, Teixidó M, Palacin J (2009) The optical mouse sensor as an incremental rotary encoder. Sens Actuators, A 155(1):73–81
29. Pruijmboom A, Booij S, Schemmann M, Werner K, Hoeven P, van Limpt H, Intemann S, Jordan R, Fritzsch T, Oppermann H, Barge M (2009) A VCSEL-based miniature laser-self-mixing interferometer with integrated optical and electronic components. Proceedings of SPIE, S 218–229
30. Pruijmboom A, Schemmann A, Hellmig J, Schutte J, Moench H, Pankert J (2008) VCSEL-based miniature laser-Doppler interferometer. Proceedings of SPIE, Vertical-Cavity Surface-Emitting Lasers XII, Bd 6908
31. Polytec GmbH (2024) LSV Laser Surface Velocimeter Prozesssteuerung dank optischer Messung von Länge & Geschwindigkeit. Produktbroschüre
32. Sun H, Liu J-G, Zhang Q, Kennel R (2016) Self-mixing interferometry for rotational speed measurement of servo drives. Applied Optics 55(2):236–241
33. Sun H (2019) Optimization of velocity and displacement measurement with optical encoder and laser self-mixing interferometry. Dissertation, Technische Universität München
34. Alexandrova A (2017) Investigation into laser self-mixing for accelerator applications. Dissertation, University of Liverpool
35. Lee S, Song JR (2004) Mobile robot localization using optical flow sensors. Int J Control Autom Syst, 2: 485–493
36. Liu C, Xu Y, Liu JG, Sun H, Kennel R (2016) Rotational speed measurement based on laser mouse sensors, 18. GMA/ITG-Fachtagung Sensoren und Messsysteme, S 540–545
37. Moreno J, Clotet E, Martínez D, Tresanchez M, Pallejà T, Palacín J (2016) Experimental characterization of the twin-eye laser mouse sensor. J Sens, Bd 2016, Hindawi Publishing Corporation
38. Ottonelli S, Dabbicco M, De Lucia F, di Vietro M, Scamarcio G (2009) Laser-self-mixing interferometry for mechatronics applications. Sensors 9(5):3527–3548
39. SICK AG (2023) SPEETEC 1D – Berührungslose Bewegungssensoren. Produktinformation
40. Philips Semiconductors (1998) General magnetic field sensors. Datenblatt
41. Alpago OH, Alves E, Romero HD (2017) Sensorelement eines vertikalem kreisförmigen Hallsensors (CVH) mit Schiebeintegration. Europäisches Patent EP3411666B1, Europäisches Patentamt, veröffentlicht am 06.11.2019
42. Sache L, Reymond S, Kejik P, Sjöholm M, Bommottet D, Gass V, Gaillard L, Popovic RS (2012) Circular hall transducer for accurate contactless angular position sensing. Engineering, Physics
43. Popovic R, Racz R, Schott C (2001) Sensor für die Detektion der Richtung des Magnetfeldes. Europäische Patentschrift EP1182461B1, Europäisches Patentamt, veröffentlicht am 28.04.2010
44. Huber S, Burssens JW, Dupré N, Dubrulle O, Bidaux Y, Close G, Schott C (2018) A Gradiometric magnetic sensor system for stray-field-immune rotary position sensing in harsh environment. MDPI Proceedings, 2(13), 809

45. Hackner M, Ernst R, Hohe H-P (2001) Vertikaler Hall-Sensor. Patentschrift Nr. DE 101 50 955 C1, Deutsches Patent- und Markenamt, veröffentlicht am 12.06.2003

46. Lemme H (1999) Punktgenau in drei Dimensionen messen – Neuartige Konstruktion bei Halleffekt-Magnetfeldsensoren. Elektronik 21(1999):106–112

47. Popovic Renella D, Kaltenbacher T, Spasic S, Cavelti A, Valsecchi G, Nachtigall L, Hutter M (2024) Revealing the potential of a new 3D Hall sensor in advanced inspection robotics. Acta IMEKO, 13(4): 1–5

48. Stork T (2000) Electronic compass design using KMZ51 and KMZ52. Philips, Application Note AN00022

49. Rindelaub SKE (2018) Signalverarbeitung für magnetoresistive Sensor-Arrays mit Controller und Einplatinen-Computer. Bachelorthesis, Hochschule für Angewandte Wissenschaften Hamburg

50. Sensitec (2012) Aktive Maßverkörperungen für die Längen- und Winkelmessung. Application Note Sensitec GmbH

51. Ennen I, Kappe D, Rempel T, Glenske C, Hütten A (2016) Giant magnetoresistance: basic concepts, microstructure, magnetic interactions and applications. Sensors 16(6):904

52. Lemme H (2016) TMR-Sensoren: Messung durch den Tunnel. Elektronik 16(2016):20–22

53. Ausserlechner U (2016) Magnetische Winkelsensorvorrichtung und Betriebsverfahren. Deutsche Patentschrift DE102016118376B4, Deutsches Patent- und Markenamt, veröffentlicht am 26.10.2023

54. NN (2023) Robuste Winkelmessung mit einer In Shaft-Lösung. Serie „Magnettechnik kompakt", 12/2023, Magnetfabrik Bonn GmbH

55. Schwegler D, Rapp R (2016) Permanentmagnete – Werkstoffe, Magnettechnik, Anwendungen. Bibliothek der Technik, Band 387. Verlag Moderne Industrie, München

56. Gebhardt A (2016) Additive Fertigungsverfahren – Additive Manufacturing und 3D-Drucken für Prototyping – Tooling – Produktion. 5., neu bearbeitete und erweiterte Aufl., Hanser, München

57. Urban N (2022) Untersuchung des Laserstrahlschmelzens von Neodym-Eisen-Bor zur additiven Herstellung von Permanentmagneten. Dissertation, Friedrich-Alexander-Universität Erlangen-Nürnberg

58. Schäfer K (2024) Laser powder bed fusion of hard magnetic composites. Dissertation, Technische Universität Darmstadt

59. Wang H (2023) Additive manufacturing of magnetic materials for electric motor and generator applications. Dissertation, The University of Tennessee, Knoxville

60. Sirak K (2016) 3D-Drucken von polymergebundenen Magnetwerkstoffen. Diplomarbeit, Technische Universität Wien

61. Wang H, Lamichhane TN, Paranthaman MP (2022) Review of additive manufacturing of permanent magnets for electrical machines: a prospective on wind turbine. Materials Today Physics, Bd 24. S 100675 ff

62. Wu T, Schwarzer D, Neuwald T, Wüst P, Maczionsek D, Seibicke F, Rauch H, Schäfer U (2024) Investigation and comparison of permanentmagnet rotors produced by different additive manufacturing methods. e+i Elektrotechnik und Informationstechnik, Bd 141. S 155–163

63. Wiegand JR (1972) Bistable magnetic device. United States Patent US3820090A, United States Patent and Trademark Office, veröffentlicht am 25.06.1974
64. Wiegand JR (1974) Method of manufacturing bistable magnetic device. United States Patent US3892118A, United States Patent and Trademark Office, veröffentlicht am 01.07.1975
65. Dlugos DJ (1998) Wiegand effect sensors: theory and applications. Sens Mag 1998 15:32–34
66. NN (NN) Wiegand-Sensoren – Magnetischer Impulsgeber. Firmenschrift, Posital Fraba
67. Takemura Y, Nishimoto M, Aoki T, Yamada T (2004) Evaluation of zero-speed sensor using NiFe/CoFe multilayer thin films and twisted FeCoV wires. SENSORS, 2004 IEEE, Bd 3. Vienna, Austria, 2004, S 1090–1093
68. Jiang L. (2023) Magnetic structure of Wiegand wire analyzed by magnetization process depending on wire-diameter. Dissertation, Yokohama National University
69. NN (2001) Impulsdraht-Sensoren für Industrie-Anwendungen. Firmenschrift, Tyco Electronics AMP GmbH
70. Fleig M, Heddergott H (1991) Drehgeber mit Absolutwert-Positionserfassung. Offenlegungsschrift DE4229610A1, Deutsches Patent- und Markenamt, veröffentlicht am 03.06.1993
71. Mattheis R, Diegel M, Hübner U, Halder E (2006) Multiturn counter using the movement and storage of 180 magnetic domain walls. IEEE Trans Magn 42(10):3297–3299
72. Diegel M, Glathe S, Mattheis R, Scherzinger M, Halder E (2009) A new four bit magnetic domain wall based multiturn counter. IEEE Trans Magn 45(10):3792–3795
73. Dingler P (2012) Grundlagen der Systemlogik und anwendungsübergreifende Systemintegration. Schlussbericht zum Teilvorhaben im Verbundprojekt „Energieautarker magnetoelektronischer Sensor zur Absolutwinkelmessung sehr großer Umdrehungszahlen (UniTurn)", Förderprogramm „Mikrosystemtechnik" des BMBF, FKZ: 16N10119
74. Dietrich M, Rink O (2015) Verfahren zum Betrieb eines Umdrehungssensors und entsprechender Umdrehungssensor. Offenlegungsschrift DE102015210586A1, Deutsches Patent- und Markenamt, veröffentlicht am 15.12.2016
75. Bradshaw S, Nau C, Nicholl E (2022) Multiturn position sensor provides true power-on capabilities with zero power. AnalogDialogue 56(3)
76. Tonge PJ, Dutt M (2019) Drehungsanzahl-Decodierung für Multiturn-Sensoren. Patentschrift DE102019106327B4, Deutsches Patent- und Markenamt, veröffentlicht am 20.04.2023
77. Szymczak J, O'Meara S, Gealon JS, De La Rama CN (2014) Precision resolver-to-digital converter measures angular position and velocity. Analog dialogue 48–03, März 2014, Firmenschrift Analog Devices
78. Neidig NW (2021) Fehlereinflüsse und Winkelfehlerreduktion von variablen Reluktanzresolvern. Dissertation, Karlsruher Instituts für Technologie
79. Kuntz S, Gerlach G, Fella S (2025) Inductive position sensors based on coupling of coils on printed circuit boards for demanding automotive applications. TAE Tagungshandbuch, Proceedings of Symposium Elektromagnetismus, Künzelsau
80. Brajon B, Lugani L, Close G (2022) Hybrid magnetic–inductive angular sensor with 360° range and stray-field immunity. Sensors 2022, 22, 2153
81. Lugani L, Akermi Y, Laval P, Duisters A (2021) High speed inductive position sensor for E-machines. White Paper, Melexis

82. NN (2021) KCI 120 Dplus – Absoluter induktiver Drehgeber mit Zusatzfunktion: Zweite Positionsmessung abtriebsseitig. Produktinformation, Dr. Johannes Heidenhain GmbH
83. Baxter LK (1997) Capacitive sensors: design and applications. IEEE Press, New York
84. Kennel R, Basler S (2008) New developments in capacitive encoders for servo drives. In: SPEEDAM 2008, Ischia, S 190–195

Aufbau und Schnittstellen von Drehgebern   4

Zusammenfassung

Neben der eigentlichen Sensorik besteht ein Drehgeber aus weiteren Komponenten und Modulen, die für seine Funktion und seine Integration in die Anwendung notwendig sind. Beschrieben werden mechanische Lager und Kupplungen sowie unterschiedliche Module zur Umsetzung der Multiturn-Funktion und relevante Aspekte der Elektronik und Signalverarbeitung. Für die Anbindung an die Anwendung dienen die mechanischen und elektrischen Schnittstellen. Diese gibt es in großer Vielfalt und es wird ein Einblick hinsichtlich der gängigsten Geräteausprägungen gegeben.

4.1   Vorbemerkungen

Sowohl der Aufbau als auch der Anbau von Drehgebern an die Anwendung sind geprägt von einer sehr hohen Vielfalt. Diese wird maßgeblich bestimmt durch die mechanischen und elektrischen Schnittstellen. Dabei sind im mechanischen Bereich die Kopplung der Welle und des Flansches zu berücksichtigen. Bei der elektrischen Schnittstelle spielen elektromechanische Komponenten (Stecker, Kabel), die elektrischen Parameter (Ströme, Spannungen, Impedanzen, Signalfrequenzen) sowie die Definition der Informationsübertragung eine Rolle.

Wurden in Kap. 3 bereits die Schlüsselkomponenten für die Sensorik beschrieben liegt der Schwerpunkt in diesem Kapitel auf mechanischen und elektrischen Schlüsselkomponenten, Baugruppen, sowie Gerätekonfigurationen. Zu letzterem sei an dieser Stelle bereits eine Definition getroffen, die im Laufe des Kapitels immer wieder adressiert wird. Eine Unterscheidung im Drehgeberaufbau ergibt sich durch die Anordnung von Welle und Flansch. Wird ein komplettes Gerät an

© Springer Fachmedien Wiesbaden GmbH, ein Teil von Springer Nature 2025   145
S. Basler, *Drehgeber und Motor-Feedback-Systeme*,
https://doi.org/10.1007/978-3-658-49404-9_4

die Anwendung angebracht, spricht man von einem Anbaugeber. Werden Baugruppen des Drehgebers erst in der Anwendung montiert, bezeichnet man diesen als Kit (der deutsche Begriff „Bausatz" ist nicht gebräuchlich). Bei Anbaugebern gibt es Versionen mit Eigenlagerung oder ohne (Fremdlagerung) (Abb. 4.1).

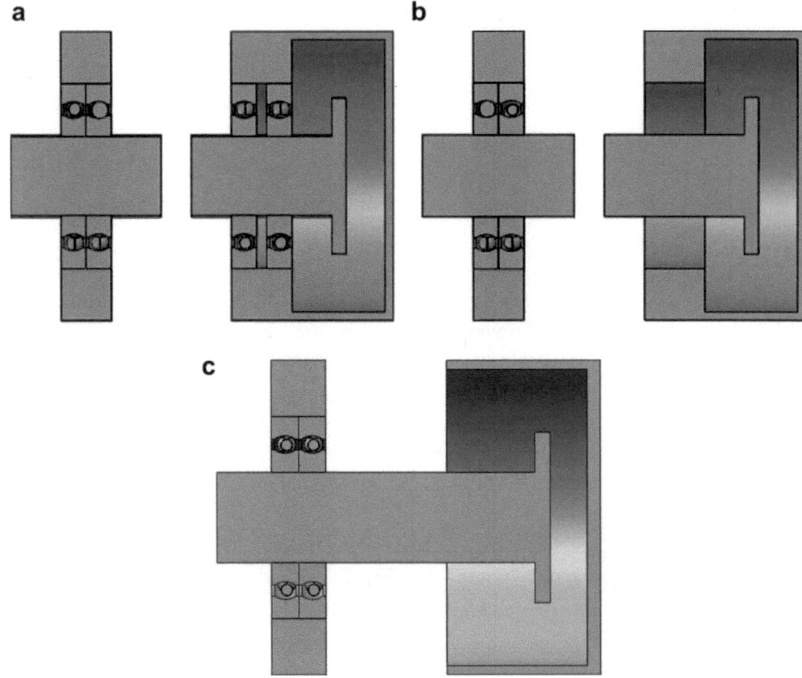

Abb. 4.1 Schnittbild unterschiedlicher Ausführungen von Drehgeber und deren Anwendung: a) Anbaugeber mit Eigenlagerung, b) Anbaugeber mit Fremdlagerung, c) Kit → Schnittbild Geber + Anwendung mit Indikation nach Lagern und Kupplungselementen

4.2   Drehgeberkomponenten und -module

4.2.1   Mechanische Lagerung

Mit dem Drehgeberaufbau ergibt sich auch eine Definition, wo im System die notwendige Lagerung der Welle (Drehgeber und Anwendung) angeordnet ist. Bei lagerlosen Anbaugebern und Kits befinden sich Lager nur an der Welle der Anwendung. Eigengelagerte Anbaugeber verfügen, wie der Begriff schon definiert, über eigene Lagerkomponenten.

Die Frage nach der Lagerung für Drehgeber stellt sich deshalb, da die Sensorgrundelemente, Sender-Modulator-Empfänger aufeinander abgestimmt werden müssen. Dabei bestimmt die verwendete Sensorik den Grad der Präzision. Kann die erforderliche mechanische Ausrichtung nicht durch die Endanwendung gewährleistet werden, werden vorwiegend Anbaudrehgeber mit Eigenlagerung verwendet. Dazu wird die Welle, die den Modulator trägt, über Wälzlager mit dem Drehgeberflansch gekoppelt. Der wiederum wird mit dem Stator der Anwendung verbunden. Bei einem solchen eigengelagerten Drehgeber kann der Hersteller die Einheit Sender-Modulator-Empfänger so präzise aufeinander ausrichten, wie es die Toleranzen in der Sensorik mit entsprechenden Genauigkeitsanforderungen an das Messgerät vorgeben.

Grund für den Ausfall eines Drehgebers kann Verschleiß des Lagers sein, da diese berührungsbehaftete, rotierende Komponenten sind. Auch aus diesem Grund haben Drehgeber ohne Eigenlagerung berechtigte Einsatzgebiete. Die lagerlosen Drehgeber stellen einen Sonderfall dar, da sie Eigenschaften von Anbaudrehgebern und Kits besitzen. So muss bei der Montage weder mit teils sensiblen Baugruppen hantiert werden, noch braucht man spezielle Kupplungselemente. Es müssen aber die mechanischen Toleranzen eingehalten werden. Teilweise ist es sinnvoll oder gar erforderlich, dass spezielle Montagehilfen genutzt werden. Erhältlich sind lagerlose Anbaugeber, z. B. mit induktiver (Abschn. 3.3) oder kapazitiver (Abschn. 3.4) Sensorik. Diese sind aufgrund einer holistischen Abtastung recht tolerant beim mechanischen Anbau und bei mechanischen Änderungen während des Betriebs. Weiter verbreitet sind jedoch magnetische (Abschn. 3.2) und optische (Abschn. 3.1) Kit-Drehgeber. Da diese durch tangential angebrachte Leseköpfe punktuell abgetastet werden ergeben sich höhere Anforderungen an die Anbausituation und somit auch für die Lagerung der Anwendungswelle.

Bei Drehgeber-Kits sind die Maßverkörperung (Modulator) und die Sensorelektronik (Sender-Empfänger) einzelne Baugruppen. Diese sind nicht werksseitig kombiniert und damit auch nicht herstellerseitig fest zueinander positioniert. Daher benötigt man Anbauhilfen, um die Maßverkörperung relativ zu der

Sender-Empfänger-Einheit in die richtige Position zu bringen. Bei einer hohen geforderten Genauigkeit des Drehgebers ist diese Positionierung zuverlässig und präzise auszuführen. Es gibt aber auch Drehgeber-Kits welche bauartbedingt auf Einstellhilfen verzichten können. Dies gilt für Systeme, welche zwar eine relativ geringe Grundauflösung besitzen, aber mechanische Fehler der Anwendung recht gut tolerieren können. Klassisch wären hier die Resolver zu nennen (Abschn. 3.3.3). Im anderen Fall ist es auch möglich durch die Verwendung von zwei oder mehr Leseköpfen die gleichmäßig am Umfang der Maßverkörperung verteilt werden Exzentrizitätsfehler (siehe Abschn. 2.5.2) elektronisch oder rechnerisch zu kompensieren. Es bringt einige Implikationen mit sich, dass bei Kits Modulator und die weitere Sensorik als separate Baugruppen ausgeprägt sind. So werden diese erst in der Anwendung kombiniert, was einen Austausch von Komponenten erlaubt. Allerdings ist oft auch ein Kalibrierlauf erforderlich. Kits finden nicht nur dort Verwendung, wo die entsprechenden Voraussetzungen durch die Applikation gegeben sind, sondern auch dort wo Anbaugeber unwirtschaftlich sind, z. B. bei Anwendungen mit sehr großen Durchmessern.

Drehgeber, die als eigengelagerte Anbaugeber ausgeführt sind verwenden den Radiallager, da der erwünschte Freiheitsgrad des Lagers der Drehrichtung der Geberwelle entspricht. Bewegungen in den anderen Freiheitsgraden sind unerwünscht und sollen durch das Lager verhindert werden. Ist das durch die Komponente nicht gewährleistet, so sind konstruktive Maßnahmen am Drehgeber vorzusehen, diese unerwünschten Bewegungen auf ein tolerierbares Maß zu reduzieren. Bei Drehgebern werden meist radiale Wälzlager eingesetzt, dabei wiederum meist Rillenkugellager. Diese können neben radialen Lasten auch axiale aufnehmen. Um Kippbewegungen der Drehgeberwelle und somit des Modulators zu reduzieren, werden zwei Lager verwendet. Diese sind in der sog. O-Anordnung konfiguriert und vorgespannt. Lager in O-Anordnung können selbst bei einem kleinen Lagermittenabstand relativ große Kippmomente aufnehmen. Außerdem sind die aus der Momentenbelastung resultierenden Radialkräfte und die dadurch hervorgerufenen Verformungen in den Lagern in O-Anordnung kleiner gegenüber anderen Anordnungen ([3, 4]). Nichtsdestotrotz sind die beiden Lager axial möglichst weit voneinander angeordnet. Dies kann so weit gehen, dass bei exzentrischen, transmissiven Sensoranordnungen der Transducer zwischen den beiden Lagern angeordnet ist. Unabhängig vom Lagerabstand, werden die beiden Lager axial vorgespannt, sodass die axiale Lagerluft (bzw. das axiale Spiel) möglichst gegen Null geht (Abb. 4.2 und 4.3).

Bei Rillenkugellagern werden Kugeln als Wälzkörper verwendet, die in Rillen der Lagerschalen liegen und die zueinander bewegte Teile, d. h. Drehgeberflansch und -welle, stützen. Zur Reduzierung der Reibung zwischen den Kugeln und

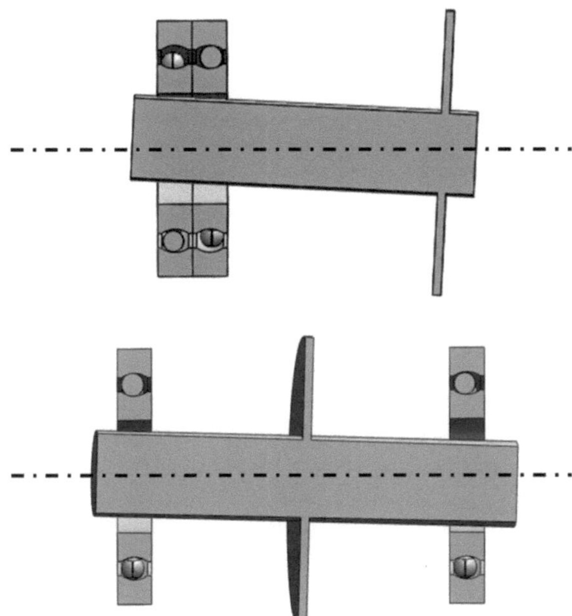

Abb. 4.2 Lagerung bei Drehgebern: oben – kleiner Lagerabstand, unten – großer Lagerabstand

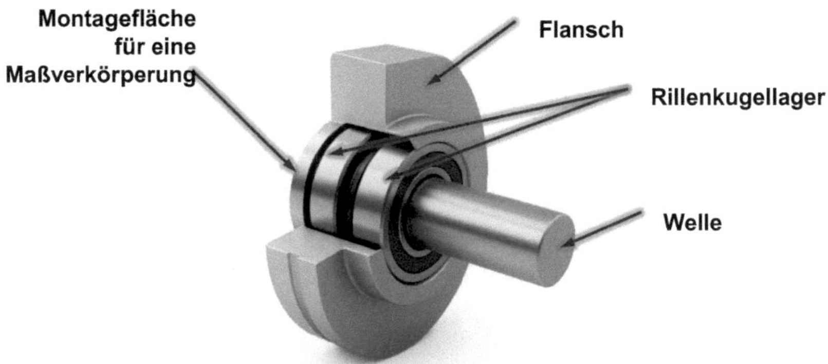

Abb. 4.3 Schnitt durch einen Lagerflansch (in Anlehnung an Baumer AG)

den Laufbahnen der Lagerschalen und somit des Verschleißes an den Wälzlagern kommen geeignete Schmiermittel zum Einsatz. Dabei wird meist auf Schmierfette zurückgegriffen. Dreht sich das Kugellager bildet sich ein tragfähiger Schmierfilm zwischen Kugeln und Laufbahnen aus. Schmierfettmenge und -art werden an die Anwendung angepasst. Bei der Menge ist darauf zu achten, dass es aufgrund einer zu großen Füllmenge nicht zum Austritt von Schmiermittel kommt. Dies kann fatale Folgen für den Drehgeber haben. So können, z. B. Ablagerungen von Schmiermitteln auf einer optischen Codescheibe zum Ausfall des Drehgebers führen – sporadisch und/oder punktuell (abhängig von der Winkelposition). Um diese Gefahr zu reduzieren, kommen Dichtscheiben zum Einsatz. Diese Dichtung schützt den Drehgeber nicht nur vor Schmiermittelaustritt, sondern auch zur Applikation hin, d. h. sie vermindert den Eintritt von Partikeln, Feuchte, usw. aus der Umgebung in den Drehgeber. Somit ist auch das Lager eine wichtige Komponente in der Auslegung der IP-Schutzart eines Drehgebers. Zu beachten ist jedoch, dass Reibung an der Dichtscheibe die Eigenerwärmung der Wälzlager erhöht.

Die Lebensdauer ist ein wichtiger Parameter von Drehgebern, insbesondere in industriellen Anwendungen ([4, 5]). Aus mechanischer Sicht ist die Lebensdauer der Rillenkugellager die bestimmende Größe für einen Drehgeber. Die Forderungen können mehrere zehntausend Betriebsstunden betragen – unabhängig von den Einsatzbedingungen (Drehzahlprofil, Temperatur, Luftfeuchte, mechanische Belastungen, etc.) und, selbstverständlich, ohne Wartung. Lebesdauerbegrenzend an Lagern kann entweder der Verlust der Wälzeigenschaften oder ein wachsendes Lagerspiel wirken. Beim Verlust der Wälzeigenschaften erhöht sich das Drehmoment deutlich. Ein größer werdendes Lagerspiel verändert die mechanischen Verhältnisse von Sender-Modulator-Empfänger zueinander, was sich negativ auf die Genauigkeit des Drehgebers auswirken kann oder, im Extremfall, auch zu mechanischer Schädigung.

Alternativ zu Wälzlagern können auch Gleitlager für Drehgeber verwendet werden. Bei Gleitlagern haben die Welle und der Flansch des Drehgebers direkten Kontakt miteinander, sodass Maßnahmen zur Reduzierung des Gleitwiderstandes und somit des Verschleißes und der Entstehung von Wärme durch Reibung getroffen werden müssen. Bei wartungsfreien Gleitlagern wird dies durch eine reibungsarme Welle-Gleitlager-Materialpaarung oder die Verwendung von Schmiermitteln erreicht. Dabei kann das Schmiermittel separat eingebracht werden oder ist als Schicht mit selbstschmierenden Eigenschaften im Gleitlager integriert. Trotzdem ist die Lebensdauer von Drehgebern mit Gleitlagern in der Regel geringer als die von solchen mit Wälzlagern. Bestimmt wird diese durch den Betriebstemperaturbereich, die spezifische Lagerbelastung und die Gleitgeschwindigkeit. Diese beiden letztgenannten Werte werden in dem pv-Kennwert zusammengefasst:

$$pv = p \cdot v \qquad (4.1)$$

(pv: pv-Kennwert in $[N/mm^2 \cdot m/s]$; p: spezifische Lagerbelastung in $[N/mm^2]$; v: Gleitgeschwindigkeit in $[m/s]$)

Die Gleitgeschwindigkeit errechnet sich aus der Drehzahl und dem Innendurchmesser des Gleitlagers gemäß Gl. 4.2:

$$v = \frac{d \cdot n \cdot \pi}{60 \frac{s}{min}} \qquad (4.2)$$

(v: Gleitgeschwindigkeit in $[m/s]$; d: Innendurchmesser des Gleitlagers in $[m]$; n: Drehzahl in $[1/min]$)

Neben der Lebensdauer ist zu beachten, dass Gleitlager ein größeres Lagerspiel (radial und axial) aufweisen und geringere Lagerlasten aufnehmen können als Wälzlager. Da nur wenige sensorische Wirkprinzipien und Drehgeberanwendungen diese Einschränkungen tolerieren können findet man Gleitlager nur in gesonderten Einsatzgebieten für Drehgeber.

In Lagern kommt es bei Drehungen immer zu Reibung. Dadurch wird Wärme erzeugt. Diese Eigenerwärmung der Drehgeberlager kann mehrere Kelvin betragen. Beeinflusst wird sie, z. B. durch die Lagerart und -eigenschaften, dem An- und Einbau des Drehgebers an die Anwendung, Dichtscheiben und der Drehzahl. Diese mechanisch bedingte thermische Verlustleistung muss neben der elektrischen Verlustleistung in der Auslegung der Drehgeber berücksichtigt werden. Beide Faktoren zusammen reduzieren bei gegebener maximaler Betriebstemperatur der elektronischen Bauteile die Betriebstemperatur des Gesamtgerätes.

Ein anderer Aspekt, der bei eigengelagerten Drehgebern zu beachten ist, ist der der Lagerströme. Darauf wird gesondert in Abschn. 5.3.1 eingegangen.

4.2.2 Kupplungselemente

In der Anbindung von Drehgebern an die Welle der Anwendung gilt es Rotationsenergie der Messwelle auf das Messsystem zu übertragen, d. h. die Drehbewegung an sich und das Drehmoment, das zum Betrieb des Drehgebers erforderlich ist.

Bei fremdgelagerten Anbaugebern und Kits können, unter Einhaltung der definierten Einbautoleranzen, die Rotor- und Stator-Komponenten von Drehgeber und Anwendung starr miteinander verbunden werden. In dieser Konstellation überträgt die Welle der Anwendung nur das Drehmoment, das erforderlich ist die Maßverkörperung des Drehgebers zu rotieren. Drehgeber mit Eigenlagerung hingegen erfordern beim Anbau die Verwendung von Kupplungselementen, da ansonsten die Ankopplung überbestimmt ist. Dabei gilt es, das gegebene Anlauf- und Betriebsdrehmoment zu überwinden. Weiterhin können und werden die Kupplungselemente auch erforderlich um Wellenverlagerungen auszugleichen – statische oder dynamische. Wellenverlagerungen können radial, axial und/oder angular auftreten (Abb. 4.4). Sie entstehen durch Fertigungs- und Montagetoleranzen, was zu Fluchtungsfehlern zwischen den Wellen führt. Auch Veränderungen während des Betriebs und die Güte des Rundlaufs der zu messenden Welle resultieren in Wellenverlagerungen. Werden keine ausgleichenden Maßnahmen eingeführt, kommt es unweigerlich zu Laufgeräuschen und in der Folge zu vorzeitigen Lager- oder Wellenschäden – dies trifft aufgrund der konstruktiven Konfiguration in der Regel zuerst den Drehgeber vor Elementen der Anwendung. Werden elastische Elemente in der Kupplung vorgesehen, können Drehmomentstöße ausgeglichen oder die Steifigkeit im System an dessen Anforderungen angepasst werden ([6]). Somit gilt: Für die Ankopplung des Drehgebers an die Anwendung ist eine Elastizität in radialer, axialer und/oder angularer Richtung erforderlich. Diese wird entweder zwischen den Wellen oder den Statoren angebracht. In torsionaler Richtung muss die Ankopplung möglichst steif sein, bzw. ist den Anforderungen der Anwendung entsprechend anzupassen.

Beim axialen Versatz handelt es sich um den Längenversatz oder eine Längenänderung entlang der Achse zwischen Antriebswelle und Drehgeberwelle. Dabei sind nicht nur die Werte zu beachten, die aus der Montage resultieren, sondern vor allem Längenänderungen, die sich durch den spezifischen Wärmeausdehnungskoeffizienten der Materialien bei Temperaturänderung ergeben. Insbesondere bei Motor-Feedback-Systemen ist in der Anwendung in Servomotoren dieser Effekt sorgfältig zu analysieren. Servomotoren sind kompakte Konstruktionen, in denen im Betrieb viel thermische Energie generiert wird. Ist dann das Loslager auf der B-Seite des Motors angeordnet, so überträgt sich die Wellenausdehnung der Motorwelle direkt in Richtung Motor-Feedback-System.

Angularer Versatz oder Winkelversatz entsteht, wenn die beiden Achsen in einem Winkel ungleich Null zueinanderstehen. Dieser entsteht vorwiegend während der Montage. Am Geber wirkt dieser Versatz vorwiegend als radiale Wellenbelastung.

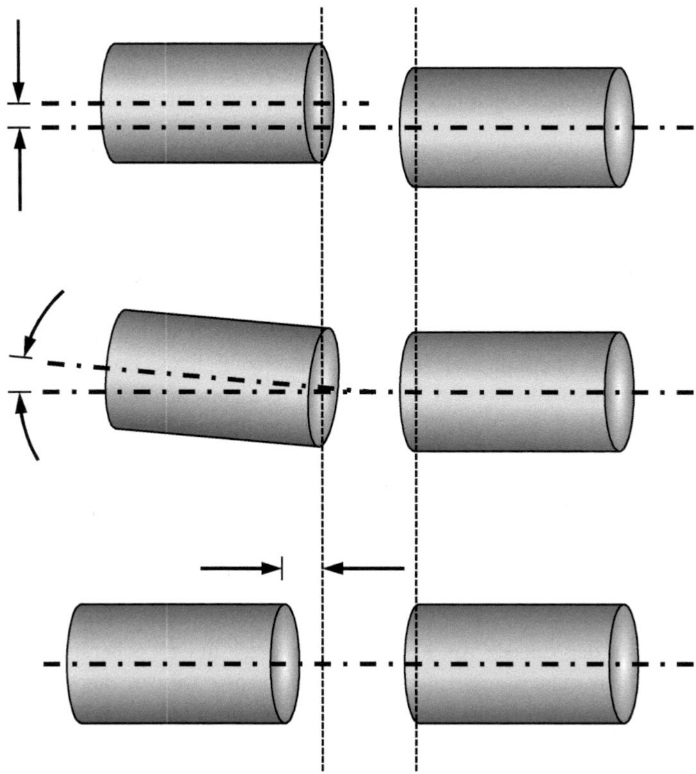

Abb. 4.4 Arten der Wellenverlagerung: oben – radial, mitte – angular, unten – axial

Radialer, bzw. lateraler Versatz entsteht durch eine parallele Verlagerung der beiden Wellen zueinander. Diese entsteht meist durch Montageungenauigkeiten und Bauteiltoleranzen. Am Drehgeber entsteht eine radiale Wellenbelastung.

Zum Ausgleich von Wellenverlagerungen kommen Kupplungselemente zum Einsatz. Diese müssen in der Lage sein die genannten Versätze auszugleichen und dabei eine definierte Torsionssteifigkeit aufweisen. Jede Verwindung (Torsion) des Kupplungselements führt direkt zu einem Winkelfehler. Insbesondere ist es wichtig, dass die Torsionseigenschaften der Kupplung für alle Beschleunigungsverhältnisse bekannt sind. Wird dieser Faktor im regelungstechnischen Design nicht berücksichtigt stört er das dynamische Verhalten der Anwendung (z. B. hochdynamische Servoachsen). Auch sind Hystereseeffekte unerwünscht.

Generell ist bei der Verwendung von Kupplungen zu beachten, dass diese Federelemente darstellen. So resultiert zusammen mit den anderen Elementen im System ein schwingungsfähiges Feder-Masse-System. Ihre Eigenfrequenz, bzw. Resonanzfrequenz ergibt sich aus folgender Beziehung [7]:

$$f = \frac{1}{2\pi} \sqrt{c_T \frac{J_A + J_L}{J_A \cdot J_L}} \qquad (4.3)$$

(f: Resonanzfrequenz in $[Hz]$; c_T: Torsionssteifigkeit der Kupplung in $[Nm/rad]$; J_A, J_L: antriebsseitige und abtriebsseitige Momente in $[kg \cdot m^2/rad]$)

Bei der Dimensionierung der Anwendung ist darauf zu achten, dass die Eigenfrequenz deutlich oberhalb der maximalen Drehzahl liegt. Dabei können die Resonanzfrequenzen für die drei Raumachsen in unterschiedlichen Frequenzbereichen liegen. Wird das System dauerhaft einer Resonanz ausgesetzt, ist mit Störungen der Funktion des Drehgebers oder gar dessen Ausfall zu rechnen. Um dies zu vermeiden sind hohe Resonanzfrequenzen der Kupplungselemente außerhalb des Betriebsbereichs der Anwendung (Drehzahl und Störungen) gewünscht. Umgesetzt wird das in der Regel durch eine möglichst hohe Torsionssteifigkeit c_T.

Man unterscheidet drei Arten von Kupplungen: starre, nachgiebige und schaltbare. Zentral für den Einsatz von Kupplungselementen in Drehgeberanwendungen ist deren Wellenverlagerungsausgleichsfunktion. Daher werden nur nachgiebige Kupplungen verwendet. Diese können nochmals in drehstarre (torsionssteif) und drehelastische (schwingungsdämpfend) Ausführungen aufgeteilt werden. In der Form der Ankopplung werden zwei Arten von Kupplungselementen unterschieden: Wellen- oder Statorkupplungen. Werden die Welle des Drehgebers und die Welle der Anwendung elastisch miteinander gekoppelt, wird das entsprechende Bauteil als Wellenkupplung bezeichnet. In dieser Konfiguration wird der Flansch des Drehgebers starr mit der Anwendung gekoppelt.

Eine Wellenkupplung [3, 7] dient der indirekten Verbindung zweier Wellen. Der Flansch des Drehgebers wird hart mit der Applikation verbunden. Wellenkupplungen werden über kraft- oder formschlüssige Welle-Nabe-Verbindungen an die Wellenenden montiert. Dabei kommen Präzisionskupplungen für Anwendungen mit Drehgebern zum Einsatz. Diese gibt es in den verschiedensten Ausführungen als drehsteife (Abb. 4.5) oder drehelastische (Abb. 4.6) Kupplung, z. B. Federscheiben-, (Metall-)Balg-, (Feder-)Steg-, Kreuzschieber- (Oldham-), Klauen- oder Doppelschlaufenkupplung oder in doppelkardanischem Aufbau – wobei die Bezeichnungen auch je nach Hersteller abweichen können. Tab. 4.1

gibt eine Übersicht zu wesentlichen Eigenschaften von Wellenkupplungen, die für den Einsatz in Drehgeberanwendungen gängig sind.

Wellenkupplungen brauchen keine statischen axialen Montagetoleranzen auszugleichen, sondern solche Verlagerungen, die sich durch Längenausdehnungen über Temperatur ergeben, sowie angularen und lateralen Versatz. Nachteilig bei Wellenkupplungen ist deren axiale Baulänge. Diese muss in der Anwendungskonstruktion ebenso beachtet werden wie für die Montage. Bei dynamischen Anwendungen muss deren Eignung kritisch geprüft werden. Speziell die Torsionssteifigkeit gilt es im Zusammenhang mit den sich ergebenden Momenten zu beachten. Der sich aus dieser Wertepaarung ergebende Winkelfehler wird an einem Beispiel näher betrachtet:

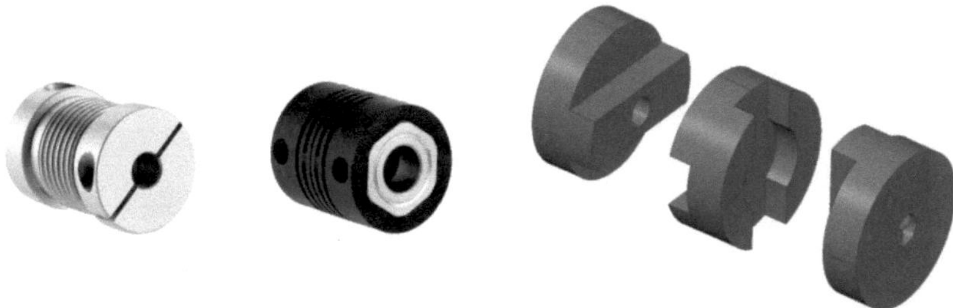

Abb. 4.5 Bauformen von Wellenkupplungen mit drehsteifer Kopplung: von links nach rechts –Metallbalg-, Steg- und Oldham-Kupplung. (Quelle: SICK AG, mit Ausnahme der Oldham-Kupplung)

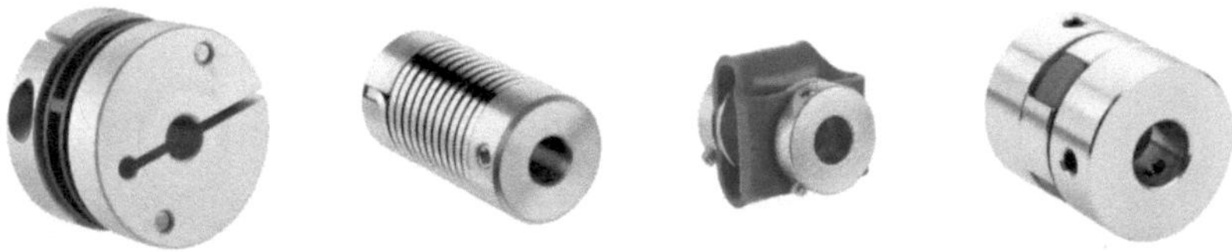

Abb. 4.6 Bauformen von Wellenkupplungen mit drehelastischer Kopplung: von links nach rechts – Federscheibe-, Feder-, Doppelschlaufen-, (elastische) Klauen-Kupplung. (Quelle: SICK AG)

Tab. 4.1 Übersicht Eigenschaften Wellenkupplungen für Drehgeberanwendungen (in Anlehnung an 8)

Ausführung	Drehsteifigkeit		Max. Drehzahl	Nenndrehmoment	Wellenausgleich		
	Starr	elastisch			axial	radial	angular
Metallbalg	✔		+	++	✔	✔	✔
Federsteg	✔		+	+	✔	✔	✔
Countex®-Kupplungsnabe	✔		+	o	✔	✔	✔
Klaue	✔	✔ (Elastomer)	++	++	✔	✔	✔
Kreuzschieber (Oldham)	✔	✔ (Elastomer)	+	+		✔	✔
Feder		✔	+	o	✔	✔	✔
Federscheibe		✔	+	o	✔	(✔)	✔
CONTROLFLEX® (Drehgeber-Kupplung)		✔	++	o	✔	✔	✔
Doppelschlaufe		✔	o	o	✔	✔	✔

Beispiel

Ein Drehgeber hat folgende Trägheitsmomente:

$$\text{Anlaufmoment} \qquad T_A = 0{,}5\,Ncm$$

$$\text{Betriebsdrehmoment} \qquad T_B = 0{,}3\,Ncm$$

Eine exemplarische Metallbalgkupplung hat die Torsionssteife:

$$C_T = 1.500\,\frac{Nm}{rad}$$

Mit dieser Komponentenpaarung ergibt sich ein Winkelfehler, φ_A, beim Anlauf einer Welle von:

$$\varphi_A = \frac{180}{\pi} \cdot \frac{T_A}{C_T} = \frac{180}{\pi} \cdot \frac{5\,mNm}{750\frac{Nm}{rad}} = 0{,}00038\,rad = 1{,}38''$$

und ein maximaler Winkelfehler bei drehender Welle von:

$$\varphi_B = \frac{180}{\pi} \cdot \frac{T_B}{C_T} = \frac{180}{\pi} \cdot \frac{3\,mNm}{750\frac{Nm}{rad}} = 0{,}00023\,rad = 0{,}83''$$

Für Präzisionsanwendungen ist diese Paarung nur mit Einschränkungen zu verwenden. ◄

Wird der Stator des Drehgebers und der Stator der Anwendung elastisch miteinander gekoppelt, wird das entsprechende Bauteil als Statorkupplung bezeichnet. In dieser Konfiguration werden die Wellen starr durch eine Welle-Nabe-Verbindung gekoppelt.

Statorkupplungen werden typischerweise als Federparallelogramm mit Festkörpergelenken ausgestaltet und kompensieren radiale und axiale Bewegungen der Antriebswelle, sind jedoch gleichzeitig torsionssteif ([9]). Auch werden eine Exzentrizität sowie Winkelfluchtungsfehler der Wellen des Antriebs- und des Messsystems ausgeglichen. Die Montage der Drehgeber ist vereinfacht. Die Drehgeberwelle wird in der Regel als Aufsteck- oder Durchgangshohlwelle ausgeführt (Abschn. 4.3.1.2) und mit einer starren Welle-Nabe-Verbindung versehen. Die Statorkupplung muss lediglich mittels Schrauben mit dem Stator der Anwendung verbunden werden. Ausführungen von Statorkupplungen basieren auf

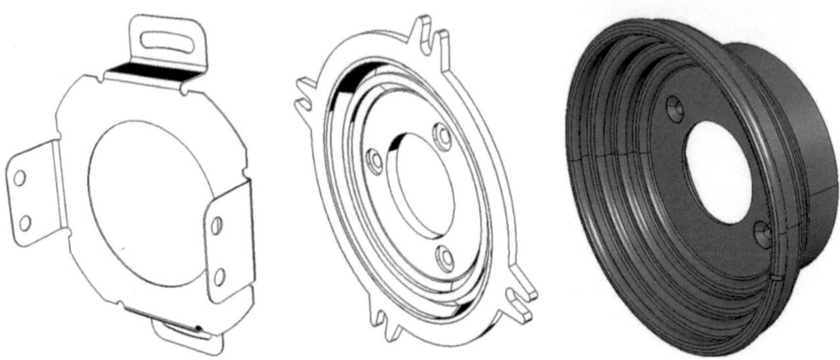

Abb. 4.7 Beispiele für Statorkupplungen: von links nach rechts – Federblechstütze, kombinierte Metall-Gummi-Kupplung, Gummimomentenstütze. (Quelle: in Anlehnung an SICK AG)

Stanz-Biegeblechen (Abb. 4.7), Gummiabstützungen oder einfachen Federarmen. (10)

Kupplungselemente werden aus metallischen Werkstoffen, Kunststoffelementen oder aus Hybriden daraus hergestellt. Bei den Statorkupplungen kommen, z. B. Federstahl, bei den Wellenkupplungen, z. B. Edelstahl oder Aluminium zum Einsatz. Kunststoffe bzw. Kunststoffelemente werden überwiegend für Wellenkupplungen, gelegentlich auch für Statorkupplungen eingesetzt. Diese werden aus Elastomeren (z. B. Gummi), Thermoplasten oder Faserverbundwerkstoffen hergestellt. Bei Wellenkupplungen sind, z. B. Klauen-Oldham-Kupplungen, mehrteilig aufgebaut. Die Verbindungselemente sind austauschbar und deren Elastizitätsgrad ist über die Materialauswahl in gewissen Grenzen anpassbar, wodurch der Grad der Systemsteifigkeit auf die Anwendung hin optimiert werden kann. Da Elastomere alterungs- und lastbedingtem Verschleiß unterliegen, hat es Vorteile, wenn diese austauschbar sind. Weiterhin können die Verbindungselemente aus Kunststoff, den Drehgeber elektrisch von der Anwendung isolieren (Abschn. 5.3.1) und thermisch entkoppeln.

Neben den Kriterien Bauraum und Montage entscheidet man sich für einen Kupplungstyp anhand der Dynamik (Drehzahl- und Beschleunigungsszenarien) der Anwendung. So werden bei dynamischen Antrieben die Wellen bevorzugt starr verbunden und eine Drehmomentenstütze als Statorkupplung eingesetzt, da die Torsionssteifigkeit von Wellenkupplungen deutlich geringer ist als die von Statorkupplungen (vgl. Gl. 4.3) ([11]).

Die Auswahl ist anhand der Anforderungen der Anwendung hinsichtlich Dynamik, Lastmoment des Drehgebers, Drehzahl, Präzision, etc. zu treffen. Auch Einsatzbedingungen (z. B. Temperaturbereich, Schock, Vibration), Umgebungsbedingungen (z. B. Medienkontakt) und Langzeitstabilität spielen eine wichtige Rolle. Weiterhin ist die Ein- bzw. Anbausituation zu betrachten. So sind z. B. die Momente, die durch die Verkabelung eingebracht werden (Zugbelastung, Eigengewicht von Kabel und Anschlussstecker) bei der Anbindung über eine Statorkupplung nicht zu vernachlässigen. Bei axialem Abgang kann eine angulare Belastung, bei radialem oder tangentialen Kabelabgang zusätzlich eine rotatorische Belastung eingebracht werden, die direkt zu einem Winkelfehler führen. Bei Wellenkupplungen ist auf deren Massenträgheitsmoment zu achten.

Die Ausgleichsfunktion der Kupplung erfolgt in der Regel nicht frei von Kräften, sodass Rückstellmomente entstehen, was zu einer Belastung der Lager führt. Auch sollte die Kupplung möglichst frei von Spiel sein, da dies unerwünschte Hysterese in das System einbringt.

Die Torsionssteifigkeit ist aus regelungstechnischer Sicht zu bewerten. Drehstarre Kupplungen leiten Drehmomente und Drehmomentstöße von der Anwendung ungedämpft an den Drehgeber weiter. Auch wenn dies in der Positioniergenauigkeit vorteilhaft sein kann, so kann dies die Schwingungsneigung im System nachteilig begünstigen, was z. B. bei Werkzeugmaschinen zu verminderter Qualität einer bearbeiteten Oberfläche führen kann. Die Dämpfung von Drehmomentstößen, Schocks und Vibrationen verlängert die Lebensdauer von Drehgebern. Entsprechend gilt nicht der pauschale Ansatz, wonach Kupplungen eine möglichst hohe Torsionssteifigkeit aufweisen müssen. Somit haben drehelastische Kupplungen durchaus Vorteile.

Für sicherheitsgerichtete Anwendungen können zusätzliche Anforderungen an die Kupplungselemente gerichtet werden (Abschn. 5.1.2). Gängig ist eine Überdimensionierung der mechanischen Parameter. Für sichere Welle-Nabe-Verbindungen kann es erforderlich sein, dass Wellenkupplungen Nuten für Passfedern bereitstellen müssen.

4.2.3 Multiturn-Module

4.2.3.1 Allgemeines zu Multiturn Drehgebern

Für viele Anwendungen reicht ein Absolutgeber mit einem Messbereich von einer Umdrehung nicht aus. Ein Beispiel aus dem Alltag ist die mechanische Uhr. Stünde nur die Information eines Zeigers zur Verfügung, wäre dies wenig hilfreich. Erst durch die Aufteilung in Sekunden-, Minuten- und Stundenzeiger steht die gewünschte Information über die Zeit eines halben Tages zur Verfügung (Messbereich: ½ Tag; Auflösung: 1 s). Dabei sind die Zeiger über Untersetzungsgetriebe miteinander verbunden – vom Sekundenzeiger zum Minutenzeiger mit 60:1 und vom Minuten- zum Stundenzeiger wiederum mit 60:1. Im industriellen Bereich ist das klassische Beispiel das einer rotativen Achse, die über eine Spindel eine lineare Bewegung durchführt. Wird die rotative Achse nur mit einem Singleturn Drehgeber erfasst, hat man einen linearen Messbereich, der sich aus der Spindelsteigung ergibt. Wird über einen Multiturn-Drehgeber die rotative Bewegung erfasst, ergibt sich ein Messbereich über mehrere Spindelsteigungen hinweg, idealerweise über den gesamten linearen Verfahrbereich.

Im Regelbetrieb wird ein Drehgeber durch eine externe Stromversorgung mit Energie versorgt. In diesem bestromten Zustand kann eine Multiturn-Information dadurch gewonnen werden, dass Umdrehungen über eine Steuerung oder den Drehgeber selbst, erfasst werden. Problematisch ist es, wenn die Anlage bzw. der Drehgeber von der Spannungsversorgung getrennt wird und beim Einschalten sofort die absolute Information über mehrere Umdrehungen hinweg zur Verfügung stehen muss. Gemäß dem Grundsatz bei Singleturn-Absolutgebern gilt auch hier die Annahme, dass sich die Achse während des stromlosen Zustands bewegt hat, bzw. die Umdrehungsinformation, die vor dem Ausschalten bestand, aus anderen Gründen nicht mehr gültig ist. Beim Einschalten liest der Drehgeber die Multiturn-Information aus einem Speicher und verknüpft diese mit der Singleturn-Information zu einem Multiturn-Datenwort. Zur Umsetzung der Multiturn-Funktion bedarf es daher zwingend einer autarken Energiequelle, die dann Energie aktiv bereitstellt, wenn die externe Stromversorgung nicht zur Verfügung steht aber eine Bewegung an der Welle stattfindet und detektiert werden muss.

Mehr oder weniger weit verbreitet sind drei verschiedene Technologien zur Realisierung der Energiequelle (2, 1). In Europa und den Amerikas wird überwiegend ein mechanischer Speicher basierend auf einem Getriebemechanismus eingesetzt (vgl. mechanische Uhr). Dieser Ansatz kann ebenso wie das magnetosensorische System des Domänenzählers den stromlosen, absolut codierten Multiturn-Technologien zugeordnet werden. Mit batteriegestützten Technologien wird traditionell und überwiegend im asiatischen Raum gearbeitet. Recht neu auf dem Markt sind Ansätze, die auf dem sogenannten „Energy Harvesting" (dt.: „Ernten von Energie") basieren.

Davor sei noch auf eine Unterscheidung der Ansätze hingewiesen. Stromlos, absolut codierte Technologien können zu jeder Zeit eine Absolutposition darstellen. Demgegenüber realisiert man mit den anderen Technologien zählende Systeme, die auf ein externes Ereignis hin einen Zählerstand inkrementieren oder

Tab. 4.2 Eigenschaften von Multiturn-Modulen

Eigenschaft	Physikalisches Wirkprinzip	Energiequelle	Information	Informationsspeicher
Mechanisches Getriebe	Mechanisch	Lageenergie	Code	Mechanisches Getriebe
Domänenzähler	Magnetisch	Magnetische Energie	Code	Domänenwandenergie
Batterie-Pufferung	Elektrisch	Batterie/ Akkumulator/ Kondensator	Zählerstand	Nichtflüchtiger Halbleiterspeicher
Wiegand-/ Impulsdraht	Induktiv	Magnetische Energie	Zählerstand	Nichtflüchtiger Halbleiterspeicher
Mikrogenerator	Induktiv	Magnetische Energie	Zählerstand	Nichtflüchtiger Halbleiterspeicher

dekrementieren. Diese werden einmalig initialisiert, um von dem Referenzpunkt aus umdrehungszählend weiterzuarbeiten. Bei zählenden Systemen besteht immer die Gefahr, dass es zu Zählfehlern kommt, die nur durch eine Neuinitialisierung korrigiert werden können. Allerdings sind die jeweiligen Technologien sehr weit fortgeschritten, sodass die Zählfehlerwahrscheinlichkeit sehr gering ist. Absolut kodierte Systeme haben dieses Problem nicht. Voraussetzung dazu ist auch, dass die Singleturn-Einheit und das Multiturn-Modul nie getrennt werden. Dieser Hinweis bezieht sich insbesondere auf Drehgeber-Kits.

Tab. 4.2 gibt eine Übersicht zu wesentlichen Eigenschaften der im folgenden näher beschriebenen Multiturn-Module.

4.2.3.2 Stromlos, absolut codierte Multiturn-Module

Bei stromlosen, absolut codierten Multiturn-Module wir keine elektrische Energie für deren Funktion benötigt. Die zwei bekanntesten Implementierungen verwenden mechanische bzw. magnetische Energiequellen. Die Information innerhalb des gesamten, aber begrenzten Multiturn-Messbereichs kann direkt in ein Codewort umgewandelt werden und basiert dabei nicht auf einem Zählerstand, der durch Drehung der Welle inkrementiert oder dekrementiert werden muss.

Kern eines getriebebasierten Multiturns ist ein an der Drehgeberwelle angekoppeltes Untersetzungsgetriebe. Wie in Abb. 4.8 graphisch für einen Multiturn dargestellt, wird die Getriebebaugruppe so ausgelegt, dass sich an verschiedenen Stufen im Getriebe ganzzahlige Untersetzungsverhältnisse ergeben. An den entsprechenden Zahnrädern wird ein Singleturn-Sensorsystem angeordnet. Als de

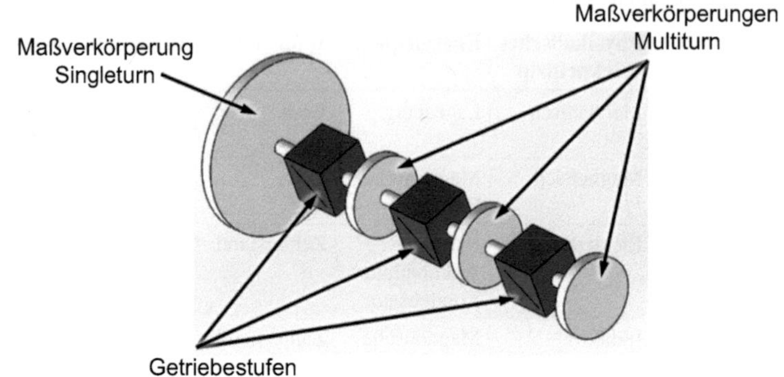

Abb. 4.8 Schematische Darstellung eines getriebebasierten Multiturns

facto Standard hat sich ein getriebebasierter Multiturn mit einem Messbereich von 4096 Umdrehungen etabliert (= 2^{12}). Allerdings ist es bisher nicht möglich dieses Untersetzungsverhältnis mit nur einer Stufe zu realisieren, sodass der Messbereich durch die Kaskadierung mehrerer, gleichartiger Stufen erreicht wird. Waren bis vor einigen Jahren vier 8:1 Stufen üblich ($8^4 = 4096$), so ist es durch den Fortschritt in der Sensorik heute möglich dies mit drei Stufen von 16:1 umzusetzen ($16^3 = 4096$). Ist das Ende des Messbereichs erreicht, so kommt es zu einem Überlauf im Absolutcode, gerade so, wie bei einem absoluten Singleturn nach einer Umdrehung.

Beispiel

Auch wenn sich ein Messbereich von 4096 gering anhört, so muss ein Antrieb mit 12000 UPM doch über 20 s in eine Richtung drehen, um den gesamten Messbereich zu durchfahren. ◄

Als Sensorik kommen bevorzugt optische und magnetische Funktionsprinzipien zum Einsatz. Beim optischen Multiturn werden absolut-kodierte Miniatur-Codescheiben auf die entsprechenden Zahnrädern aufgebracht und dort abgetastet. Bei den magnetischen Multiturn Realisierungen (Abb. 4.9) befinden sich entsprechend Magnete auf den Zahnrädern, die mit Magnetfeldsensoren erfasst werden.

Die Getriebe bestehen meist aus geradverzahnten Zahnrädern. Die Ankopplung der Getriebebaugruppe an die Drehgeberwelle wird oft ebenfalls über ein

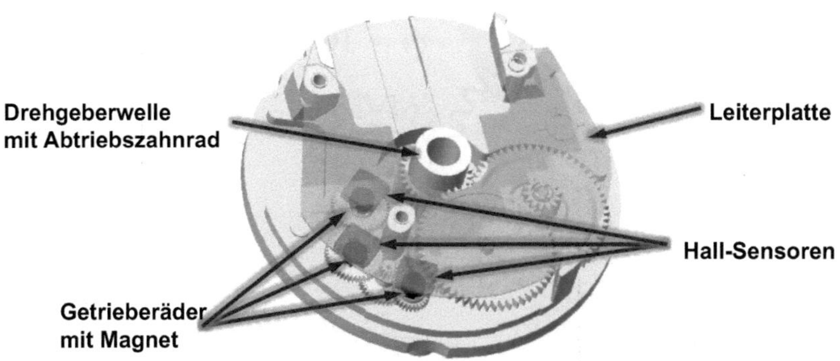

Abb. 4.9 Schematisierte Darstellung eines getriebebasierten, magnetischen Multiturns. (Quelle: in Anlehnung an SICK AG)

geradverzahntes Zahnrad realisiert, alternativ über eine Schneckenrad-Verbindung ([12]). Dies ist dann sinnvoll, wenn der Bauraum für das Getriebe begrenzt ist. Durch ein kleines Abtriebszahnrad und ein ungünstiges Übersetzungsverhältnis könnte die Umlaufgeschwindigkeit für die erste Getriebestufe zu hoch werden. Diese Fragestellung ergibt sich nicht nur bei Drehgebern kleiner Bauform, sondern auch bei größeren Drehgebern mit großen Hohlwellen. Die Getrieberäder werden direkt auf einfache Getriebestifte aufgesteckt (vgl. Gleitlager). Alternativ werden das Abtriebszahnrad bzw. die ersten Getriebestufen mit Miniatur-Wälzlagern versehen.

Neben der kaskadierten Realisierung des Getriebes, die eben beschrieben wurde, gibt es alternativ eine Nonius-Konfiguration (Abb. 4.10). Hierbei wird nicht ein Getriebezug realisiert, sondern die Drehgeberwelle treibt (im einfachsten Fall) zwei unabhängige Zahnräder mit geringfügig unterschiedlicher Zahnteilung an. Die Messwerte werden analog zu einem Singleturn-Nonius-System verrechnet (Abschn. 2.4.2). Auch wenn der mechanische, sensorische und elektronische Aufwand bei dieser Multiturn Version deutlich geringer ist als bei der kaskadierten, so lassen sich nur kleine Messbereiche realisieren.

Das magneto-sensorische System des Domänenzählers wurde in Abschn. 3.2.4 in seinen Grundzügen im Detail beschrieben. Abb. 4.11 zeigt eine gängige Konfiguration mit einem diametral magnetisierten Zylindermagnet. Auch wenn die Technologie landläufig, als Domänenzähler bezeichnet wird, hat es keine Zählfunktion. Durch die sich ergebenden Widerstandsverhältnisse in den Spiralarmen der magnetischen Nanostruktur kann jederzeit ein „Code" ermittelt werden, der

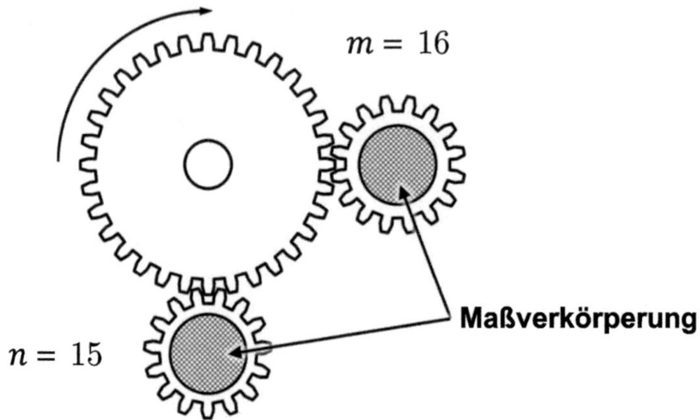

Abb. 4.10 Multiturn mit Nonius-Codierung

direkt Rückschluss auf die Anzahl der durchlaufenen Umdrehungen gibt, sodass er auch als echter Power-on-Multiturn-Sensor bezeichnet wird.

Selbstredend, solange alle Systemkomponenten eines stromlos, absolut codierten Multiturn-Moduls in ihrer angestammten Konfiguration erhalten werden, so

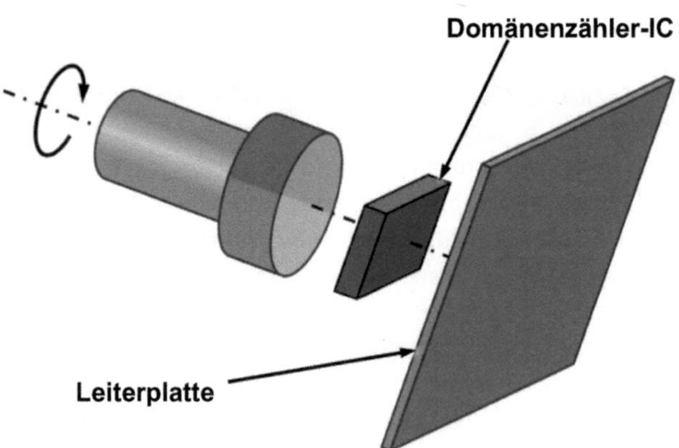

Abb. 4.11 Domänenzähler in der Anwendung

lange ist das System absolut. Wird ein Zahnrad aus dem Eingriff gebracht verliert ein Getriebe-Multiturn ebenso seine Absolutposition wie der Domänenzähler, wenn Magnet und Sensorchip voneinander getrennt werden.

4.2.3.3 Batterie-gepufferter Multiturn

Batterie-gepufferte Drehgeber sind prinzipiell gleich aufgebaut wie ein Singleturn-Drehgeber. Ergänzt wird dieser durch einen elektrischen Energiespeicher und eine Energiemanagement-Schaltung. Der Energiespeicher ist meist eine Batterie. Alternativ, kann auch ein Akkumulator oder ein anderer Energiespeicher mit hoher elektrischer Kapazität, z. B. ein Super-Kondensator eingesetzt werden. Dann muss die Energiemanagement-Schaltung noch durch eine Ladeschaltung ergänzt werden. Das Konzept an sich wird für den Einsatz von Batterien beschrieben.

Erkennt die Energiemanagement-Schaltung, dass die Hauptversorgung vom Drehgeber getrennt wurde, schaltet sie auf Batterieversorgung um. In diesem Zustand wird die Drehgeber-Sensorik nicht permanent betrieben, sondern in zeitlich definierten Intervallen und mit möglichst wenigen Verbrauchern. Ist die Schaltung aktiv tastet sie die Sensorik ab und vergleicht den Messwert mit dem aus dem vorigen Messvorgang. Hat sich eine Positionsänderung größer einem vorgegebenen Schwellwert ergeben, so wird diese verarbeitet (z. B. Anpassung eines Zählerstandes). Auf diese Weise wird eine Bewegung der Welle über mehrere Codesegmente bzw. mehrere Umdrehungen nachgeführt.

Der Energiespeicher wird nur belastet, während des aktiven Zustands des Messintervalls. Ziel in der Umsetzung ist eine möglichst hohe Lebensdauer der Drehgeberbatterie zu erreichen. Relevant sind hier die Dauer der aktiven Messphase und die des Messintervalls. Die Dauer der Messphase definiert sich aus der Sensorik, der Signalverarbeitung (z. B. Filter) und des Werte-Speichermanagements. Das Messintervall ergibt sich aus der maximal zulässigen Drehzahl im spannungslosen Zustand und dem zu beobachtenden Messbereich. Je höher die Drehzahl oder je kleiner der relevante Messbereich der batterie-gepufferten Sensorik ist, desto kürzer muss das Messintervall gewählt werden. Einige Umsetzungen orientieren sich nicht ausschließlich an der maximal zulässigen Drehzahl, sondern adaptieren das Messintervall an die tatsächliche Drehzahl der Welle.

Die zugrunde liegende Sensorik kann grundsätzlich auf allen in Kap. 3 beschriebenen Funktionsprinzipien basieren. Gelegentlich wird die eigentliche Singleturn-Sensorik verwendet. Diese muss dann, in der Zeit, in der keine externe Energieversorgung bereitsteht in einem speziellen Energiesparmodus betreibbar sein. Effektiver, mit Blick auf die elektrische Energie, ist aber der Einsatz eines dedizierten Moduls. Nur dieses wird im spannungslosen Zustand von der Batterie versorgt und kann in Hinblick auf Auswertegeschwindigkeit, Energiebedarf und Messbereich optimiert werden.

Eine spannende Frage ist immer die nach dem Ort des Energiespeichers. Wird die Batterie mit im Drehgeber verbaut, so muss diese allen Betriebsbedingungen denen der Drehgeber ausgesetzt ist, standhalten. Dies ist insbesondere bei Motor-Feedback-Systemen, speziell aufgrund des hohen Temperaturbereichs kritisch (sehr niedrige bis sehr hohe Betriebstemperatur; Abschn. 5.3). Wird die Batterie an der Steuerung platziert so sind zusätzliche Leitungen für die Hilfsversorgung einzusetzen. Neben dem zusätzlichen Aufwand sind Leitungsverluste zu beachten, welche die Batterielebensdauer reduzieren. Auch im EX-Bereich kann der Einsatz von Batterien kritisch, sogar regulatorisch verboten sein. Typischerweise gehen Anwender nicht davon aus, dass die Batterie während der Lebensphase des Drehgebers gewechselt wird. Speziell wenn die Batterie im Drehgeber verbaut ist, würde ein Batteriewechsel zu hohen Servicekosten führen. Somit muss das System für mehrere Jahre Betriebszeit ausgelegt werden.

Alternativ zu einem systeminternen Messintervall-Timer kann die Elektronik durch einen Schalter aktiviert werden. Im Drehgeberbereich werden dazu Reed-Schalter eingesetzt (Abschn. 3.2.4). Auf der rotierenden Achse wird ein Magnet angebracht. Befindet dieser sich unter dem Reed-Schalter, schließt dieser einen elektrischen Kontakt. Die elektronische Schaltung wird aktiviert, prüft die Winkelposition auf relevante Änderungen und aktualisiert bei Bedarf einen Zählerstand. Erst wenn der Magnet wieder den Reed-Schalter freigibt, wird die Schaltung spannungsfrei gesetzt.

4.2.3.4 Energy Harvesting basierte Multiturn-Module

Unter Energy Harvesting versteht man den Ansatz, elektrische Energie aus der Umgebungsenergie zu gewinnen (ernten). Auf dieser Basis lassen sich Systeme realisieren, die ohne Getriebe oder Batterie (alternativ Super-Kondensatoren) oder leitungsgebundener Energieversorgung arbeiten. Beispiele für Energy Harvesting Energiewandler sind elektromagnetische Wandler (bewegte Magnete induzieren Strom in einer Spule), Piezogeneratoren (Kräfte an Kristallen erzeugen elektrische Energie), Thermogeneratoren (Nutzung von Wärmeunterschieden) oder Photovoltaikzellen (Lichtenergie wird in elektrische gewandelt).

Prominentestes Beispiel für den Einsatz von Energy Harvesting im Zusammenhang mit Multiturn Drehgebern ist eines, das auf dem elektromagnetischen Prinzip des Wiegand-Drahts basiert (Abschn. 3.2.4). Der entsprechende Sensor wird als Wiegand-Sensor bezeichnet (Abb. 4.12).

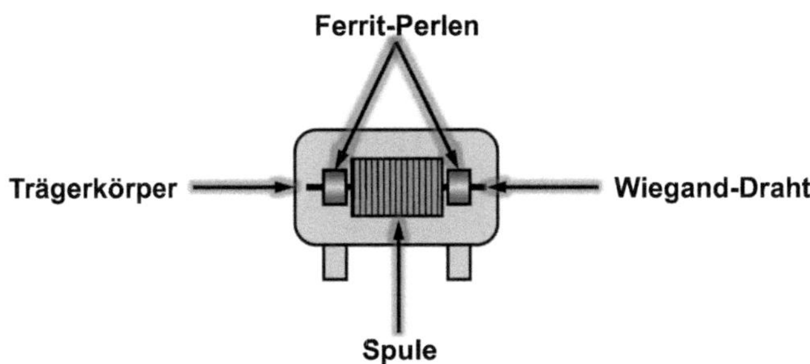

Abb. 4.12 Wiegand-Sensor

Zur Nutzung des Wiegand-Effekts in einem Drehgeber wird ein Permanent-magnet auf die Drehgeberwelle montiert. Der Wiegand-Sensor (Baugruppe aus Wiegand-Draht, Spule, Magnetleitelementen[1] und Trägerkörper) wird so ange-bracht, dass sich durch Drehung des Magneten am Sensor ein magnetisch sich änderndes Feld ergibt. Die vom Wiegand-Sensor induzierte elektrische Energie wird mittels eines Kondensators gespeichert. Die nachfolgende Sensorschal-tung ist so ausgelegt, dass solange die Energie verfügbar ist der Zählerstand eines elektronischen Speichers abhängig von der Zählrichtung inkrementiert oder dekrementiert wird. Da anhand der Wiegand-Sensorik an sich die Drehrichtung der Drehgeberwelle nicht erkannt werden kann, wird dem System ein zusätzlicher Magnetsensor (meist ein Hall-Sensor) hinzugefügt, der diese Funktion erfüllt. Als elektronischer Speicher wird ein FRAM (engl.: „ferroelectric random access memory") verwendet, der sehr wenig Energie für Schreib- und Lesevorgänge benötigt, Schreibzugriff auf einzelne Speicherstellen erlaubt und nicht-flüchtig ist. Eine dedizierte Schaltung steuert die Vorgänge. Sobald durch den Induk-tionspuls Energie anliegt, erfasst die Schaltung den Zustand des Hall-Sensors, liest einen Zählwert aus dem Speicher und schreibt einen neuen Zählerstand zurück – alles solange elektrische Energie zur Verfügung steht. Dies geht auto-nom und autark vor sich. Es ist essentiell, dass die elektronische Schaltung mit geringsten Mengen an elektrischer Energie auskommt und bei möglichst gerin-gen elektrischen Spannungen zuverlässig arbeitet – induzierte Impulse typischer Wiegand-Sensoren liefern, abhängig von den Dimensionen des Wiegand-Drahtes

---

[1] Als Magnetleitelemente werden z. B. Ferritperlen verwendet, die auf die Enden des Wiegand-Drahts aufgebracht werden.

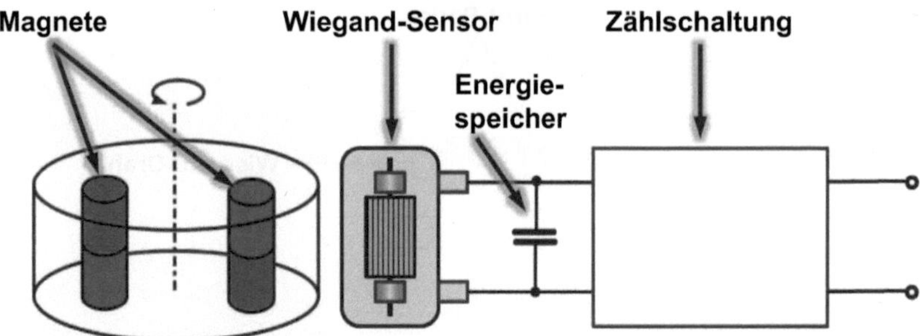

Abb. 4.13 Wiegand-Effekt-Sensor mit magnetischer Maßverkörperung, Wiegand-Sensor, Energiespeicher und Auswerte-Zählschaltung

und der Anzahl der Windungen der Spule[2] Spannungen größer 5 V (auch größer 10 V), dies aber nur für ca. 10 μs mit einem Energiegehalt in der Größenordnung von 200 nJ (Forschungsarbeiten forcieren die Werte hin zu größeren Energien[3]). Wird die Drehgeberschaltung mit externer Spannung versorgt, so kann sie auf den Zählerstand des FRAM zugreifen und eine absolute Multiturn-Position bilden. Abb. 4.13 zeigt einen Wiegand-Sensor in einem schematischen Aufbau zur Verwendung des Prinzips in einem Drehgeber. Beim Drehgeberaufbau findet sich eine Schutzhaube über dem Wiegand-Sensor. Diese ist notwendig, um das System vor störenden externen Magnetfeldern zu schützen. Das System ist nicht in der Lage zu unterscheiden, ob Zählimpulse durch Drehgeberbewegungen oder durch Störfelder generiert wurden.

Alternativ kann man mehrere Magnete in wechselnder magnetischer Polung an einer Codescheibe anbringen. Auf diese Weise werden nicht explizit Umdrehungen gezählt, sondern Segmente. Dabei kann die Codierung innerhalb der Segmente identisch sein. Auf diese Weise weist man jedem Segment quasi eine Zählkennung zu und kann so ebenso einen Multiturn-Absolutgeber realisieren. Diese Konfiguration bietet sich speziell bei Drehgebern großer Bauform an (Abb. 4.14).

---

[2] Die Anzahl der Windungen kann nicht beliebig groß gewählt werden, da mit der Drahtlänge der Innenwiderstand zunimmt und mehr Bauraum erforderlich ist. Der Bauraum ist u. a. deshalb von Belang, da der Abstand zwischen Wiegand-Draht und Magnet nur in engen Grenzen dimensioniert werden kann.

[3] Zum Stand 2025 sind bereits Energien über 1 μJ erreichbar. Diese Systeme sind allerdings bevorzugt für Anwendungen aus dem IoT-Bereich ausgelegt (engl.: „Internet-of-Things").

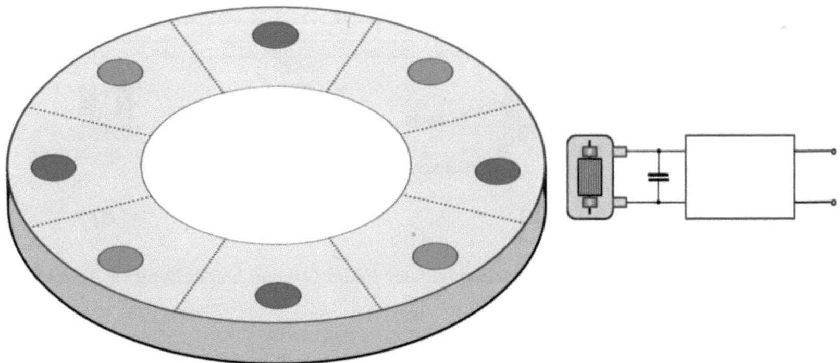

Abb. 4.14 Wiegand-Sensor zur Abtastung einer großen Hohlwelle

Es gibt verschiedene technische Ausprägungen zur Generierung elektrischer Energie basierend auf einem magnetisch-induktiven Mikrosystem mit beweglichen Elementen, die daher auch als Mikrogeneratoren bezeichnet werden. Durch das Zusammenwirken von Permanentmagneten mit einem Spulenmodul werden bei Drehung in einem Drehgeber Spannungsimpulse generiert. Die elektrische Energie ist dabei ausreichend groß, dass eine speziell ausgelegte Elektronik betrieben werden kann, die die Bewegung erfasst und die Bewegungsänderung geeignet speichert.

In einer ersten Ausprägung wird eine Flachformfeder aus ferromagnetischem Material in eine Spule als Kern eingebracht, dass sie sich an einem Ende frei schwingend in der Richtung der Drehung bewegen kann (Abb. 4.15). Dieses Spulenmodul ist am statischen Teil des Drehgebers fixiert. Die Feder interagiert mit einem Magnetmodul, das auf dem Rotor des Drehgebers angebracht ist. Nähert sich das Magnetmodul der Feder entlang deren Bewegungsrichtung, wird diese in Richtung des Magneten ausgelenkt sobald die Magnetkraft die Rückstellkraft der Feder übersteigt. Bewegt sich der Magnet weiter entlang der Bewegungsrichtung folgt die Feder der Bewegung bis auf der gegenüberliegenden Seite die Federrückstellkraft die magnetische Haltekraft übersteigt. Ist dieser Punkt erreicht, reißt sich die Feder vom Magneten los und schwingt in ihre Ausgangsstellung zurück. Durch die sprunghafte Änderung der Verhältnisse im magnetischen Kreis (großes $d\Phi/dt$) ergibt sich gemäß Induktionsgesetz über der Spule ein Spannungsimpuls. Ist Energie aufgrund des Spannungspulses vorhanden so wird ein lowest-power Elektronikmodul aktiviert. Dieses wertet relevante Informationen aus, aktualisiert einen Zählerstand eines nicht-flüchtigen Halbleiterspeicherelements (z. B.

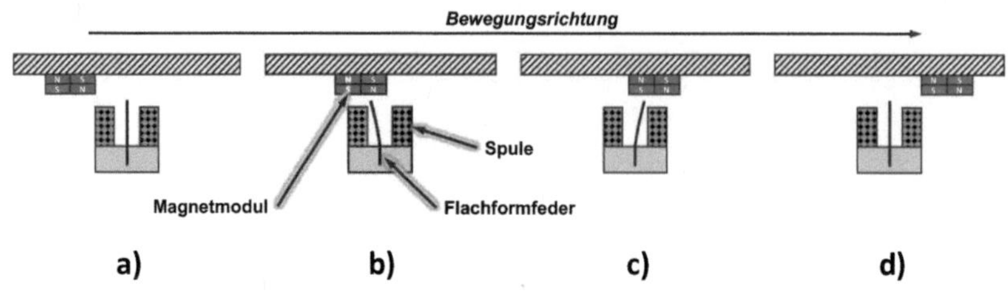

Abb. 4.15 Mikrogenerator mit freischwingender Feder (eigene Darstellung in Anlehnung an [15])

FRAM) und geht wieder in den Ruhemodus. Bei Anlegen einer Primärspannung wird durch die Singleturn-Elektronik auf den Inhalt des Speichers zugegriffen, um den aktuellen Zählerstand zu verarbeiten. ([15, 16]).

Ein weiterer Ansatz für einen Mikrogenerator nutzt ein bistabiles Schnappelement als mechanisch bewegliche Komponente (Abb. 4.16). Auf einem Drehteller ist wiederum ein Magnetmodul aufgebracht. Am statischen Teil ist das Schnappelement befestigt, auf dem ein weiteres Magnetmodul aufgebracht ist, dieses Magnetmodul kann in eine Spule eintauchen. Bewegt sich nun das Magnetmodul des Drehtellers in die Nähe des Magnetmoduls am Schnappelement, kippt dieses in dem Moment von der ersten in die zweite stabile Stellung in dem die magnetische Kraft größer wird als die mechanische Rückhaltekraft. Durch die schnelle Bewegung des Magnetmoduls in die Spule wird ein Energieimpuls generiert. Dreht sich der Drehteller mit seinem Magnetmodul weiter, so gibt es einen zweiten Punkt, an dem die mechanische Rückstellkraft des Schnappelements wieder stärker wird als die schwindende Magnetkraft. Das bewegliche Magnetmodul schnappt mit dem Schnappelement zurück und ein weiterer invers gepolter energetischer Impuls wird generiert ([17]).

Eine Abwandlung des eben beschriebenen Ansatzes ist optimiert für Drehgeber mit einem axial-zentrisch angeordneten Magnet (Abb. 4.17). Ein Modul bestehend aus einer ringförmigen Spule die zentrisch um die Drehachse angeordnet ist, hält über Federelemente einen diametral magnetisierten Magneten. Der bewegliche Magnet kann zwei stabile Stellungen innerhalb der Spule annehmen. Ein zweiter Diametralmagnet ist auf der Drehgeberwelle angeordnet. Sind die Magnetisierungsrichtungen der beiden Magnete gleich orientiert, stoßen sie sich ab, der bistabil angeordnete Magnet bewegt sich weg vom Drehachsmagneten. Sind die Magnetpole gegensinnig angeordnet, ziehen sich die Magnete an. Die Übergänge von der einen stabilen Stellung des beweglichen Magneten in die

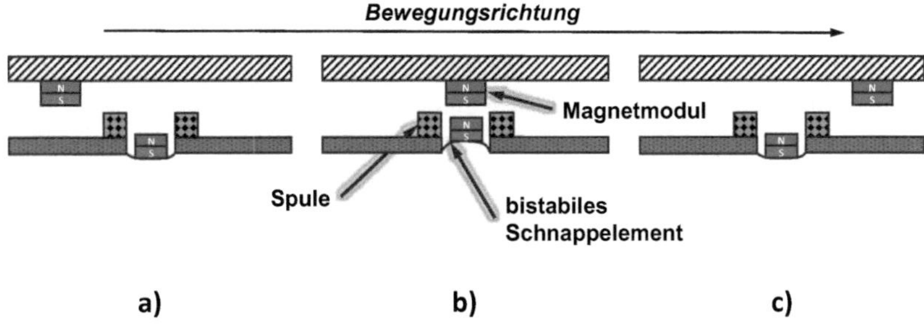

Abb. 4.16 Mikrogenerator mit Schnappelement (eigene Darstellung in Anlehnung an [17])

andere und umgekehrt gehen ruckartig vor sich. Die magnetischen Verhältnisse ändern sich bei jeder Bewegung in der Spule und es wird jeweils ein Induktionspuls generiert, der wiederum eine lowest-power Schaltung mit elektrischer Energie versorgt ([18]).

Alternativ zu induktiven Prinzipien kann in Mikrogeneratoren ein Piezo-Element als mechanisch-elektrischer Wandler zum Einsatz kommen. Beim Piezo-Effekt wird eine elektrische Spannung generiert, wenn das Element unter mechanischem Stress steht (Druck, Zug). Die mechanische Belastung kann in einem Drehgeber berührend-mechanisch umgesetzt werden. Dazu wird ein Piezoplättchen am Stator angebracht, das durch eine Erhebung an der Welle bei Berührung ausgelenkt und schnappend wieder entlastet wird ([19, 20]). In einem anderen Ansatz sind am Stator ein oder mehrere Piezoelemente angebracht, die in radialer Richtung mit einem Magneten versehen sind. An der Drehgeberwelle sind ebenfalls ein oder mehrere Magnete angebracht. Aufgrund der magnetischen

Abb. 4.17 Mikrogenerator mit zentrischer Magnetanordnung (eigene Darstellung in Anlehnung an [18])

Kraft ziehen sich die Magnete auf der Welle und die am Stator entweder an oder stoßen sich ab. Die dadurch in den Piezoelementen entstehende Druck- oder Zugbelastung generiert elektrisch-energetische Pulse.

Eine altbekannte Technik zur Wandlung mechanischer Energie aus einer Drehbewegung in elektrische sind die des Generators oder des Dynamos. Das magnetisch-induktive Prinzip, das auch dem Energy Harvesting zugeordnet werden kann, kann auch in einen Drehgeber integriert werden ([13]). Insbesondere durch clevere Auslegung des magnetisch-induktiven Systems mittels SMD-Spulen und einer Vielzahl kleiner geeigneter Magnete kann die Kompaktheit des Sensors gewahrt bleiben ([14]). Kritisch in der Anwendung ist jedoch, dass auch bei langsamer Drehgeschwindigkeit genügend Energie erzeugt wird, um eine Elektronik betreiben zu können – die magnetische Flussänderung ist stark abhängig von der Drehzahl. Daher eignet sich der dynamometrische Ansatz nur bedingt für Multiturn-Module außer für die Ladung eines elektrischen Speichers (Akkumulator, Superkondensator) (Abb. 4.18).

Der dynamometrische Ansatz kann in Nischenanwendungen dazu eingesetzt werden einen kabellosen Drehgeber zu realisieren. Die dynamometrisch generierte und gespeicherte Energie kann dazu eingesetzt werden Daten oder Zustände per drahtloser Verbindung zu übermitteln. Auch für Anwendungen, die ohnehin eine hohe aktive Betriebsdauer aufweisen und Winkelinformation nicht in Echtzeit übertragen werden muss bzw. nur Grenzwerte (z. B. Drehzahl, Temperatur) zu übertragen sind bietet sich dieser Ansatz an.

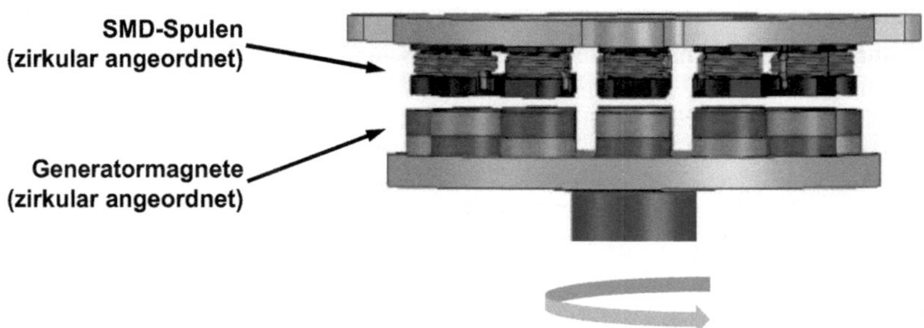

Abb. 4.18 Dynamo integriert in Drehgeber (eigene Darstellung in Anlehnung an [13])

4.2.4 Sensorelektronik und Signalverarbeitung

Elektronische Komponenten finden sich in allen Drehgebern außer den elektromechanischen Resolvern (Sensorelektronik ist ausgelagert; Abschn. 3.3.3) und den meisten resistiv-potentiometrischen Systemen. Neben der Sensorelektronik finden sich in mechatronischen Drehgebern auch Softwarekomponenten für die Signalverarbeitung. Abb. 4.19 zeigt den typischen Signalfluss eines Sensors.

Sensorelemente liefern zeit- und amplitudenkontinuierliche Informationen. In Drehgebern sind das, je nach verwendetem sensorischem Wirkprinzip elektrische Ströme, Spannungen oder Ladungen, also analoge Signale. Diese Signale haben elektrische Eigenschaften die anhand der Parameter Amplitude, Offset, Phase, Bandbreite, Rauschen, usw. beschrieben werden. Für die weitere Verarbeitung müssen die Sensorsignale in genau diesen Parametern an die folgende Signalverarbeitung angepasst werden. Diese Signalkonditionierung wird mittels analoger Verstärker- und Filterschaltungen umgesetzt.

Für Drehgeber, die die Winkelinformation als Sinus-Cosinus-Signal oder in Form einer Strom- oder Spannungsschnittstelle am Stecker bereitstellen, kann die weitere Signalverarbeitung rein analog erfolgen. Weitere Verstärker- und Filterschaltungen passen die Sensorsignale an die Vorgaben der elektrischen Schnittstelle an.

Die Digitalisierung hat inzwischen auch in der Welt der Drehgeber Einzug gehalten. Steuerungen arbeiten überwiegend und bevorzugt rein digital. Entsprechend werden Sensorsignale digitalisiert und gemäß dem Standard der digitalen, elektrischen Schnittstelle umgewandelt. Dabei verschiebt sich durch die Entwicklungen im Bereich der digitalen Signalverarbeitung der Übergang von der analogen in die digitale Welt immer mehr hin zum eigentlichen Sensorelement. Dank der fortschreitenden Verfügbarkeit und Wirtschaftlichkeit von digitalen Signalprozessoren und Mikrocontrollern bei den Analog-Digital-Wandlern und der höheren Integrationsdichte bei ASICs und ASSPs, steigen der Umfang und die Komplexität an digitaler Sensorsignalverarbeitung kontinuierlich an. Neben den klassischen Aspekten im Vergleich analoger und digitaler Signalverarbeitung, wie Bauteiltoleranzen, Temperatursensivität oder Störempfindlichkeit sticht sicher der Mehrwert digitaler Signalverarbeitung hervor. Filtermechanismen sind stark

Abb. 4.19 Signalverarbeitungsflussdiagramm

vereinfacht und unabhängig von Umweltbedingungen. Auch werden Funktionen erst durch die Verwendung digitaler Ansätze ermöglicht. So kann im Digitalbereich direkt eine Winkelinterpolation vorgenommen, die Winkelinformation durch Kalibrieren oder Linearisieren in der Genauigkeit verbessert oder können Drifteffekte kompensiert werden. Außerdem sind neue Algorithmen zur Umsetzung der Sensorsignale in Winkel-relevante Informationen möglich (z. B. schnelle Fourier Transformation) oder es lassen sich neue Mechanismen für die Aufwertung der Signale realisieren (z. B. adaptive Filter). Teil der softwaretechnischen Funktionen ist auch die Verknüpfung von Singleturn- und Multiturn-Information in eine Positionsinformation. Neben den eigentlichen sensorischen Funktionen ermöglicht Software auch die Einführung von Mehrwertfunktionen. Mehr dazu in Abschn. 5.1.3.

Zurück zu den Drehgebern, welche die Winkelinformation als analoge Signale zur Verfügung stellen. Auch in dieser Kategorie wird auf digitale Signalverarbeitung aufgrund ihrer Vorteile gesetzt. Sind die Sensorsignale im digitalen Bereich verarbeitet worden, werden sie durch entsprechende Digital-Analog-Wandler wieder in den Analogbereich umgesetzt. Dabei ist der zusätzliche Einsatz von Rekonstruktionsfiltern sinnvoll. In der Dimensionierung dieser Tiefpassfilter ist darauf zu achten, dass diese in der Bandbreite und der eingeführten Latenz (vgl. Abschn. 5.3.1) den Anforderungen der Anwendung entsprechen.

Eine gesonderte Betrachtung ist für Inkrementaldrehgeber mit digitalen Signalen notwendig. Liefert die Sensorik bereits sinusförmige Signale mit der entsprechenden Auflösung besteht die Signalverarbeitung, neben den genannten Verstärker- und Filterschaltungen im Wesentlichen aus einer Komparatorschaltung. Werden die Inkrementalsignale allerdings aus einer interpolierten Winkelinformation abgeleitet, kann dies negativen Einfluss auf den Jitter haben, einen typischen Qualitätsparameter für Inkrementaldrehgeber, besonders für die Geschwindigkeitsregelung (vgl. Abschn. 5.2.1).

Steht die Winkelinformation zur Verfügung, in welchem Format auch immer, wird diese für die Übertragung über die elektrische Schnittstelle mittels Treiberschaltungen weiter aufbereitet. Details für die Treiberschaltung ergeben sich dabei aus dem Standard oder der Konvention der elektrischen Schnittstelle (vgl. Abschn. 4.3.2). Für die meisten Varianten können dabei Standardkomponenten verwendet werden. Die Treiberschaltung muss dabei auf teilweise große Übertragungsstrecken und hohe Signalintegrität ausgelegt sein.

Neben der Elektronik für die eigentliche sensorische Funktion und Signalübertragung sind Komponenten für die Spannungsregelung und für die Erhöhung der elektro-magnetischen Verträglichkeit (EMV) notwendig. Elemente zur Benutzerinteraktion, wie Bedien- (z. B. Drehschalter) und Anzeigeelemente (z. B.

LED-Anzeige) finden sich eher selten, vorzugsweise in Drehgebern mit Feldbusanbindung.

4.3 Mechanische und elektrische Schnittstellen

4.3.1 Mechanischer Anbau

4.3.1.1 Konfigurationen der Drehgeberankopplung

Es gibt drei unterschiedliche Konfigurationen zur Ankopplung eines Drehgebers an die Anwendung. Drehgeber mit Eigenlagerung können entweder über eine Wellenkupplung oder eine Statorkupplung mit der Anwendung verbunden werden (Abschn. 4.2.2). Bei lagerlosen Drehgeberkits werden die Maßverkörperung und der oder die Abtastköpfe mechanisch unabhängig voneinander direkt mit den korrespondierenden Elementen der Anwendung verbunden. Abb. 4.20 zeigt diese drei Konfigurationen schematisch.

Bei der Ankopplung des Drehgebers über eine Wellenkupplung wird der Flansch des Drehgebers über eine Halterung mit einer Anlage verbunden. Dabei ist in der Konstruktion auf geringe Toleranzen zwischen der Montage des Stators und der Welle zu achten. Wird der Drehgeber über eine Statorkupplung angebunden ist die mechanische Konstellation zwischen Welle und Flanschsitz konstruktiv über die Lagerung der Anwendungswelle bereits eng toleriert. Bei lagerlosen Drehgebern müssen die mechanischen Parameter, die für eine hohe Qualität der Messsignale verantwortlich sind durch den Maschinenbauer berücksichtigt werden. Dabei sind die Anforderungen für optische Systeme wesentlich höher als bei magnetischen, induktiven oder kapazitiven. So ist es bei optischen Systemen oft erforderlich Vorkehrungen für den Einsatz von Justagevorrichtungen vorzusehen.

Die Anbaukonfiguration hat auch Einfluss auf den erforderlichen Bauraum in axialer Richtung. So bauen Systeme mit Wellenkupplung in der Regel am meisten auf und lagerlose Drehgeber am wenigsten. Hinsichtlich des Bauraums in radialer Richtung ist bei lagerlosen Drehgebern insbesondere der Bauraum für den oder die Abtastköpfe zu berücksichtigen.

4.3.1.2 Drehgeberwelle

Für die Anbindung der Drehgeberwelle an die Anwendung, sei es direkt oder mittels einer Wellenkupplung, stehen verschiedene Drehgeberwellenarten und -durchmesser zur Verfügung. Neben Vollwellen gibt es Hohlwellen in Aufsteck-

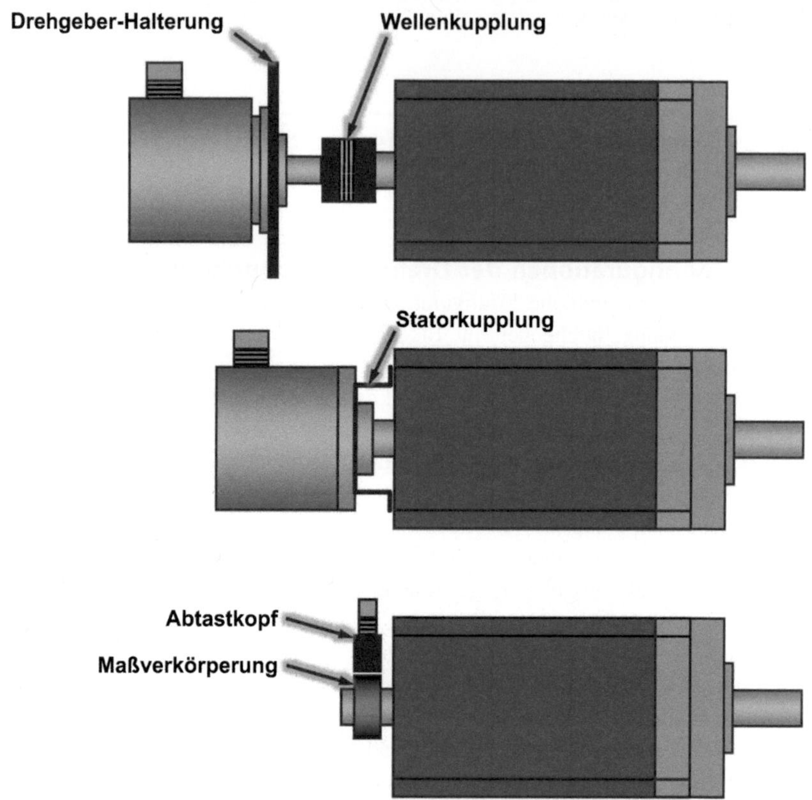

Abb. 4.20 Drehgeberankopplung am Beispiel der Antriebstechnik

oder Durchsteckversion. Diese Wellenarten sind in Abb. 4.21 schematisch dargestellt. Bei Motor-Feedback-Systemen finden sich auch Konuswellen.

Für die Wellenarten Vollwelle (oder Steckwelle), Aufsteckhohlwelle und Durchsteckhohlwelle gibt es keine Standards, doch aber unterschiedliche Vorzugsdurchmesser im metrischen (6, 8, 10, 12, 14 und 15 mm) und angloamerikanischen Maßsystem (z. B. 1/4", 3/8", 1/2" oder 5/8"). Anwendungen orientieren sich an diesen Maßen. Hierfür gibt es auch passende Wellenkupplungen. Die Wellendurchmesser sind meist als Passung toleriert.

Bei den Konuswellen, die überwiegend bei Motor-Feedback-Systemen zu finden sind, gibt es weder Vorzugsdurchmesser noch einheitliche Werte für das

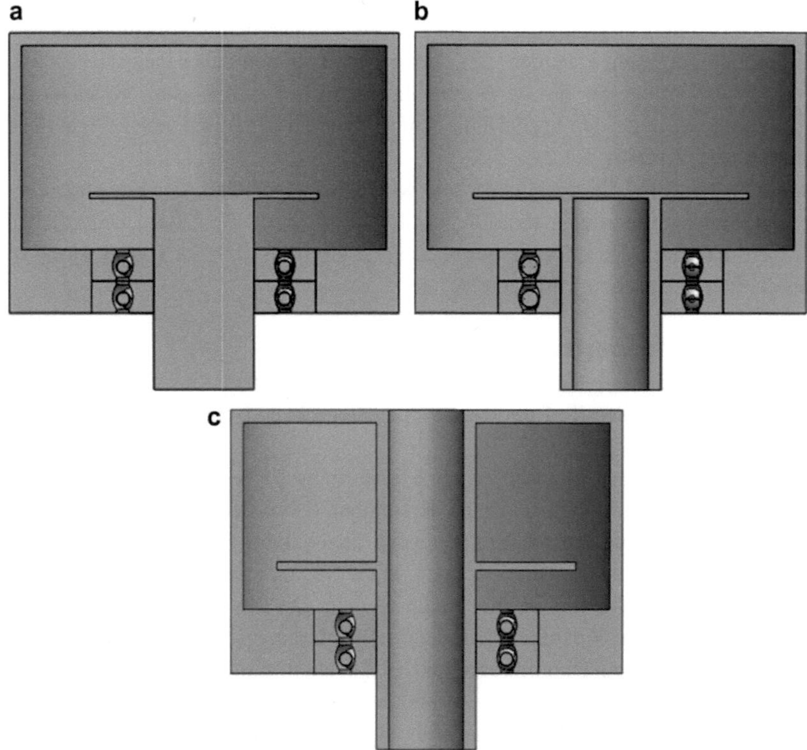

Abb. 4.21 Schnittbilder von Drehgebern mit unterschiedlichen Wellenarten: **a**) Vollwelle,
b) Aufsteckhohlwelle, **c**) Durchsteckhohlwelle

Kegelverhältnis. Kegelverhältnisse zwischen 1:3 und 1:10 sind gängig (Kegelwin-
kel γ zwischen 9,46° und 2,86°). Ist die Herstellung eines konischen Wellensitzes
recht aufwändig, hat die Konuswelle doch einige Vorteile. So ergibt sich bei
den angegebenen Kegelverhältnissen eine Selbsthemmung,[4] was dazu führt,
dass die Verbindung gut für die Übertragung großer Drehmomente geeignet
ist. Bei Motor-Feedback-Systemen ist besonders die Eignung für dynamische
Lastrichtungswechsel relevant.

---

[4] Selbsthemmung ergibt sich ungefähr bei $\gamma/2 < \arctan \mu_H$; Reibungskoeffizient $\mu_H \approx 0.2$
bei der Paarung Stahl auf Stahl.

Bei den anderen Wellenarten müssen ggf. für die Sicherung der Welle-Nabenverbindung in Drehrichtung zusätzliche Maßnahmen zur formschlüssigen Verbindung vorgesehen werden. Bei Drehgebern kommen dabei Passfederverbindungen oder Polygonprofile (z. B. abgeflachte Welle) zum Einsatz. Relevant ist dies insbesondere bei Drehgebern die Anforderungen der funktionalen Sicherheit erfüllen (vgl. Abschn. 5.1.2).

Als Material für die Drehgeberwelle wird bevorzugt Stahl oder Edelstahl eingesetzt. Kunststoffe eignen sich für gewöhnlich nicht, da diese dazu neigen über die Zeit und unter der Last der Verbindung zu kriechen, d. h. es kommt zu einer dauerhaften plastischen Verformung.

4.3.1.3 Drehgeberflansch und -gehäuse

Der Drehgeberflansch dient zum Anlegen und Befestigen des Drehgebers an den rotationsstatischen Teil der Anwendung. Es gibt verschiedene mechanische Ausführungen.

Drehgeber mit Servoflansch (auch Synchroflansch) besitzen einen Zentrieransatz, Gewindebohrungen und eine Klemmnut. Über den Zentrieransatz wird der Drehgeber an die Anwendung zentrisch angebracht. Fixiert wird er entweder durch Schrauben (z. B. drei) oder durch Servoklammern (ebenfalls z. B. drei), die über die Klemmnut angebracht werden. Die Klemmflanschausführung ist sehr ähnlich der Servoflanschausführung. Allerdings hat der Zentrieransatz einen etwas kleineren Durchmesser und ist länger. Dadurch bietet er genügend Auflage, dass er am Flansch der Anwendung festgeklemmt werden kann. Alternativ kann auch die Klemmflanschausführung mittels Schrauben (auch z. B. drei) angeschraubt werden. Da Servo- und Klemmflansche eine starre, statorseitige Verbindung darstellen, werden sie mit Vollwellen und Wellenkupplungen kombiniert. Normierte Maße gibt es in diesem Gebiet nicht, sodass selten ein Austausch von Drehgebern unterschiedlicher Hersteller direkt möglich ist (ggf. können Flanschadapter eingesetzt werden). Was aber in der Regel der Fall ist, ist, dass die Durchmesser der Zentrierbünde mit Passungsmaßen versehen sind. Dies unterstützt die Forderung nach einem möglichst zentrischen Anbau des Gebers zur Anwendung. Diese beiden Flanscharten findet man überwiegend bei Drehgebern, den Servoflansch aber auch bei den Resolvern oder in ähnlicher Form auch bei Drehgebern ohne Eigenlagerung (Abb. 4.22).

Da Drehgeber mit Aufsteck- und Durchsteckhohlwellen eine starre Wellenverbindung mit sich bringen, erfüllen deren Flansche eine etwas andere Rolle als bei den anderen beiden Wellenarten. Sie dienen als Aufnahme für eine Statorkupplung oder integrieren gar die Statorkupplung. Beide Kupplungsarten sind herstellerspezifisch ausgeprägt.

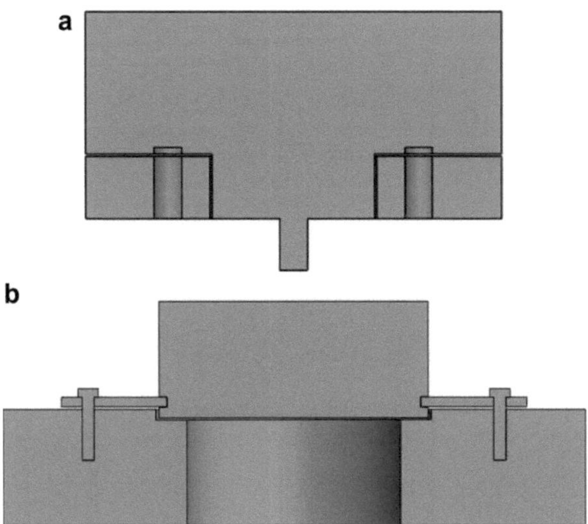

Abb. 4.22 Schnittbilder von Drehgebern mit unterschiedlichen Flanscharten: **a**) Servoflansch, **b**) Klemmflansch

Neben der Funktion der Anbindung des Drehgebers an die Anwendung erfüllt der Flansch weitere Aufgaben. Bei Geräten mit Eigenlagerung sitzen die Lager im Flansch. Auch werden mechanische und elektrische Komponenten an ihm befestigt, allen voran das Gehäuse.

Das Gehäuse schützt den Drehgeber vor unerwünschten Umwelteinflüssen und vor Berührung. Er gewährleistet, in Kombination mit dem Flansch, die IP-Schutzart und erfüllt auch hinsichtlich elektromagnetischer Verträglichkeit (EMV) eine wichtige Funktion. Hergestellt werden sie aus Metall oder Kunststoff, basierend auf unterschiedlichsten Herstellverfahren inklusive Spritzguss, Druckguss oder Tiefziehen.

Flansche werden aus Aluminium, Stahl oder Edelstahl hergestellt, dabei spanend bearbeitet oder wo sinnvoll und möglich auch als Druckgusskomponente. Kunststoff findet man auch hier selten aufgrund des Kriechverhaltens.

Neben den genannten Aspekten zur Auswahl der Materialien von Gehäuse, Flansch (und auch der Welle) spielen anwendungsrelevante Aspekte eine wichtige Rolle. So gelten bestimmte Regeln für Drehgeber für den Einsatz im Lebensmittelbereich oder in explosionsgefährdeten Bereichen.

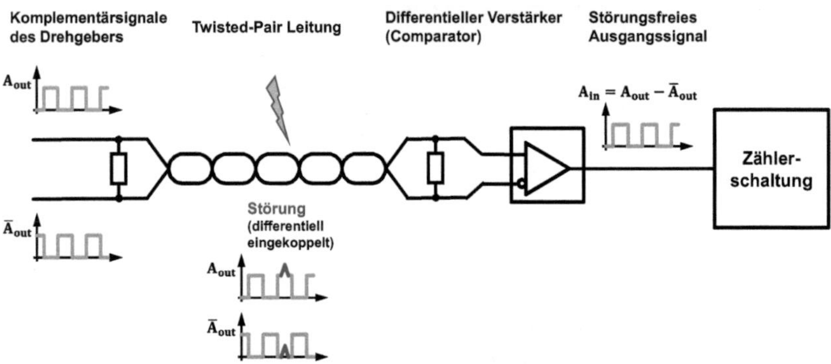

Abb. 4.23 Differentielle Datenübertragung

4.3.2 Elektrische Schnittstellen

4.3.2.1 Elektronische Aspekte

Behandelt Abschn. 4.3.2.2 eher die mechanischen und elektromechanischen Aspekte der elektrischen Anschlusstechnik für Drehgeber werden an dieser Stelle die elektrischen gemäß bzw. analog der ersten Schicht des ISO-OSI-Modells[5] betrachtet. Diese Schicht betrachtet die physikalischen Aspekte einer Datenkommunikation und wird in diesem Abschnitt betrachtet. In der Umsetzung gibt es einige Implementierungen die Drehgebern und Motor-Feedback-Systemen gemeinsam sind. Spezifisches für die Drehgebertypen wird in Abschn. 5.2.2 und 5.3.2 erläutert.

Informationen werden zwischen Drehgeber und Steuerung digital oder analog übertragen. Gemeinsam ist beiden Ansätzen oft, dass die Datenübertragung differentiell ausgelegt ist. Das heißt, dass für jedes Signal zwei gleichwertige symmetrische Leitungen vorgesehen sind. Auf der einen Leitung wird das Originalsignal übertragen auf der anderen ein invertiertes oder ein Referenzsignal. Auf diese Weise erreicht man eine hohe Gleichtaktunterdrückung (vgl. Abb. 4.23) und eine hohe mögliche Datenrate. Dies ist im industriellen Umfeld essenziell für eine zuverlässige leitungsgebundene Datenübertragung.

---

[5] ISO-OSI-Modell bezieht sich auf das „Open Systems Interconnection" Referenzmodell der „International Organization for Standardisation" das eine Schichtenarchitektur für Datenkommunikationssysteme beschreibt.

Bei der Übertragung digitaler Signale kommen bei Drehgebern u. a. die in der Industrie häufig eingesetzten RS-422- und RS-485-Standards zum Einsatz. Daneben findet sich die ältere Hochvolt-Transistor-Logik.

RS-422 (auch als EIA-422 bezeichnet) ist ein Standard für eine differentielle Signalübertragung. Es lassen sich Übertragungsstrecken bis zu 1200 m und Datenübertragungsraten bis zu 10 Mbit pro Sekunde umsetzen (allerdings nicht in Kombination). Um die maximale Datenübertragungsrate zu erreichen ist es notwendig an der Leitung einen Abschlusswiderstand vorzusehen dessen Größe sich an der Impedanz der Leitung orientiert (Größenordnung von 120 Ω). Somit fließt ein konstanter Strom (außer bei einem Pegelwechsel). Die Signalpegel dürfen maximal $\pm$ 6 V betragen und müssen eine Spannungsdifferenz im Bereich von 2 … 10 V aufweisen. RS-422 wird bei Drehgebern, z. B. für die Übertragung digitaler Inkrementalsignale verwendet.

Eng verwandt mit dem RS-422-Standard ist der RS-485-Standard. Ermöglicht der RS-422 ein Netzwerk eines Datensenders und mehreren Datenempfängern, so ist beim RS-485 ein größeres Netzwerk umsetzbar. Dies kommt aber bei Drehgebern selten zum Tragen. Leitungslängen und maximale Datenübertragungsraten sind vergleichbar mit denen bei RS-422. Da RS-485 einen Widerstand in der Ausgangsstufe eines Datensenders vorschreibt, ist sie kurzschlussfest bei gegensendenden Ausgangsstufen. Somit eignet sich dieser Standard für bidirektionale halb-duplex Verbindungen über ein Adernpaar. Dabei definiert die Protokollebene, wann welcher Teilnehmer Daten senden kann bzw. empfängt. Typischerweise wird die Ausgangsstufe definiert in einen hochohmigen Zustand geschaltet, wenn nicht gesendet wird. Auch RS-485 nutzt einen Abschlusswiderstand für die Erhöhung der Datenrate. RS-485 wird u. a. bei Feldbussen wie dem PROFIBUS oder bei einigen Schnittstellen für Motor-Feedback-Systeme für die digitale Datenübertragung (Abschn. 5.3.2) verwendet.

Die Hochvolt-Transistor-Logik (oder „High Threshold Logic", HTL) ist verhältnismäßig alt, wird aber immer noch bei Drehgebern mit digitalen Inkrementalsignalen differentiell oder „single-ended" eingesetzt. Sie arbeitet mit einer Gleichspannungsversorgung bis ca. 32 V, wobei 24 V am gängigsten ist. Die Signalausgangsspannung orientiert sich an der Versorgungsspannung. Es ist ein „push–pull" oder ein „open collector" Betrieb möglich. Im Push–pull-Betrieb schaltet der Ausgangspegel zwischen 0 V und 3 V bzw. der Versorgungsspannung, Vcc, und Vcc – 3,5 V. Die Ausprägung als NPN open-collector basiert auf einer Ausgangsschaltung mit NPN-Transistor. Als open collector bezeichnet man den unbeschalteten Kollektoranschluss eines NPN-Transistors, dessen Emitter auf Masse liegt und dessen Kollektor am Ausgang angeschlossen ist, der steuerungsseitig mit einem Pull-up Widerstand beschaltet ist. Somit definiert die Steuerung die maximale Ausgangsspannung, die allerdings drehgeberspezifische Werte nicht überschreiten darf. Die maximale Datenrate liegt bei einigen hundert kHz und die Leitungslänge beträgt bis zu mehrere Dutzend Meter.

Analoge sinusförmige Signale werden auch differentiell übertragen. Dabei hat jedes Signal eine Offset-Spannung von typischerweise 2,5 V und eine Amplitude von 0,25 V oder 0,5 V (typische Größen bei Drehgebern). Dabei hat die größere Amplitude den Vorteil des größeren Signal-Rausch-Abstandes. Auch diese Schnittstellenart arbeitet mit recht niederohmigen Abschlusswiderständen. Dies macht es aber erforderlich, dass der gesamte Signalweg eine gute Symmetrie aufweist. Kleine Impedanzunterschiede, speziell zwischen den Sinus- und Cosinussignalen können Offet- oder Amplitudenfehler generieren, die sich negativ auf die nachfolgende Winkelinterpolation auswirken können. Deshalb sind in den Empfehlungen der Drehgeberhersteller Widerstände mit engen Toleranzen spezifiziert (Abb. 4.24).

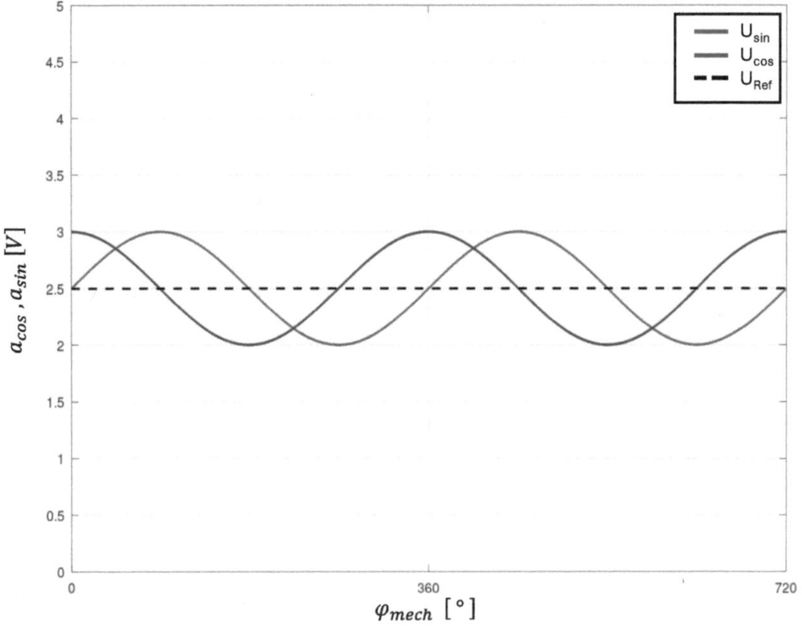

Abb. 4.24 Reale Sinussignale bei Drehgebern

Die in der differentiellen Signalführung genutzte Abschlussbeschaltung führt zu einem relativ großen Strom. Dieser fließt bei digitalen Signalen kontinuierlich und bei analogen sinusförmigen Signalen positionsabhängig. Um diesen Strom zur Verfügung stellen zu können müssen Leistungstreiber eingesetzt werden.

In einigen digitalen Kommunikationssysteme werden Leitungscodes eingesetzt, die eine hohe Gleichanteilunterdrückung aufweisen. Die übertragenen Symbole, die den binären Sequenzen des Datenstroms zugewiesen werden, sind so gestaltet, dass im zeitlichen Mittel ein Gleichanteil von Null resultiert. Diese Codes werden insbesondere dort eingesetzt, wo die Übertragung über galvanisch gekoppelte oder kapazitiv/induktiv gekoppelte Komponenten erfolgt (vgl. 2-Draht-Konfiguration in der Einkabel-Technologie, Abschn. 5.3.2), da die eingesetzten Kondensatoren oder induktiven Koppler einen DC-Anteil im Signal unterdrücken würden. Bekannte gleichanteilsfreie Leitungscodes sind der Manchester oder der 8b/10b-Code.

Es wurde schon erwähnt, dass zur Unterdrückung elektromagnetischer Störungen Maßnahmen getroffen werden müssen. Die Nutzung symmetrischer, differentieller Signalführung mit verdrillten Aderpaaren (engl.: „twisted pair") ist dabei eine etablierte. Daneben werden die Leitungen auch mit einer Schirmung versehen. Ein Drahtgeflecht wird um die zu schützenden Leitungen gelegt und mit Erde verbunden. Es gibt auch Drehgeber mit galvanisch getrennten Signalleitungen.

Verbleibende Störungen können durch eine Filterschaltung am Signaleingang weiter reduziert werden. Diese Maßnahme ist insbesondere bei den analogen Signalen sinnvoll. Tiefpassfilter reduzieren hochfrequentes Rauschen und Störungen. Dabei orientiert sich die Wahl der Grenzfrequenz an der Frequenz der Signale. Bei sinusförmigen Signalen definiert sich die maximale Signalübertragungsfrequenz an der Drehzahl und der Anzahl Perioden pro Umdrehung:

$$f_{Signal} = PPR \cdot \frac{n}{60\frac{s}{\min}} \tag{4.4}$$

(f_{Signal}: Signalfrequenz in $[Hz]$; PPR: Perioden pro Umdrehung; n: Drehzahl in $[1/\min]$)

Bei der Auslegung des Filters ist nicht nur drehgeberseitig (Abschn. 4.2.4), sondern auch steuerungsseitig auf die Latenz zu achten (Abschn. 5.3.1). Da Steuerungen meist unterschiedliche Drehgeber bedienen können, können auch solche mit unterschiedlicher Anzahl Perioden pro Umdrehung angeschlossen werden. Dabei wird selten eine auf die jeweilige Periodenzahl anpassbare Bandbreite der Tiefpass-Filterschaltung vorgesehen, sondern es wird die Bandbreite benötigt, die das System mit der höchsten Periodenzahl bei maximaler Drehzahl vorschreibt. Somit werden Störungen bei Drehgebern mit kleiner Periodenzahl schlechter unterdrückt als bei denen mit der maximal vorgesehenen, da die Grenzfrequenz deutlich über der liegt, die für diese Konfiguration nötig bzw. sinnvoll wäre. Aber gerade bei kleiner PPR-Zahl wirken sich die Störungen stärker aus!

Die Spannungsversorgung für Drehgeber variiert relativ stark zwischen Herstellern und Drehgebertyp. Dies trifft vor allem auf Geräte zu, die keine standardisierten Schnittstellen, wie Feldbusse nutzen. Beim Design-in ist deshalb immer das Drehgeberdatenblatt zu beachten. Trotzdem lässt sich oft eine Schnittstellenschaltung für viele gleichartige Drehgeber vieler Hersteller verwenden, da der Versorgungsspannungsbereich recht groß ausgeführt ist. Die Leistungsaufnahme wird im Wesentlichen von der verwendeten Sensorik und der elektrischen Schnittstelle definiert. So weisen induktive Systeme typischerweise eine höhere Leistungsaufnahme auf als die anderen Sensorarten. Bei den Schnittstellen sind die Drehgeber mit Feldbuskommunikation diejenigen, die im Vergleich mit Drehgebern mit anderen Schnittstellen einen hohen Bedarf an elektrischer Leistung haben. Hier kann die Leistungsaufnahme mehrere Watt betragen. Aufgrund des hohen Stromes, der fließen kann, kommt es bei langen Leitungen zu einem nicht zu vernachlässigenden Spannungsabfall. Dieser darf nicht dazu führen, dass die minimale Versorgungsspannung am Drehgeber unterschritten wird. Aus diesem Grund verfügen einige Drehgeber mit schmalem Versorgungstoleranzband (z. B. $5\,V \pm 5\,\%$) über sogenannte Sense-Leitungen. Diese dienen dazu den Spannungsabfall über das Verbindungskabel der Steuerung mitzuteilen. Einige Drehgeber verfügen über einen Verpolungsschutz für die Versorgungsspannungsleitungen und Kurzschlussfestigkeit für Ausgangssignale.

4.3.2.2 Elektromechanische und mechanische Aspekte

Mittels der elektrischen Schnittstelle wird die Winkelposition vom Drehgeber der entsprechenden Ausleseeinheit zur Verfügung gestellt. Dabei sind mehrere Aspekte relevant. In diesem Kapitel werden allgemeingültige, anbau- und installationsbedingte Aspekte erläutert. Details zu den elektrischen Schnittstellen hinsichtlich elektrischer Spezifikation und Protokoll sind geräte- und anwendungsspezifisch und werden in Kap. 5 näher behandelt.

Drehgeber werden auf verschiedene Arten elektromechanisch angeschlossen. Sie haben Stecker für Kabel oder Litzensätze oder weisen direkt einen Leitungsabgang auf.

Bei der Anschlusstechnik mit Stecker kommt diesem eine hohe Bedeutung zu. In Industrieanwendungen muss dieser robust und zuverlässig sein. Meist kommen Stecker mit Rund-Schraubsystem zum Einsatz. Hier gibt es verschiedene

Kategorien, die sich an der Gewindegröße der Überwurfmutter orientieren. Bei Drehgebern finden sich M12- und M23-Stecker. Die Anzahl der Anschlüsse im Stecker und der Stecker pro Gerät orientiert sich am Typ des Drehgebers und des Kommunikationsstandards. So gibt es z. B. Inkrementaldrehgeber mit 12-poligem M23-Stecker oder absolute Drehgeber mit EtherNet/IP-Schnittstelle mit drei 4-poligen M12-Steckern. Die Pinbelegung ist nur bei einigen Kommunikationsstandards, insbesondere den Feldbussen, definiert. Aspekte der Installation eines Drehgebers in einer Anlage haben Einfluss darauf, wie der Stecker am Gehäuse des Drehgebers angeordnet ist. Entsprechend gibt es Ausführungen, bei denen der Stecker am Gehäuseende angeordnet ist. Das angesteckte Kabel wird axial vom Drehgeber weggeführt. Dies verlängert die axiale Baugröße des Geräts, seine runde Bauform bleibt aber erhalten. In einer anderen Version ist der Steckerabgang seitlich des Gehäuses. Das Kabel wird in radialer Richtung vom Drehgeber weggeführt. Somit bleibt die Länge des Drehgebers minimal, es geht aber die runde Bauform verloren. Drehbare Stecker bieten eine höhere Flexibilität. Bei Motor-Feedback-Systemen, die in Motoren eingebaut werden, wird oft so vorgegangen, dass der robuste Stecker am Motor selbst angebracht ist und die Verbindung zwischen Motorenstecker und Drehgeber über einen Litzensatz realisiert wird. Dabei ist der Stecker am Geber herstellertypisch und erfüllt geringere Anforderungen als der Hauptstecker erfüllen muss.

Bei Drehgebern mit Leitungsabgang wird ein Kabel direkt und unlösbar im Gerät angeschlossen. Der Leitungsabgang ist ebenfalls axial oder radial ausgeführt. Inzwischen gibt es aber auch Geräte, bei denen das Kabel durch konstruktive Maßnahmen freier abgeführt werden kann, also auch radial oder axial. Das Kabel hat eine vordefinierte Länge (z. B. 0,5 m, 1,5 m 3,0 m, 5,0 m oder 10 m). Manche Hersteller bieten aber auch kundenspezifischen Längen an. Steuerungsseitig sind die Kabel ohne Stecker oder konfektioniert. Bei konfektionierten Leitungen kommen meist auch wieder Rund-Schraubstecker mit M-Maßen zum Einsatz.

Hinsichtlich der Verkabelung, unabhängig ob als Leitungsabgang oder steckerbehaftet, gibt es mehrere Parameter und Anforderungen zu berücksichtigen. Anzahl und Querschnitt der Litzen, Länge, und Leitungsdurchmesser sind vordringliche Parameter. Weitere Parameter müssen aber auch berücksichtigt werden.

Der Biegeradius definiert die geringste Krümmung, die eine Leitung bei der Verlegung einnehmen darf, ohne dass sich die Leitungseigenschaften ändern. Biegeradien werden in Relation zum Leitungsdurchmesser angegeben. Schleppkettentauglichkeit beschreibt die Fähigkeit, dass die Leitungen in bewegten

Anwendungen eingesetzt werden können. Diese Parameter werden insbesondere durch die Wahl des Materials des Kabelaußenmantels definiert. Leitungen mit einem Außenmantel aus PUR (Polyurethan) sind schleppkettentauglich, PVC-Leitungen (Polyvinylchlorid) hingegen nur bedingt oder gar nicht. Bei PUR-Leitungen ist die Anzahl der Biegezyklen meist größer und der Biegeradius kleiner als bei PVC-Leitungen. Neben Anforderungen an die mechanische Belastung der Leitungen definiert die Anwendung Anforderungen nach Öl-, Säure- oder Laugenbeständigkeit und Flammwidrigkeit. Ebenso sind Inhaltsstoffe der Kabel zu berücksichtigen. So dürfen in einigen Industriebereichen keine Kabel mit lackbenetzungsstörenden Substanzen (LABS; Silikone, fluorhaltige Stoffe, bestimmte Öle oder Fette) eingesetzt werden. Bei halogenfreien Kabeln entstehen bei der Verbrennung keine korrosiven oder toxischen Gase, sondern nur Wasserdampf und Kohlendioxid.

In der Auslegung des Drehgebers nach der IP-Schutzart werden auch die Stecker und Kabelabgänge mitberücksichtigt. Insbesondere der Schutz gegen Wassereintritt wird hier maßgeblich beeinflusst.

4.3.3   Aspekte des Drehgeber-Anbaus

Drehgeber haben bevorzugt eine runde Bauform, zumindest für das eigentliche Messgerät. Abweichungen von der runden Form ergeben sich durch den elektrischen Anschluss und ggf. durch die mechanische Anbindung über eine Statorkupplung. Bei den Durchmessern gibt es einige Vorzugsgrößen. So findet man bei den Drehgebern wie bei den Motor-Feedback-Systemen Durchmesser um die 37 mm, 50 mm oder 60 mm. Größere Geräte sind für Anwendungen mit großen Wellendurchmessern als Hohlwellengeber verfügbar. Kleinere Durchmesser sind eher anwendungs- oder kundenspezifisch. Hinsichtlich der Baulänge gilt meist „je kürzer, desto besser". Richtwerte gibt es hierbei keine. Die Möglichkeiten in der Miniaturisierung sind hinsichtlich Durchmesser und Baulänge nicht nur durch rein mechanisch-konstruktive Aspekte (Lager, Materialstärken, etc.) eingeschränkt, sondern auch durch die Anforderungen der sensorischen und elektronischen Module.

So wie die Exzentrizität des Modulators relativ zur Drehgeberachse (vgl. Abschn. 2.5.2), so wirkt sich auch eine exzentrische Montage des Drehgebers zur Anwendung negativ auf die Genauigkeit der Kombination aus Drehgeber und Anbau auf das Gesamtsystem aus. Entsprechend sind die Teile der mechanischen Schnittstelle mit Passmaßen versehen und enge Toleranzen für den Anbau angegeben. Ebenso wirkt eine Kippung des Drehgebers relativ zur Drehachse der Anwendung negativ auf die integrale Nichtlinearität des Gesamtsystems aus. Ideale Kupplungselemente gleichen mechanische Effekte aus. In der Praxis bleiben aber Restfehler bestehen. Ideal wäre eine in-situ Kalibrierung. Darunter versteht man eine Kalibrierung des Drehgebers in der Anwendung zur Verbesserung der Genauigkeit auf eine Umdrehung. Solche Verfahren wären aber sehr aufwendig und bedürfen einer Referenz gegen die der Drehgeber und dessen Anbau verglichen werden kann. Ist die Referenz ein anderer Drehgeber, so müsste auch dieser montiert werden.

In der Auslegung einer Anlage mit Drehgeber sind dessen mechanische Eigenschaften zu berücksichtigen. In Anwendungen, in denen der Drehgeber in Bewegung ist, ist z. B. dessen Masse relevant. Für die Gesamtmoment-Betrachtung finden sich in Datenblätter der Drehgeber Angaben zu Anlaufmoment, Betriebsmoment und Trägheitsmoment des Rotors. Außerdem sind die maximale Wellenbelastung und Wellenbewegung sowie die maximale Wellenbeschleunigung zu berücksichtigen.

Literatur

1. Hering E, Schönfelder G (Hrsg) (2023) Sensoren in Wissenschaft und Technik – Funktionsweise und Einsatzgebiete, 3. Aufl. Springer Vieweg, Wiesbaden
2. Schiessle E (2010) Industriesensorik – Automation, Messtechnik, Mechatronik. Vogel Buch, Würzburg
3. Schaeffler Technologies AG & Co. KG (Hrsg) (2023) SCHAEFFLER Technisches Taschenbuch, 5. erw. Aufl. Herzogenaurach
4. N.N (2021) Wälzlager. Firmenkatalog, SKF Gruppe
5. Maier J, Wehrle R (2022) Lebensdauer der Rillenkugellager (ergänzende Informationen zu den Datenblattwerten). Whitepaper, SICK AG
6. Wittel H, Muhs D, Jannasch D, Voßiek J (2015) Roloff/Matek Maschinenelemente – Normung Berechnung Gestaltung. 22. Überarbeitete und erweiterte Auflage, Springer Vieweg, Wiesbaden
7. Wolf T, Rimpel A, Wöber M (2012) Präzisionskupplungen und Gelenkwellen – Hochgenaue Verbindungselemente für die Antriebstechnik. verlag moderne industrie, München
8. N.N (2024) Auswahlkriterien für Servokupplungen – Merkmale, Eigenschaften, Bauarten. Whitepaper, KTR Systems GmbH
9. Gierke J (2021) Informationen zum Verhalten von eigengelagerten Encodern mit Statorkupplung bei Schock und Vibration. Whitepaper, SICK AG
10. Mahmood JI (2010) Stator Coupling Model Analysis. White Paper, Avago Technologies
11. Hilverkus J (2022) Einfluss strukturmechanischer Effekte von Servomotoren auf die Bandbreite von Servoantrieben. Dissertation, Technische Universität München
12. Stobbe W (2002) Multiturn-Winkelmessgerät. Offenlegungsschrift DE10238640A1, Deutsches Patent- und Markenamt, veröffentlicht am 11. März 2004

13. Wagner R (2011) Drehgeber. Europäische Patentanmeldung EP2562512A1, Europäisches Patentamt, veröffentlicht am 27. Febr. 2013
14. Basler S, Mutschler R, Dilger D (2013) Drehgeber mit autarker Energieversorgung. Europäische Patentschrift EP2863184B1, Europäisches Patentamt, veröffentlicht am 23. Sept. 2015
15. Wilhelmy L (2006) Ohne Getriebe und ohne Batterie – Neu entwickelte robuste Multiturn-Absolutgeber, Antriebstechnik 01/2006
16. Pietsch K, Hiller B, Godenau H (2014) Optimization of an electromagnetic micro generator for energy harvesting. 2014 IEEE Fourth International Conference on Consumer Electronics Berlin (ICCE-Berlin), S. 420–423
17. Becker P, Steiner V (2015) Energieautarker Multiturn-Drehgeber mit Schnappelement. Patentschrift DE102015114384B3, Deutsches Patent- und Markenamt, veröffentlicht am 17. Nov. 2016
18. Sperling T (2017) Vorrichtung zur Erzeugung eines Spannungspulses bei Rotation einer um eine Rotationsachse rotierbar gelagerte Welle. Europäische Patentanmeldung EP3471115A1, Europäisches Patentamt, veröffentlicht am 17. Apr. 2019
19. Rapp G, Brügger P (2008) Messvorrichtung mit Piezoelement. Offenlegungsschrift DE102008062849A1, Deutsches Patent- und Markenamt, veröffentlicht am 24. Juni 2010
20. Hillenbrand F, Reese D (2008) Messeinrichtung zum Erfassen von Drehbewegungen einer Welle. Offenlegungsschrift DE102008060191A1, Deutsches Patent- und Markenamt, veröffentlicht am 10. Juni 2010

Drehgeber und Motor-Feedback-Systeme in der Anwendung

5

Zusammenfassung

Ein Großteil des bisher beschriebenen gilt für die Winkellage- und Drehzahlerfassung in der industriellen Automation ganz allgemein. Dies trifft auch für die Funktionale Sicherheit und für Mehrwertfunktionen, die über die eigentliche Winkelerfassung hinausgehen, zu. Diese gewinnen aber erst in der Anwendung an Bedeutung und werden deshalb in diesem anwendungsorientierten Kapitel eingeführt. Insbesondere wird aber auf die spezifischen Aufgaben, Anforderungen und Anwendungen von Drehgebern und Motor-Feedback-Systemen eingegangen. Wichtig ist dabei auch ein Einblick in die jeweils zur Verfügung stehenden elektrischen Schnittstellen.

5.1 Übergeordnete Aspekte

5.1.1 Einordnung

Die vorangegangenen Kapitel haben gezeigt, dass Messaufgabe und der Grundaufbau von Drehgebern und Motor-Feedback-Systemen weitestgehend identisch sind. Es ergeben sich jedoch einige Unterschiede in den Details der Spezifikation der Geräte aufgrund der Anwendung und der Integration in diese.

Es war schon mehrfach die Rede davon, dass Drehgeber an eine Steuerung angeschlossen werden. Für die konkrete Einordnung lohnt sich ein Blick auf die Automatisierungspyramide. Diese gibt eine hierarchische Einordnung von Systemen für die industrielle Fertigung. Die Drehgeber finden sich auf der Feldebene (Sensor-/Aktor-Ebene, Abb. 5.1). Der Drehgeber wird an eine Auswerteeinheit

© Springer Fachmedien Wiesbaden GmbH, ein Teil von Springer Nature 2025
S. Basler, *Drehgeber und Motor-Feedback-Systeme*,
https://doi.org/10.1007/978-3-658-49404-9_5

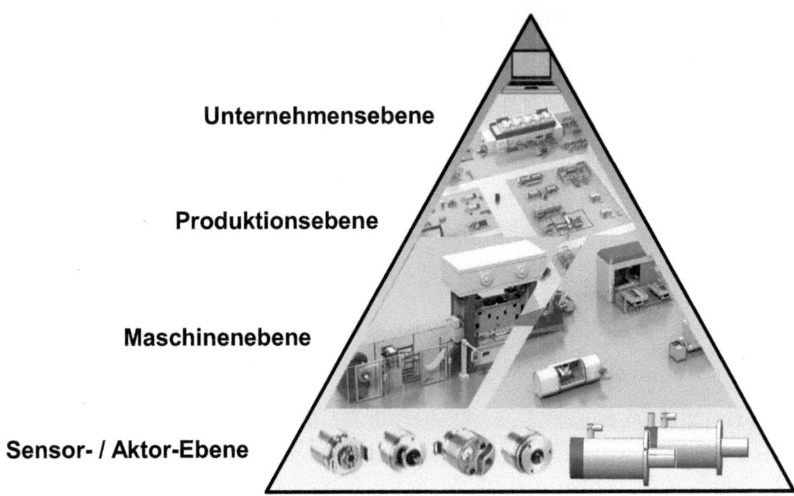

Abb. 5.1 Einordnung der Drehgeber in die Automatisierungspyramide. (Quelle: in Anlehnung an SICK AG)

angeschlossen, z. B. eine speicherprogrammierbare Steuerung (SPS; engl. „Programmable Logic Controller", PLC). Ein Motor-Feedback-System ist mit einem Frequenzumrichter verbunden (andere Begriffe: Umrichter, ugs.: Regler) der wiederum mit einer SPS bzw. CNC-Steuerung (engl.: „Computerized Numerical Control") kommuniziert.

Durch die primäre Verwendung der beiden Typen, Drehgeber im Maschinen- und Anlagenbau und Motor-Feedback-Systeme im Einsatz mit Elektromotoren, ergeben sich Unterschiede in den Betriebsbedingungen, aber auch in der Verwendung der elektrischen Schnittstellen. In den folgenden beiden Abschnitten wird auf Aspekte eingegangen, die beiden Drehgebertypen gleichermaßen betreffen, die funktionale Sicherheit und die Implementierung von Mehrwertfunktionen moderner Drehgeber. Die anschließenden Kapitel erläutern Spezifika der Drehgebertypen.

5.1.2   Funktionale Sicherheit

Schutzmaßnahmen zur Vermeidung sicherheitskritischer Zustände, die direkt oder indirekt als Ergebnis eine Schädigung von Eigentum, Umwelt, insbesondere aber auch Personen herbeiführen, werden unter dem Begriff der „funktionalen Sicherheit" zusammengefasst [2–4]. Personen, Maschinen und Anlagen müssen mithilfe (zertifizierter) Sicherheitsprodukte optimal vor gefährdenden Bewegungen geschützt werden. Kritische Situationen können sich ergeben, wenn z. B. manuelle Eingriffe in Anlagen und Maschinen notwendig sind z. B. im Störfall oder im Einrichtbetrieb. Durch den fortschreitenden Trend zu mehr Mensch-Maschinen-Interaktionen hin zu kollaborativen Systemen, in denen Menschen und Maschinen (z. B. Roboter) direkt, d. h. ohne trennende Schutzeinrichtungen interagieren, werden entsprechende Schutzmaßnahmen weiter an Bedeutung gewinnen. Die in diesem Zusammenhang durchzuführenden sicherheitstechnischen Betrachtungen betreffen nicht nur Anlagen und Maschinen, sondern auch Subsysteme, aus denen diese gebildet werden. Dies überträgt sich bis auf die Komponentenebene, somit auch auf Drehgeber und Motor-Feedback-Systeme. Welche Subsysteme für eine Maschine zu betrachten sind definiert die Maschinenrichtlinie.

Es gibt eine Fülle von Normen und Richtlinien, die in der Auslegung sicherer Maschinen zu beachten sind. Im Zusammenhang mit sicherer Bewegung wären die in Tab. 5.1 zu nennen.

Herauszuheben wäre an dieser Stelle die IEC 61800-5-3:2021. Diese ist hervorgegangen aus den Prüfgrundsätzen des Instituts für Arbeitsschutz (IFA) für Winkel- und Wegmesssystemen für die Funktionale Sicherheit ([5]) und wurde 2021 zuerst in englisch und 2024 auch in deutsch mit der erweiterten Bezeichnung DIN EN IEC 61800-5-3:2024-09 als DIN-Norm veröffentlicht. Hier wurde von einer internationalen Projektgruppe, zu der Drehgeber- und Steuerungshersteller sowie Anwender und Zertifizierungsstellen beigetragen haben eine Norm geschaffen, die einen produktspezifischen Standard für sicherheitsgerichtete Drehgeber und einheitliche Grundlagen für die Zertifizierung von Geräten formuliert. Diese umfasst beispielsweise Richtlinien für die Prüfung und Qualifizierung sicherer Drehgeber, zur Berechnung von Sicherheitskennzahlen sowie zur Vereinheitlichung der Anwender-Dokumentation. Dies hat auch den Vorteil, dass Geräte verschiedener Hersteller miteinander verglichen werden können.

Sicherheitsfunktionen müssen zu jeder Zeit gewährleistet sein und dürfen nicht durch zufällige oder systematische Fehler zu einer Gefährdung führen. In entsprechenden Risikobetrachtungen wird erfragt, wie oft ein Fehler auftreten und welche Auswirkung ein Ausfall haben kann. Daraus ergeben sich die Forderungen nach dem „Safety Integrity Level" (SIL) nach der IEC 62061, dem „SIL Claim Limit" (SILCL) nach IEC 62061 bzw. dem „Performance Level" (PL) nach ISO 13849. Diese regeln die Architektur der Systeme und Subsysteme. Dabei wird insbesondere auf Mehrkanaligkeit und Diagnosefähigkeit Wert gelegt. In

Tab. 5.1 Normen zur funktionalen Sicherheit

Norm	Bezeichnung	Kommentar
2006/42/EG	Maschinenrichtlinie	
EN/IEC 61508	Funktionale Sicherheit sicherheitsbezogener elektrischer, elektronischer, programmierbarer elektronischer Systeme	Basisnorm zur funktionalen Sicherheit, die aus sieben Teilen besteht und aus der sich verschiedene branchenspezifische Normen ableiten
EN ISO 13849	Sicherheit von Maschinen – Sicherheitsbezogene Teile von Steuerungen	
EN/IEC 62061	Sicherheit von Maschinen – Funktionale Sicherheit sicherheitsbezogener elektrischer, elektronischer, programmierbarer elektronischer Steuerungssysteme	
EN/IEC 61800	Elektrische Leistungsantriebssysteme mit einstellbarer Drehzahl	Normenreihe
EN/IEC 61800-5-1	Teil 5-1: Anforderungen an die Sicherheit – Elektrische, thermische und energetische Anforderungen	
EN/IEC 61800-5-2	Teil 5-2: Anforderungen an die Sicherheit – Funktionale Sicherheit	Produktnorm
EN IEC 61800-5-3	Teil 5-3: Anforderungen an die Sicherheit – Funktionale, elektrische und umwelttechnische Anforderungen für Encoder	produktspezifische Norm für Sicherheits-Encoder

der Erfüllung der Forderung werden mehrere Parameter zur Quantifizierung des Risikos ermittelt (Tab. 5.2).

Die sich ergebende Versagenswahrscheinlichkeit einer Sicherheitsfunktion wird in vier oder fünf Stufen (Level) eingeteilt (SIL1 – SIL4, SILCL1 – SILCL4 bzw. PL a – PL e). Je höher die Stufe, desto kleiner die Versagenswahrscheinlichkeit. Für sicherheitsgerichtete Anlagen und Maschinen ist eine behördliche Abnahme erforderlich. Für die Auswahl der Subsysteme erfolgt die Beurteilung der Sicherheitsfunktion gemäß einem sogenannten Risikographen. Damit wird ermittelt, welchen Safety Integrity bzw. Performance Level die Subsysteme für die vorgesehene Systemsicherheitsarchitektur vorzusehen ist. Werden in der

Tab. 5.2 Kennwerte zur Risikobeurteilung in funktional sicheren Systemen

Kennwert	Bezeichnung (dt.)	Bezeichnung (engl.)
$MTTF_d$	Erwartungswert der mittleren Zeit zum gefährlichen Ausfall	Mean Time To Dangerous Failure
DC_{avg}	Mittelwert des Diagnosedeckungsgrades	Diagnostic Coverage
PFH_d	Wahrscheinlichkeit eines gefahrbringenden Ausfalls pro Stunde	Probability of Dangerous Failure per Hour

Konstruktion Komponenten mit dem erforderlichen SIL-/PL-Level eingesetzt und diese gemäß den Angaben der Betriebsanleitung der Hersteller eingesetzt, vereinfacht sich die Abnahme der Maschine erheblich. Es gilt zu bedenken, dass die Verwendung sicherer Komponenten nicht automatisch zu einer sicheren Gesamtanlage führt. Sie vereinfachen aber die Erarbeitung eines sicheren Maschinen- oder Anlagenkonzeptes beginnend von der Planung bis hin zur Zertifizierung.

Anwendungen, die generell in den Anwendungsbereich der Maschinenrichtlinie 2006/42/EG fallen, bedürfen einer funktional sicheren Auslegung. Beispielhaft seien genannt die Bühnentechnik, Hängebahnen, Fördersysteme, die Hub-/ Aufzugstechnik, der Maschinen- und Anlagenbau, die Automatisierungstechnik, der Fahrzeugbau und Windenergieanlagen. Da sich in diesen Anwendungen etwas bewegt gilt die Maschinenrichtlinie auch für die Antriebstechnik. Ein großer Prozentsatz der dabei erforderlichen sicherheitsgerichteten Funktionen, die im Zusammenhang mit Bewegungen stehen, lassen sich mit sicheren Drehgebern mit SIL2 bzw. PL d Zertifizierung erreichen. Seltener sind Geräte mit SIL3/PLe Zertifizierung erforderlich. Diese kommen bei Anlagen zum Tragen, an denen mehrere Achsen eine Sicherheitsfunktion lösen oder z. B. bei Pressen. Der geforderte Sicherheitslevel definiert, ob ein konventioneller Drehgeber ausreicht, ob zwei konventionelle Drehgeber oder ein sicherer Drehgeber eingesetzt werden müssen. Manchmal kann auch mithilfe der Steuerung ein SIL2 Drehgeber zu einer nach SIL3 zertifizierbaren Maschine führen. Bei einem sicheren Drehgeber gibt der Hersteller alle sicherheitsrelevanten Daten in seinem Datenblatt an. Im Zusammenhang mit Drehgebern gibt es mehrere mögliche relevante, integrierte Sicherheits-Teilfunktionen nach EN/IEC 61508-5-2 die in Tab. 5.3 auszugsweise aufgelistet sind.

Ausgeführt werden die Sicherheits-Teilfunktionen von sicherheitsbezogenen Teilen von Steuerungen bzw. Antriebsreglern. Diese werden in zwei Gruppen unterteilt:

Tab. 5.3 Sicherheits-Teilfunktionen von Antrieben nach EN 61800-5-2. Beispiele

Abk.	Bezeichnung (dt.)	Bezeichnung (engl.)
SOS	Sicherer Betriebshalt	Safe Operating Stop
SLS	Sicher reduzierte Geschwindigkeit	Safely Limited Speed
SS1	Sicherer Stopp 1	Safe Stop 1
SS2	Sicherer Stopp 2	Safe Stop 2
SLA	Sicher begrenzte Beschleunigung	Safely Limited Acceleration
SAR	Sicherer Beschleunigungsbereich	Safe Acceleration Range
SSR	Sicherer Geschwindigkeitsbereich	Safe Speed Range
SDI	Sichere Bewegungsrichtung	Safe Direction
SLI	Sicher begrenztes Schrittmaß	Safely Limited Increment
SLP	Sicher begrenzte Position	Safely Limited Position
STO	Sicher abgeschaltetes Drehmoment	Safe Torque Off
SSM	Sichere Geschwindigkeitsüberwachung	Safe Speed Monitor
SBC	Sichere Bremsenansteuerung	Safe Brake Control
SCA	Sicherer Nocken	Safe Cam
SLT	Sicher begrenztes Drehmoment	Safely-Limited Torque
SMS	Sichere maximale Geschwindigkeit	Safe Maximum Speed

- sicherheitsbezogene Stopp- und Bremsfunktionen. Diese dienen dem sicheren Stillsetzen eines Antriebs (z. B. sicherer Stopp);
- sichere Überwachungsfunktionen. Diese dienen der sicheren Überwachung des Antriebs während des Betriebs (z. B. sicher reduzierte Geschwindigkeit).

Die Mehrzahl der heute verfügbaren Sicherheits-Teilfunktionen für drehzahlveränderliche Antriebe sind in der Norm EN/IEC 61800-5-2 spezifiziert. Antriebsregler, die diese Norm erfüllen, können als sicherheitsrelevante Teile eines Steuerungssystems nach EN ISO 13849 bzw. EN/IEC 62061 eingesetzt werden. Mit dem Drehgeber können Sicherheits-Teilfunktionen demgemäß mit Bezug auf Drehzahl, Winkelbeschleunigung, Drehrichtung, Stillstand und relative Position unterstützt werden.

Das Gesamtsystem „Sicherer Antrieb" besteht aus mehreren Subsystemen:

- Sicherheitsbezogener Drehgeber
- Sicherheitsgerichtete Steuerung
- Leistungsteil mit Motorleistungskabel und Antrieb
- Mechanische Anbindung zwischen Drehgeber und Antrieb

Erreicht werden die Sicherheitsstufen durch technische und organisatorische Maßnahmen, die für eine Zertifizierung entsprechend zu dokumentieren sind. Die Beurteilung erfolgt anhand von Stücklisten, Ausfalldaten der Bauteile oder FMEAs (Fehlermöglichkeits- und Einflussanalyse). Es gilt unerkannte, d. h. nicht automatisch erkennbare, gefährliche Fehler zu verstehen, d. h. wie verhält sich das System im Fall eines (Bauteil-)Fehlers und wie wird dieser gegebenenfalls erkannt. Können Fehlerfälle nicht ausgeschlossen werden, so werden mehrere Kanäle (meist zweikanalig) vorgesehen. Somit wird die kritische Funktion redundant ausgelegt, meist mit dem Anspruch nach Diversität (Dinge unterschiedlich tun). Die organisatorischen Maßnahmen beinhalten Unternehmensprozesse die entsprechend gestaltet und dokumentiert werden. Eine weitere organisatorische Maßnahme ist die Inbetriebnahme einer Maschine oder Anlage durch eine befähigte Person.

Ziel der funktionalen Sicherheit ist die Minimierung oder Beseitigung von Gefahren, die sowohl im ungestörten als auch im gestörten Betrieb von Maschinen oder Anlagen entstehen können. Dies wird in erster Linie durch redundante Systeme erreicht. So benötigen bewegte Achsen in sicherheitsgerichteten Anwendungen redundante Positionsinformationen, um entsprechende Sicherheitsfunktionen erfüllen zu können. Für den Anwender ist es insbesondere aus Kostengründen wünschenswert sicherheitsbezogene Drehgeber nicht grundsätzlich redundant auslegen zu müssen, sondern auf Ein-Geber-Systeme mit SIL 2 bzw. PL d Klassifizierung zurückgreifen zu können. Bestimmte Drehgeber können durch zusätzliche Maßnahmen in der Steuerung bis SIL 3 bzw. PL e eingesetzt werden.

Eine naheliegende Sicherheitsfunktion ist bei Drehgebern durch die regelmäßige Überwachung der Vektorlänge gemäß Gl. 2.15 gegeben. Auch gibt es Fehlerfälle, die vom Drehgeber allein nicht erkannt werden können. So kann er nicht überwachen, ob die mechanische Anbindung der Sensorik an die angetriebene Welle gegeben ist. Konstruktive Maßnahmen wie Formschluss und Überdimensionierung wären eine Abstellmaßnahme. Reicht dies nicht aus, so kann die Antriebssteuerung oder weitere Sensorik mit ins Sicherheitskonzept für die Maschine oder mechatronische Anlage einbezogen werden. In einem Plausibilitätstest prüft die Steuerung, ob die vom Drehgeber angezeigte Geschwindigkeit, mit der durch die Steuerung vorgegebenen übereinstimmt. Auch der Drehgeber selbst kann intern Diagnosen durchführen und diese ggf. in einem Fehlerspeicher unter Berücksichtigung von Fehlerkategorien speichern. Dies ermöglich eine sofortige Reaktion, wenn kritische Schwellwerte erreicht werden oder für die Bewertung einer Anlage in einem Wartungszyklus (Beispiel: „Wie oft und wie lange wurden kritische Drehzahlen erreicht?").

Besondere Aufmerksamkeit gilt der mechanischen Kopplung zwischen Geber und Antrieb, die prinzipbedingt nur einkanalig ausgeführt ist sich nicht sensorisch überwachen lässt. Dies macht einen Fehlerausschluss auf Versagen dieser Verbindung notwendig, da hier bereits der einzelne Fehler eine gefährliche Situation herbeiführen würde. Die EN ISO 13849 erlaubt derartige Fehlerausschlüsse, sofern sie dokumentiert und begründet sind. In Bezug auf mechanische Fehler wird zumeist auf eine geeignete Überdimensionierung verwiesen. Hinweise darauf, was als „geeignet" gewertet werden kann finden sich wiederum in der EN/IEC 61800-5-2, klare Handlungsvorgaben sind in der EN/IEC 61800-5-3 definiert. So sind Schraubverbindungen gegen Selbstlockern zu sichern. Die Verbindung der Antriebswelle mit der Drehgeberwelle muss mit einer kraftschlüssigen oder einer kraft- und formschlüssigen Verbindung hergestellt werden. Der Einsatz einer Passfeder verhindert dabei Schlupf (drehgeber-, wellenkupplungs- oder anwendungsseitig).

Auch gibt es Maßnahmen im direkten Zusammenwirken von der Steuerung mit dem Drehgeber. So kann der Strom des Netzteils, welches den Drehgeber versorgt, auf einen maximalen vorgegebenen Dauerstrom begrenzt werden, entweder elektronisch oder durch eine Sicherung.

Drehgebersignale sicherheitsbezogener Drehgeber werden immer als Differenzsignale bereitgestellt. Die Signalauswertung der Steuerung muss diese Differenzsignale verwenden.

Bei sicheren Antriebslösungen lassen sich zwei Konzepte unterscheiden. Beim integrierten Sicherheitskonzept besteht das Antriebssystem aus einem Servoregler mit integrierter Safety-Funktionalität und einem sicheren Drehgeber. Bei einem externen Safety Konzept besteht das System aus einem Servoregler ohne Safety-Funktionalität, einem sicheren oder Standard-Drehgeber, sowie einem externen Sicherheitswächter bzw. einer sicheren Steuerung (Abb. 5.2).

Abb. 5.2 Konzepte zur funktionalen Sicherheit mit Drehgebern: links – extern, rechts – integriert. (Quelle: SICK AG)

Bei der Betrachtung der Sicherheitsfunktionen im Zusammenhang mit Drehgebern müssen nicht nur die Geräte an sich mit einbezogen werden, sondern auch die Signalübertragung. Die Übermittlung der Drehgeberinformationen zum Auswertesystem erfolgt zweikanalig. Dies kann klassisch über die Ausgabe analoger Sinus-Cosinus-Signale parallel zu einer SSI-Schnittstelle sein. Zwischenzeitlich gibt es eine Fülle von Schnittstellenstandards, die Positions- und Statusinformation sicher übertragen können und somit selbst über eine Sicherheitszertifizierung verfügen.

5.1.3 Mehrwertfunktionen

Drehgeber sind heute häufig so ausgeführt, dass sie programmierbare Komponenten, meist Mikrocontroller einsetzen. Der Trend hin zu immer höherer Integration in der Halbleitertechnik führt zur Verfügbarkeit von Komponenten mit steigender Leistungsfähigkeit, Speichertiefe und peripherer Funktionalität bei aber immer kleineren Bauformen. Dies unterstützt den Trend bei Drehgebern Mehrwertfunktionen zu bieten. Es wird nicht mehr „nur" die Winkelposition zur Verfügung gestellt, sondern die Steuerung kann mit dem Drehgeber kommunizieren und somit auf weiterführende Funktionen zurückgreifen. Einige sollen an dieser Stelle erwähnt werden.

Inkrementalgeber sind typischerweise sehr starr in deren Konfiguration. Spezielle Inkrementalgeber lassen sich in ihren elektrischen und sensorischen Eigenschaften durch den Anwender nahe am Einsatzort auf die Anwendung anpassen[1] – Wellen- und Flanschoptionen bleiben weiterhin eine fixe Bestelloption. Eingestellt werden können die Auflösung (Anzahl Impulse pro Umdrehung), die Lage und Konfiguration des Nullimpulses (Pulsbreite und Lage relativ zu den A/B Signalen) oder gar der Schnittstellentyp (HTL, TTL, o. ä.; siehe Abschn. 4. 3.2.1). Auf diese Weise kann eine Drehgeberseriennummer für unterschiedliche Anwendungen eingesetzt werden, was sich positiv auf die Flexibilität des Anlagenbauers und dessen Lagerhaltung auswirkt. Allerdings ist der Aufbau eines solchen Drehgebers deutlich aufwendiger als die eines nicht konfigurierbaren Geräts. Konfiguriert werden die Geräte entweder über Mikroschalter (begrenzte Auswahlmöglichkeit) oder über die elektrischen Leitungen. Eigentlich werden

---

[1] Beispiele: EIL580P, HMG10P/PMG10P (Baumer), Ixx58 (TR Electronic), IXARC-Drehgeberbaureihe (Posital), DFS-Inkremental-Encoder (SICK).
Es ist eine entsprechende Hardware für die Programmierung erforderlich.

über die Leitungen von Inkrementaldrehgebern nur unidirektional Positionsänderungen dargestellt. Eine bidirektionale Kommunikation mit einer Steuerung oder
einem speziellen Konfigurationsgerät ist in der Standardkonfiguration nicht möglich. Über spezielle, herstellerspezifische Aufstartsequenzen ist es möglich das
Gerät in einen Modus zu versetzen, in dem es bidirektional kommunizieren kann
(aber keine Positionsinformation mehr liefert). Dazu werden entweder proprietäre
Ansätze ([6]) oder IO-Link[2] verwendet. Ist der Inkrementaldrehgeber konfiguriert, wird er von der Spannungsversorgung getrennt und startet mit seiner neuen
Konfiguration beim Wiedereinschalten.

Alternativ zu der kabelgebundenen Programmierung gibt es auch Inkrementaldrehgeber auf dem Markt die über eine NFC-Funkschnittstelle (Nahfeldkom-
munikation; engl.: „near field communication") Daten zur Konfiguration des
Drehgebers kontaktlos austauschen, auch ohne dass elektrische Spannung bereitgestellt wird,[3]. Unterstützen inkrementelle Drehgeber IO-Link[4] ergeben sich
weitere Vorteile. Im IO-Link-Modus werden Funktionen verfügbar, die ansonsten Drehgebern mit smarten digitalen Schnittstellen vorbehalten sind. So können
über einen IO-Link-Master Prozessdaten (z. B. Zählerwerte, Geschwindigkeit),
Zusatzdaten (z. B. Werte integrierter Sensoren) oder der Inhalt eines elektronischen Typenschilds übertragen werden. Auch bei absoluten Drehgebern gibt es
Produkte mit IO-Link-Schnittstelle[5], wobei diese dann die primäre Schnittstelle
darstellt und IO-Link-Dienste ständig und ausschließlich bereitstehen.

Drehgeber, die auch während des Betriebs bidirektional mit einer Steuerung
kommunizieren können, können dieser auch etwas über den internen Status mit-
teilen. Drehgeberhersteller kennen deren Geräte in der Form, dass es möglich ist
anhand von Signalauswertungen auf den Zustand des Drehgebers zu schließen
oder schlicht interne Signalwerte extern zur Verfügung zu stellen. Ein Beispiel
ist die Verarbeitung der Sensorsignalstärke. Bei optischen Drehgebern, zum Beispiel, degradieren die Lichtquellen über die Zeit. Bei gleichem LED-Strom wird
die Lichtenergie immer geringer. Wenn auch der LED-Strom geregelt wird, kann
es nach einigen Jahren im Betrieb vorkommen, dass eine Regelgrenze erreicht
wird. Der Strom kann nicht weiter erhöht werden, somit wird das Empfangssignal

---

[2] IO-Link ist eine standardisierte Kommunikationstechnologie für den speziellen Einsatz in
Sensoren und Aktoren. Sie ist für Punkt-zu-Punkt Verbindungen geeignet, nutzt drei Leiter
hat eine maximale Datenrate von 230,4 kBit/s und nutzt recht wenig Ressourcen auf dem
Endgerät.

[3] Beispiel: Drehgeber Inkremental WDGN 36x/58x (Wachendorff Automation).

[4] Beispiele: Rx3yyyy (ifm electronic), EB200E (Baumer).

[5] Beispiele: AHS/AHM36 (SICK), SENDIX M36xx/M58xx (Kübler), WH3650M/
WV3650M (SIKO).

schwächer. Wird ein Schwellwert erreicht, so meldet der Drehgeber eine Warnung an die Steuerung. Der Anlagenbetreiber kann einen Austausch des Drehgebers vorsehen. Andere Beispiele interner Diagnose sind die Anzeige des Zustandes des Getriebes eines getriebebehafteten Multiturns oder der Zustand der Batterie bei einem batterie-gepufferten Multiturn. Die Bedeutung solcher internen Diagnosen nimmt mit dem Trend hin zur Zustandsüberwachung (engl.: „Condition Monitoring"), der Vorhersage (engl.: „Prognostics") oder der vorbeugenden Wartung (engl.: „Predictive Maintainance") weiter zu. Bei funktional sicheren Drehgebern sind interne Diagnosen für die Zertifizierung erforderlich.

Speziell bei den Motor-Feedback-Systemen werden sogenannte elektronische Typenschilder zur Verfügung gestellt. Dabei handelt es sich um Bereiche des geberinternen, wiederbeschreibbaren, nicht-flüchtigen Speichers (z. B. EEPROM), den der Drehgeber für die Steuerung bereitstellt und verwaltet. Die Steuerung weist den Drehgeber über die bidirektionale Schnittstelle mittels bestimmter, herstellerspezifischer Befehle an Daten zu speichern, bzw. wieder zur Verfügung zu stellen. Nützlich ist dies zur Speicherung motor- oder anlagenspezifischer Daten wie Seriennummern, Motorparameter, usw. Dies kann die Inbetriebnahme eines Antriebssystems erheblich vereinfachen.

Ein weiterer Trend, der durch moderne Drehgeber unterstützt wird, ist die Möglichkeit Daten geberinterner Sensoren zur Verfügung zu stellen oder gar von geberexternen Sensoren, welche an den Drehgeber angeschlossen werden können und die digitalisierten Daten über die elektrische Drehgeberschnittstelle einer Steuerung zur Verfügung stellen. Bei geberinternen Sensoren handelt es sich vornehmlich um Temperatursensoren. Diese sind in den meisten Drehgebern zur Überwachung der Drehgeber-Betriebstemperatur integriert. Greift die Steuerung auf die geberinterne Temperatur zu, so kann diese nicht nur den Zustand des Drehgebers, sondern auch der Anwendung schließen. Temperatursensoren sind auch das primäre Beispiel für geberexterne Sensoren. Im Bereich der Motor-Feedback-Systeme kann auf diese Weise der Wicklungstemperatursensor in das Sensorsystem integriert werden – über den Drehgeber selbst[6] oder über eine Zusatzelektronik[7]. Die Sensordaten können kontinuierlich übertragen werden oder in Form eines Histogramms gespeichert und dann auf Anfrage übertragen werden. Diese Funktionen unterstützen die Umsetzung von Überwachungs- und vorausschauenden Ansätzen in der Automatisierungstechnik.

---

[6] AD37/AD58S-DQ (Hengstler).

[7] sHub®/sCon® (SICK).

Der Wicklungstemperatursensor ist ein Bespiel für eine sensorische Größe, die nicht intern im Motor-Feedback-System entsteht, sondern in der Anwendung. Die externe Information wird über den Drehgeber erfasst und über dessen Kommunikationsinfrastruktur an eine übergeordnete Steuerung übertragen. Weitere sensorische Größen sind beispielsweise Vibrationen oder die relative Feuchte am Einbauort des Drehgebers und somit an dem Motor, der Maschine oder der Anlage. Auch hier können die Sensoren wieder Drehgeber-intern[8] oder extern[9] angebracht sein. Über diese Parameter kann viel Information über die Anlage gesammelt werden. Mit der entsprechenden Auswertung kann über den Zustand der Anwendung geschlossen werden, z. B. auch mögliche Lagerschäden oder Undichtigkeiten. Vibrationssensoren sind Sensoren, die lineare Beschleunigungen messen – in bis zu allen drei lateralen Raumachsen. Dabei ist darauf zu achten, dass die Vibrationen, die zu Schäden an der Maschine oder Anlage führen können außerhalb der Resonanz des Drehgebers und seiner Kupplungselemente liegt. Ansonsten werden Störungen durch den resonierenden Drehgeber und nicht die der Anwendung erfasst. Ziel solcher Ansätze ist in der Regel die Schaffung eines zuverlässigen Zustandsüberwachungssystems zur Schadensanalyse und -vorhersage bei elektromechanischen Systemkomponenten.

Die beschriebenen Mehrwertfunktionen, sowie der Trend, weitere Sensoren ins System einzubringen wird durch Initiativen wie „Industrie 4.0" weiter an Bedeutung gewinnen. Unter diesem Schlagwort, das sich seit Anfang der 2010er mehr und mehr verbreitet und inzwischen weit in der Anwendung vorgedrungen ist, versteht man Bestrebungen Komponenten und Anlagen in der Industrie weiter zu vernetzen und somit die Generierung und Verbreitung neuer Informationen (auch Sensordaten) zu fordern. Drehgeber können hier eine Brücke schlagen, da man deren „Intelligenz" und vorhandene Infrastruktur sinnvoll nutzen kann. Zusatzfunktionen mit Drehgebern zu realisieren, bietet sich oft an, ist doch der Sensor an Stellen platziert wo mehr Information über einen Motor, eine Maschine oder eine Anlage zu generieren ist, die (weit) über die von Winkel und Drehzahl hinausgeht. Mit der entsprechenden Verkabelung und Kommunikationstechnik, wird aus einem Drehgeber schnell ein „Smart Device".

---

[8] EDS/EDM35 (SICK).

[9] sHub® (SICK).

5.2 Drehgeber

5.2.1 Aufgabe und Anforderungen

Bei Drehgebern unterscheidet man zwischen Inkrementaldrehgebern und Absolutdrehgebern. Inkrementaldrehgeber werden überwiegend für die Drehzahlerfassung eingesetzt, wenn eine Referenzfahrt möglich ist auch für Positionieraufgaben. Bei den Absolutdrehgebern kehrt sich dies um. Sie werden überwiegend für Positionieraufgaben verwendet und seltener für eine Geschwindigkeitsregelung, wofür er dann zusätzlich über Inkrementalsignale verfügt. Äußerlich unterscheiden sich die Geräte dieser beiden Typen wenig. Die mechanischen Schnittstellen sind übertragbar, die Einsatzbedingungen und somit die grundlegende Konstruktion der Geräte identisch. Primäre Unterschiede finden sich in der verwendeten Sensorik und den elektrischen Schnittstellen, somit der gesamten Elektronik. Die elektrischen Schnittstellen sind darauf ausgelegt, dass eine einfache Integration in die Steuerungsebene möglich ist. Entsprechend finden sich dedizierte, etablierte Drehgeberschnittstellen (analog/digital inkremental, SSI) und industrielle Feldbusse.

Inkrementaldrehgeber zeigen eine Positionsänderung über spezielle elektrische Schnittstellen an (Abschn. 5.2.2.1). Weit verbreitet sind solche mit digitalen Inkrementalsignalen basierend auf dem optischen Wirkprinzip des Schattenbildverfahrens (an dieser Stelle eignet sich auch der Begriff des Lichtschrankenverfahrens). Die Sensorik kann recht einfach realisiert werden. Dabei verfügen die Geräte über eine fixe Auflösung. Somit ist aber auch für unterschiedliche Anwendungen, in denen sich die Anforderung für die Auflösung unterscheidet, je ein eigenes Gerät erforderlich. Sind Inkrementaldrehgeber programmierbar in der Auflösung, so verbirgt sich im Drehgebergehäuse ein Singleturn-Absolutdrehgeber. Aus der intern gebildeten Absolutposition werden Inkrementalsignale und der Nullimpuls rechnerisch oder mittels entsprechender Interpolatoren abgeleitet. Kritisch ist dabei die Realisierung von Auflösungen, die nicht einen binären Teilerfaktor erfordern. Der Jitter wird sich dabei mehr oder weniger erhöhen. Ohnehin ist der Jitter ein wichtiger Parameter bei Inkrementalgebern. Er wirkt sich als eine winkelabhängige Varianz in den Ausgangssignalen und somit bei einer konstanten Drehzahl als zeitliche Varianz aus. Schwankungen im Puls-Intervall und im Puls-Pausen-Verhältnis der einzelnen Signale bewirken dies. Bei programmierbaren Inkrementalgebern wird er durch die Interpolation bestimmt, bei Inkrementalgebern mit fixer Auflösung durch Eigenschaften der Teilungsperiode und deren Abtastung (Abb. 5.3).

Abb. 5.3
Oszilloskopdarstellung des
Jitters bei
Inkrementalgebern

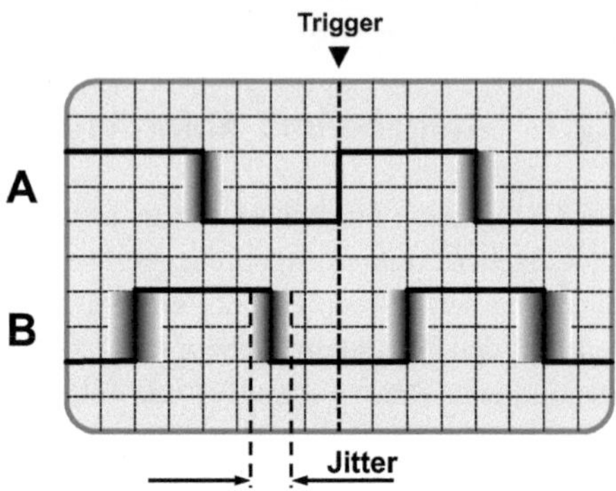

Die Signale eines digitalen Inkrementaldrehgebers werden einer Zählschaltung zugeführt. Dazu werden diese in Zählimpulse umgewandelt. Mit jedem Impuls wird ein Zähler inkrementiert (erhöht) oder dekrementiert (erniedrigt). In welche Richtung gezählt wird hängt von der Drehrichtung der Drehgeberwelle ab. Ermittelt wird sie durch die Beziehung der Inkrementalsignale A und B über einen Zustandsautomaten. Die Initialisierung (z. B. Nullsetzung) des Zählers kann über den Nullimpuls Z des Drehgebers selbst oder über eine geberexterne Einrichtung erfolgen wie, z. B. über einen Endschalter. Dadurch ergibt sich eine pseudo-absolute Winkelposition. Die Zählschaltung kann die Signale unterschiedlich auswerten. Abb. 5.4 stellt die Möglichkeiten beispielhaft dar (andere Auslegungen sind möglich). Bei der 1X-Auswertung löst nur ein bestimmter Pegelwechsel (z. B. steigende Flanke des Signals A) eine Änderung des Zählerstandes aus. Die 2X-Auswertung nutzt zusätzlich den inversen Pegelwechsel des Signals (z. B. steigende und fallende Flanke des Signals A). In diesen beiden Fällen wird Signal B ausschließlich für die Erkennung der Drehrichtung verwendet. Bei der 4X-Auswertung werden beide Pegelwechsel beider Signale genutzt.

Bei der Auslegung der Inkrementaldrehgeberauswertung ist die maximale Zählfrequenz des Zählers der Steuerung zu beachten. Diese liegt typischerweise bei einigen 100 kHz, selten bei mehr als 1 MHz. Abhängig ist die Frequenz von der Drehzahl, der Anzahl Impulse pro Umdrehung des Drehgebers, sowie der Signalauswertung. Es gilt folgende Beziehung:

$$f_{aX} = \mathrm{x} \cdot \frac{n \cdot PPR}{60 \frac{s}{\min}} \tag{5.1}$$

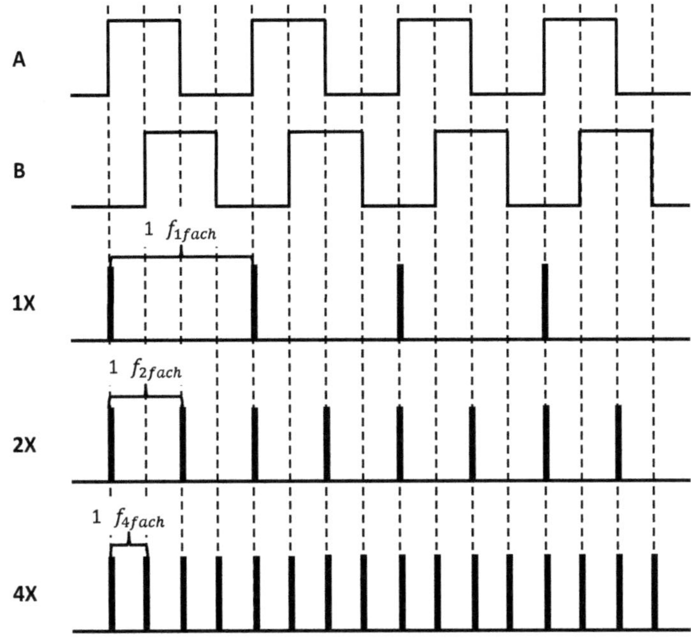

Abb. 5.4 Generierung von Zählimpulsen bei Inkrementaldrehgebern

(f_{aX}: Zählfrequenz bei xX-fach Auswertung in [Hz]; x: 1X-, 2X- oder 4X-Auswertung; n: Drehzahl in [1/min]; *PPR*: Anzahl Impulse pro Umdrehung)

Aus Gl. 5.1 lässt sich auch die maximale Anzahl Impulse pro Umdrehung für eine durch die Zählkarte vorgegebene maximal zulässige Zählfrequenz ermitteln. In dieser Betrachtung gilt es auch die maximale Bandbreite der Drehgebersignale zu berücksichtigen.

Beispiel

Ein Drehgeber mit 65536 Impulsen pro Umdrehung (16 Bit) hat bei einer 4X-Auswertung einen Messschritt von 1,37 m° bzw. 4,94". Bei einer maximal zulässigen Drehzahl von 9000 UPM ergäben sich bei voller Auflösung eine Signalfrequenz von 9,83 MHz und eine Zählfrequenz von 39,3 MHz!◄

Die Geschwindigkeitserfassung kann auf zwei Arten erfolgen. Entweder werden in einem gegebenen Zeitintervall die Anzahl Inkremente erfasst oder es wird die Zeit zwischen zwei Inkrementen ermittelt. Das Zeitintervallverfahren liefert bessere Ergebnisse bei hohen Drehzahlen, wobei das andere Verfahren besser für kleine Drehzahlen geeignet ist.

Generell wird Inkrementaldrehgebern ein gutes Echtzeitverhalten zugesprochen. Ist eine Winkelposition erreicht, die zu einem Inkrementwechsel führt, wird dieser meist ohne große Verzögerung an der Schnittstelle angezeigt. Absolutdrehgeber übertragen eine Winkelposition auf Anfrage der Steuerung. Hier ist die Interpretation nach der Echtzeit eine andere (vgl. SSI, Abschn. 5.2.2.4).

Drehgeber, unabhängig von der Art bieten eine hohe Varianz in der mechanischen Schnittstelle, der Auflösung und der elektrischen Schnittstelle. Somit passen sich diese möglichst ideal an die Anwendung an.

5.2.2   Elektrische Schnittstellen

5.2.2.1   Schnittstellen für Inkrementaldrehgeber

Winkelpositionssignale werden von Inkrementaldrehgebern digital oder analog als Quadratursignalpaarung mit Nullimpuls symmetrisch übertragen, d. h. als Signal und als invertiertes Signal. Die Auswertung erfolgt differentiell. Bei den digitalen Signalen gibt es eine Reihe an Ausprägungen der elektrischen Schnittstelle: TTL/RS-422, HTL oder Open Collector. Bei den analogen Signalen handelt es sich um sinusförmige Signale mit einem Signalpegel von z. B. 1 V_{SS}. Die Signal-Triple haben verschiedene Bezeichnungen, z. B. A/B/Z oder K1/K2/K0 (Quadratursignale: A/B bzw. K1/K2; Nullimpuls: Z bzw. K0) (Abb. 5.5).

Die Signalbreite der digitalen Quadratursignale definiert sich durch die Auflösung des Drehgebers und dessen Drehzahl. Relativ gesehen haben die Signale ein Puls-Pausen-Verhältnis von 1:1 und eine Phasenverschiebung von 90° elektrisch. Der Nullimpuls kann in der Signallänge und -lage relativ zu den Quadratursignalen variieren. Gängige Definitionen sind in Abb. 5.6 dargestellt.

Die Spezifikation der analogen sinusförmigen Quadratursignale folgt denen gemäß Abschn. 4.3.2. Der Nullimpuls wird entweder als digitaler Impuls oder als analoges Signal (z. B. eine Halbwelle eines sinusförmigen Signals) bereitgestellt (Abb. 5.7).

5.2.2.2 Analoge Strom- und Spannungsschnittstellen

In der Sensortechnik sind drei analoge Schnittstellen mit stetigem Verlauf innerhalb des Messbereichs weit verbreitet. Drehgeber nutzen die Strom-, die

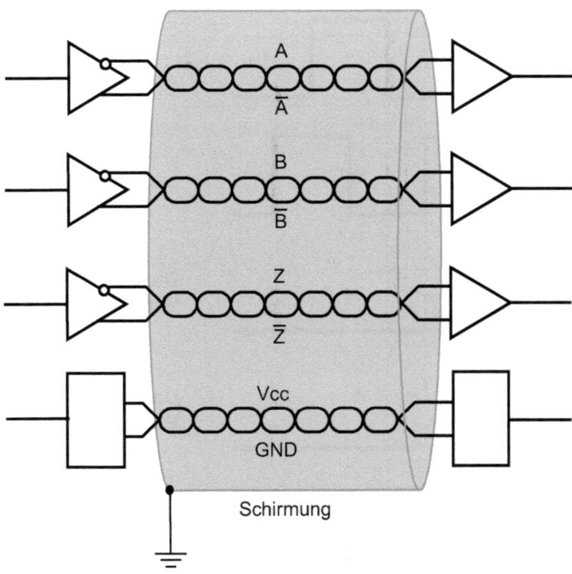

Abb. 5.5 Schematische Darstellung der Inkrementaldrehgeberschnittstelle

Spannungs- und die ratiometrische Spannungsschnittstelle. Dabei wird der Messbereich über einen spezifizierten Signalbereich dargestellt. Dieser Signalbereich wird auch als Einheitsbereich bezeichnet (Abb. 5.8). Bei der Stromschnittstelle liegt dieser typischerweise bei 4–20 mA, bei der Spannungsschnittstelle bei 0–10 V und bei der ratiometrischen Spannungsschnittstelle bei 5–95 % oder 10–90 % der Versorgungsspannung U_s (z. B. Einheitsbereich von 5–95 % und $U_s =$ 5 V führt zu einem Spannungsbereich von 0,25–4,75 V).

Die Spannungsschnittstellen sind steuerungsseitig hochohmig abzuschließen (Kiloohm-Bereich), sodass ein verhältnismäßig kleiner Strom fließt und somit der Spannungsabfall durch den Leitungswiderstand geringgehalten wird. Dieses Problem besteht bei der Stromschnittstelle nicht. Außerdem ist die Stromschnittstelle unempfindlicher gegen elektromagnetische Störungen. Je nach Bürde (Lastwiderstand aus Leitungswiderstand und Abschlusswiderstand mit max. 600 Ω, typischerweise aber geringer) können bei der Stromschnittstelle Leitungslängen mit mehreren hundert Metern verwendet werden, wohingegen die Spannungsschnittstellen eher für kurze Leitungen geeignet sind. Positiv bei, der Strom- und der ratiometrischen Schnittstelle ist, dass im regulären Betrieb zu jedem

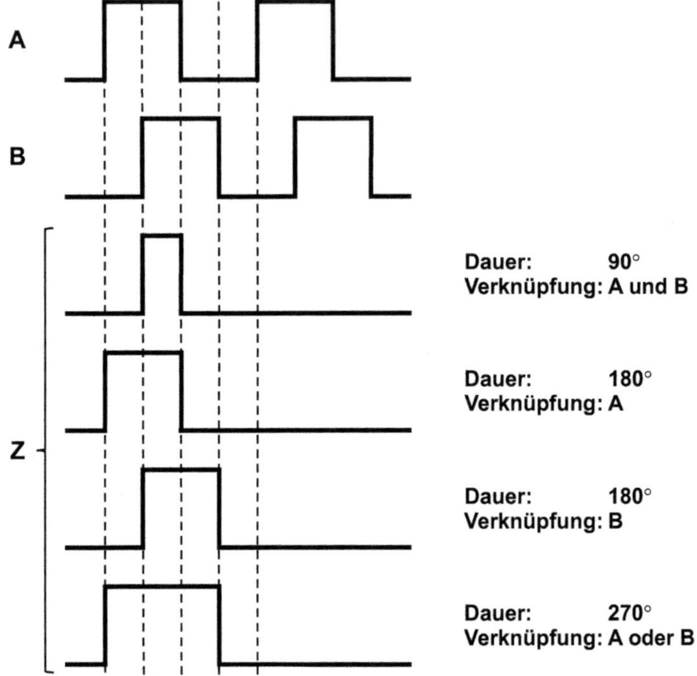

Abb. 5.6   Nullimpulsdefinitionen

Abb. 5.7   Signale bei einem Inkrementaldrehgeber mit sinusförmigen Signalen

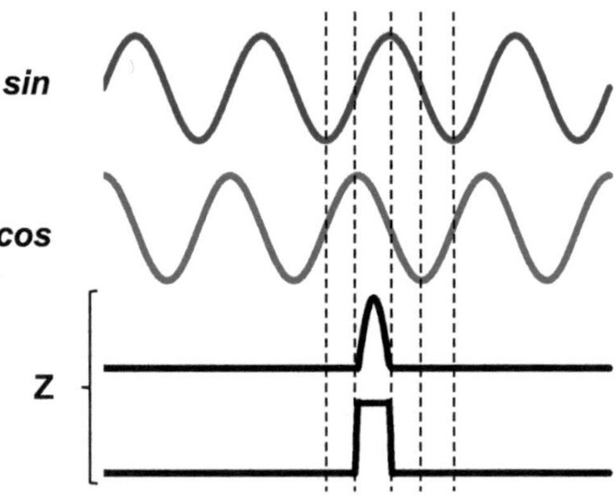

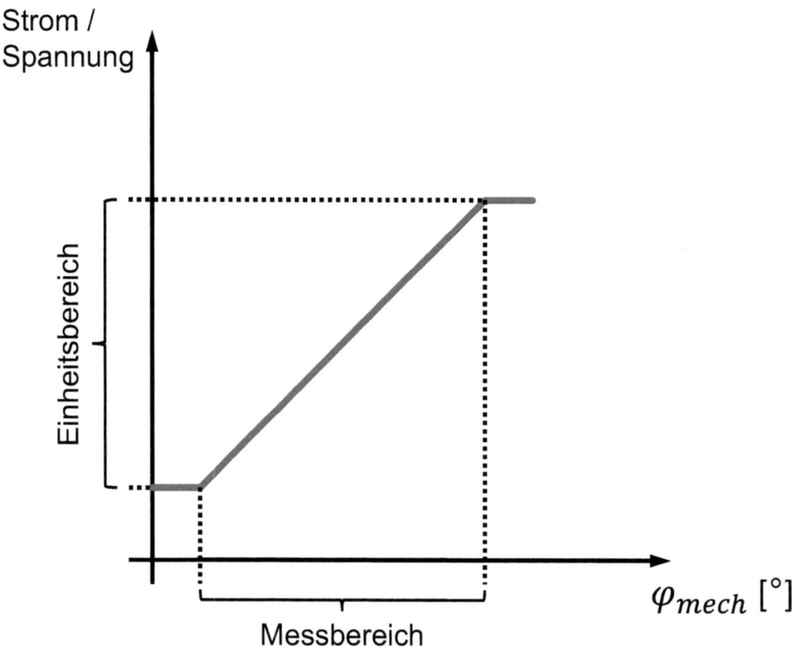

Abb. 5.8 Definition von Messbereich und Einheitsbereich

Zeitpunkt ein Signal ansteht (Strom oder Spannung ungleich Null), was eine Fehlerüberwachung ermöglicht.

5.2.2.3 Parallele Schnittstelle

Bevor die ersten digital-seriellen Schnittstellen (vgl. SSI, Abschn. 5.2.2.4) und Feldbusse (vgl. Abschn. 5.2.2.5) zur digitalen Übertragung von Absolutpositionswerten eingeführt waren, wurden parallele Schnittstellen genutzt. Dabei repräsentiert jede Datenleitung ein Bit des Positionscodewortes. Die Daten sind binär, Gray oder BCD-codiert. Aufgrund der hohen Anzahl an Leitungen, die selbst für Drehgeber mit geringer Auflösung benötigt wird, werden die einzelnen Datenbits nicht differentiell übertragen, sondern nur über eine Ader. Verwendet werden Treiberschaltungen, die von den Inkrementalschnittstellen bekannt sind. Viele Geräte stellen neben der reinen Positionswertübertragung weitere Informationen zur Verfügung. Dazu zählen, z. B. Alarmausgänge oder Paritätsbits zur minimalen Sicherung der Übertragung. Auch werden Steuereingänge bereitgestellt, mit denen man, z. B. das Datenwort einfrieren kann, die Codierrichtung einstellt (aufsteigende Position im Uhrzeigersinn oder Gegenuhrzeigersinn) oder die Treiberstufen hochohmig schaltet. Drehgeber mit diesen Schnittstellen werden auch heute noch angeboten.

5.2.2.4 Synchron-Serielle Schnittstelle

Bei absoluten Drehgebern war lange Zeit die schnelle, echtzeitfähige und dennoch einfache synchron-serielle Schnittstelle (engl.: „synchronous serial interface"; SSI) vorherrschend. Entstanden ist sie zu einer Zeit, als für absolute Drehgeber noch Parallelschnittstellen oder asynchron-serielle Schnittstellen verwendet wurden und Roboter mehr und mehr aufkamen. In Robotern, wo mehrere Achsen aktorisch bewegt werden und jede Drehachse mit einem Motor und Winkelpositionsgeber bestückt ist, führen Drehgeberleitungen mit einem Litzenpaar für jedes aufgelöste Bit zu nicht integrierbaren und fehleranfälligen Kabelbäumen. Asynchrone Schnittstellen sind anfälliger auf Schnittstellenstörungen als synchrone. Die SSI geht auf eine Erfindung der SICK STEGMANN GmbH (heute SICK AG) zurück [1] konnte sich aber schnell und herstellerübergreifend durchsetzen, da die Schnittstelle früh für den allgemeinen Einsatz freigegeben wurde.

Die Schnittstelle nutzt vier Leitungen zur Takt- und Datenübertragung. Ein differentielles Leitungspaar überträgt einen Takt von der Steuerung an den Drehgeber, ein weiteres die Winkelinformation vom Drehgeber an die Steuerung. Die Takte der Steuerung synchronisieren die Datenübertragung zwischen Drehgeber und Steuerung. Die absolute Winkelposition wird kontinuierlich vom Drehgeber abgetastet, das Taktsignal der Steuerung ist nur im Fall einer Positionsabfrage aktiv. Startet die Steuerung eine Positionsabfrage wird mit der ersten Taktflanke in einem Schieberegister die aktuelle Position abgespeichert und mit den weiteren Taktimpulsen über die serielle Datenleitung übertragen (ugs.: ausgetaktet). Auf diese Art erhält die SSI ihre Echtzeitfähigkeit. Die Steuerung „weiß", wann sie die Abfrage gestartet hat, und kann bei Verfügbarkeit der vollständigen Winkelinformation, die zu diesem neuen Zeitpunkt wahrscheinliche Position berechnen (Extrapolation anhand der berechneten aktuellen Geschwindigkeit). Die zu übertragende Wortbreite kann von Anwendung zu Anwendung, gar von einer Abfrage zur nächsten beliebig variieren. Die Anzahl der Takte definiert die Anzahl der übertragenen Bits. Einige Typen unterstützen den sogenannten Ringregister-Betrieb. Werden in diesem Modus mehr Takte ausgegeben als die eigentliche Wortlänge beträgt, beginnt die Übertragung desselben Wortes wieder von vorne. Gesteuert wird die variable Wortlänge über ein Monoflop, das den Steuereingang des Schieberegisters steuert. Mit der ersten Taktflanke wird der aktuelle Wert gespeichert und so lange gehalten bis die Monoflop-Zeit (15–25 µs) nach der letzten relevanten Taktflanke abgelaufen ist. Die nächste Taktflanke führt zur Übernahme einer neuen Winkelinformation. Ein markanter Vorteil dieser Übertragungsprozedur liegt darin, dass die Steuerung den Zeitpunkt und die Geschwindigkeit der Datenübertragung steuern kann. Auf diese Weise ist eine auf die Anwendung angepasste, optimale Übertragungssicherheit möglich. Je nach Leitungslänge sind Datenraten bis 2 MHz möglich. Physikalisch setzt SSI auf dem RS-422- oder dem RS-485-Standard auf. Die Geräte übertragen die Daten entweder im Binär- oder im Gray-Code. Einige Hersteller fügen den eigentlichen Positionsdaten noch Sonderbits hinzu, die über die geberinterne Informationen übertragen werden (z. B. Fehler wie Über-/Untertemperatur oder Sensorproblem) (Abb. 5.9).

Gelegentlich wird die SSI-Schnittstelle mit einer Inkrementalschnittstelle (analog oder digital) kombiniert. Dann wird in der Anwendung der SSI-Kanal für die Ermittlung einer Absolutposition und für den Austausch von Parametern zwischen Steuerung und Drehgeber verwendet. Dieses Konzept verfolgen spezielle Erweiterungen der SSI-Schnittstelle (z. B. EnDat- oder BiSS-Varianten). Die Inkrementalinformation wird für die Ermittlung von Positionsänderungen in Echtzeit genutzt. Auch kann diese Schnittstellenkombination für funktional sichere Anwendungen nützlich sein.

Die SSI tritt immer mehr in den Hintergrund, da heutzutage die bidirektionale Kommunikationsfähigkeit in den Vordergrund rückt, sodass im Bereich der absoluten Drehgeber verstärkt Feldbusse zum Einsatz kommen.

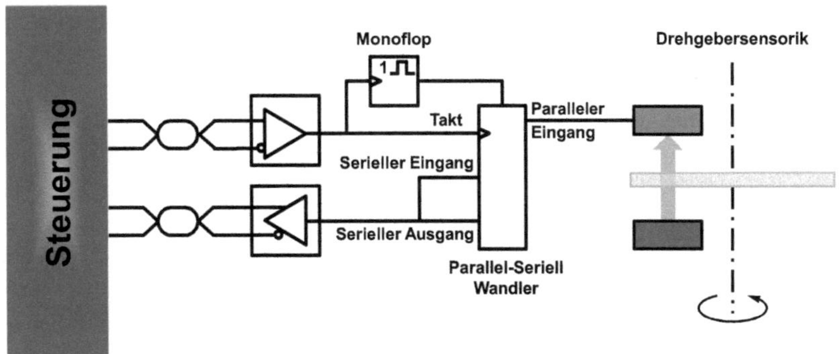

Abb. 5.9 Blockschaltbild zur synchron-seriellen Schnittstelle (SSI)

5.2.2.5 Feldbusse und industrielle Ethernet Systeme

Wikipedia [12] listete zur Zeit der Manuskripterstellung über vierzig verschiedene Feldbussysteme. Viele sind spezifisch für den Anwendungsbereich (z. B. Automobil, Konsumelektronik, Industrie, Gebäudeautomatisierung) oder für eine Region (ergibt sich meist aus einer Stellung eines regional dominanten Herstellers). Einige haben sich in einem Bereich entwickelt und wurden dann in Abwandlung auf andere Bereiche adaptiert (z. B. CAN, Ethernet). An dieser Stelle wird nur auf einige Feldbusse eingegangen, die im industriellen Umfeld, speziell bei Drehgebern eingesetzt werden. Basis für Drehgeber mit Feldbus-Kommunikation sind Absolutdrehgeber.

Ein Feldbus ist ein Bussystem im prozessnahen Bereich zum direkten Anschluss von Sensoren und Aktuatoren mit einer eigenen Intelligenz. Auf einem Feldbus werden Daten zwischen Sensorik und Aktorik und einer Steuereinrichtung in digitaler Form übertragen. Die Übertragung der Prozessdaten muss möglichst schnell, d. h. echtzeitnah erfolgen. Zudem müssen feste minimale und maximale Antwortzeiten garantiert sein. Neben den Prozessdaten, z. B. einer Winkelposition, können zusätzliche Informationen, Dienste und Diagnosedaten ausgetauscht werden. Wurden in der Vergangenheit klassische Feldbusse eingesetzt, haben sich inzwischen Industrial Ethernet Feldbusse in der Automatisierungstechnik etabliert und somit auch bei den Drehgebern. Trotz aller Vorteile die Ethernet-Feldbusse bieten, ist zu beachten, dass diese einen großen Hardware- und Softwareaufwand mit sich bringen und komplex in der Implementierung sind, sodass sie einen großen Kostenblock darstellen. Die für den Drehgeberkern verwendete Technologie beeinflusst den Komplettgerätepreis nur noch unwesentlich. Deshalb entscheidet sich der Anwender immer häufiger für die leistungsfähigeren optischen Drehgeber. Bekannte Beispiele im Bereich der Drehgeber eingesetzten Feldbusse sollen angesprochen werden.

Das CAN-System („Controller Area Network", [13]) hat seinen Ursprung im Automobilbereich. In den letzten Jahren wurden entsprechende Geräteprofile für bestimmte Anwendungsbereiche spezifiziert. Einige dieser Derivate haben sich im industriellen Bereich durchgesetzt. Systeme, die auf CAN basieren, können recht günstig umgesetzt werden, da Basisblöcke in vielen Mikrocontrollern integriert sind und die Verfügbarkeit an CAN-Komponenten sehr hoch ist. Die Datenrate beträgt bei der Highspeed-Version maximal 1 MBaud (Megabit pro Sekunde) bei einer Leitungslänge von ca. 40 m, reduziert sich mit zunehmender Leitungslänge und beträgt noch 50 kBaud (Kilobit pro Sekunde) bei einem Kilometer. Übertragen werden die Daten über ein verdrilltes Adernpaar mit Abschlusswiderständen von 100–130 Ω. Die Nutzdatengröße beträgt maximal acht Byte.

Eine interessante Funktion die CAN bietet ist der Publisher-Subscriber-Service. Somit kann jeder Teilnehmer Daten von jedem Teilnehmer empfangen.

Die erste Spezifikation des CAN-Standards wurde 1993 definiert und wird inzwischen als „CAN-CC" („classic") bezeichnet. Mit CAN FD („flexible data rate") steht seit 2015 die zweite Generation zur Verfügung. Dieser Standard erlaubt es die Datenrate nach dem Verbindungsaufbau an das Netzwerk anzupassen, insbesondere zu erhöhen. Bei Mehrpunkt-Netzen sind Datenraten von 2 MBaud möglich, bei Punkt-zu-Punkt-Verbindungen können 5 MBaud erzielt werden. Weiterhin wurde das Datenfeld auf bis zu 64 Byte vergrößert. Die dritte Generation des CAN-Protokolls wurde 2024 normiert. Bei CAN XL („extended data-field length") erweitert sich die maximale Datenfeldlänge auf 2048 Byte und die konfigurierbare Datenrate kann bis zu 20 MBaud betragen ([14]) – und stößt damit in die Domäne Ethernet-basierter Standards vor, wie z. B. 10Base-T vor ([15]).

CAN ist durch die „International Organization for Standardization" (ISO) spezifiziert. CAN-CC, CAN-FD und CAN-XL definieren die unteren beiden Schichten des ISO-OSI-Modells, d. h. die physikalische und die Sicherungsschicht. Somit hat CAN Vorteile gegenüber anderen klassischen Standards für die serielle Kommunikation, die nur die physikalische Schicht definieren, z. B. RS-485. Weitere Vorteile ergeben sich hinsichtlich höherer Übertragungsgeschwindigkeiten, Zuverlässigkeit der Übertragung, u. a. durch integrierte Fehlererkennung, Robustheit gegen elektromagnetische Störungen und geringe Kosten durch preisgünstige Transceiver und Mikrokontroller zur Umsetzung der Protokolle. Die höheren Schichten für CAN, insbesondere die Anwendungsschicht, werden durch spezifische Protokolle definiert.

Während CAN-CC über die höherschichtigen Protokolle CANopen, DeviceNet oder SAEJ1939 in der Automatisierungstechnik weit verbreitet sind, ist CAN-FD dabei sich zu etablieren. Ob und wann CAN XL als Protokoll in der Automatisierungstechnik und somit in Drehgebern eingesetzt wird, bleibt abzuwarten.

CANopen ist ein sehr weit verbreitetes, auf CAN basierendes, Kommunikationsprotokoll. Es wird durch die CiA-Vereinigung („CAN in Automation") spezifiziert. CANopen definiert Kommunikationsprofile die hauptsächlich in der Automatisierungstechnik und zur Vernetzung innerhalb komplexer Geräte verwendet werden. Die Anzahl der Knoten wird typischerweise durch die Treiberfähigkeit der Bustreiber begrenzt. Gängig ist die Anzahl von maximal 64, verschiedentlich 128 Teilnehmern in einem Bereich. Die Adressen werden über mechanische Schalter oder über den Bus eingestellt. Durch den Publisher-Subscriber-Service können Systeme, die koordinierte Aktionen ausführen, aufgebaut werden.

Ein weiteres auf CAN basierendes Protocol ist SAE J1939 das durch die SAE („Society of Automotive Engineers") definiert wurde. Dieses wird vorwiegend im Nutzfahrzeugbereich (z. B. landwirtschaftliche oder baugewerbliche Fahrzeuge) eingesetzt – durch die fortschreitende Automatisierung in diesem Bereich spricht man inzwischen von der „mobilen Automation". Die Datenrate beträgt fix entweder 250 kBaud oder 500 kBaud. Ein Segment kann bis zu 254 Knoten führen. In der Landwirtschaft und Kommunaltechnik kommt der ISOBUS, der eine Erweiterung des SAE J1939 darstellt, zur Steuerung und Überwachung von Anbaugeräten zum Einsatz.

Durch die CiA wurden eine Reihe an Geräte- und Applikationsprofilen definiert. Drehgeber nutzen das Geräteprofil für Drehgeber (CiA 406) zur Übermittlung der Gerätekonfiguration, von Diagnosedaten und von Messwerten ([16]). Neben der Position und der Geschwindigkeit spezifiziert das Profil auch Prozessdaten für Beschleunigung und Winkelruck (Abschn. 2.1). Ein anwendungsspezifisches Profil, das von Drehgebern genutzt und unterstützt wird, wird in Fachkreisen mit CANopen-Lift bezeichnet und findet entsprechend Anwendung in Aufzugssteuerungen (CiA 417).

DeviceNet ist ein Kommunikationsprotokoll, das überwiegend im nordamerikanischen Markt verbreitet ist, das ebenfalls auf CAN basiert. Es wird von der ODVA („Open DeviceNet Vendor Assoziation") als offener Standard spezifiziert. Auch hier können bis zu 64 Knoten in einem Bereich verwendet werden, wobei die Adresse über Dreh- oder DIP-Schalter („dual in-line package") für jeden Knoten manuell eingestellt werden kann, gelegentlich auch über den Bus. DeviceNet verwendet das CIP-Protokoll („Common Industrial Protocol"), der in internationalen Märkten zur Anwendung kommt. Es stehen nur festgelegte Datenraten bis maximal 500 kBaud bereit, die meist auch über mechanische Schalter eingestellt werden. Drehgeber nutzen das DeviceNet Protokoll überwiegend in der Automatisierungstechnik.

Eine weitere digitale Schnittstelle, die durch die SAE definiert wurde, ist SENT („Single-Edge Nibble[10] Transmission" SAE J2716). Diese steht jedoch nicht im Zusammenhang mit CAN. Sie wird für die Kommunikation von Sensoren und Steuergeräten in der Automobilelektronik verwendet. Zu den typischen Anwendungen gehören Fahrzeuge, Gabelstapler, landwirtschaftliche Maschinen und Anbaugeräte zu Zugfahrzeugen. Die Schnittstelle ist einfach gehalten und ermöglicht über eine dreipolige Kabelverbindung eine unidirektionale Kommunikation von einem Sensor zu einer Steuerung. Der eigentliche Dateninhalt besteht aus ein bis sechs Nibble, also insgesamt maximal 24 Bit. Ergänzt wird eine

---

[10] Ein Nibble ist eine Dateneinheit bestehend aus vier Bit, d. h. ein „Halb Byte".

SENT-Nachricht um acht Bit, die für Fehlererkennung und generische Informationen genutzt werden. Da die Schnittstelle asynchron arbeitet, wird jeder Datenrahmen durch eine Synchronisationssequenz von 56 Ticks (Einheit zwischen zwei fallenden Flanken) eingeleitet. Eine Tick-Periode dauert zwischen 3 μs und 90 μs.

Der LIN-Bus („Local Interconnect Network") ist ein Feldbus für die Vernetzung von Sensoren und Aktoren und ist speziell auf kostengünstige Netzwerke mit geringeren Echtzeit- und Bandbreitenanforderungen ausgelegt. Verwaltet wird der Standard durch ISO. Ein LIN-Netzwerk setzt sich zusammen aus einem „Commander" und einem oder mehreren „Respondern". Ein Netzwerk umfasst maximal 16 Knoten. Commander ist typischerweise ein Mikrocontroller, dessen UART-Hardware für die Umsetzung des Protokolls genutzt wird. LIN arbeitet mit einer einzigen Signalleitung. Die Datenrate ist auf maximal 20 kBaud begrenzt.

PROFIBUS („Process Field Bus") ist ein von der PNO (PROFIBUS Nutzerorganisation e. V.) spezifizierter Feldbus und findet in den globalen, insbesondere aber europäischen Automatisierungsmärkten Anwendung. Er ermöglicht große Leitungslängen (bis maximal 1,2 km) und hohe Datenraten (bis 12 MBaud). Die physikalische Übertragung basiert auf RS-485 über verdrillte und geschirmte Leitungen mit einer Wellenimpedanz von 150 Ω oder Lichtwellenleiter. Bis zu 31 Teilnehmer können sich ein Bussegment teilen, wobei in einem Bereich bis zu vier Segmente kaskadiert, werden können. Es gibt spezifische Ausführungen, wobei PROFIBUS DP (PROFIBUS für Dezentrale Peripherie) für den schnellen Datenaustausch einer zentralen Steuerung mit dezentralen Peripheriegeräten im Bereich der Automatisierungstechnik, d. h. Sensoren und Aktoren bestimmt ist. In der Version 2 ist PROFIBUS DP sogar taktsynchron. Die Übertragung ist deterministisch, sodass Latenzen bekannt sind und kompensiert werden können. PROFIsafe definiert ein Profil für funktional sichere Anwendungen. Ein PROFIBUS DP Telegramm umfasst maximal 244 Byte an Nutzerdaten. Jedes Gerät im Netzwerk hat eine eindeutige Adresse zwischen 0 und 126. Eine typische PROFIBUS-DP-Buskonfiguration arbeitet mit einem Master–Slave-Verfahren, wobei der Master in einer zyklischen Reihenfolge mit den Slaves Daten austauscht.

Eine weitere Familie an Feldbussen fasst man unter dem Begriff „Industrial Ethernet" zusammen. Darunter versteht man Derivate des aus der kommerziellen Kommunikation (z. B. Büro) bekannten Ethernets, die für den industriellen Einsatz geeignet sind. Da hier die Echtzeitfähigkeit in der Datenübertragung eine wichtige Rolle spielt und die industriellen Ethernet-Busse genau hier ansetzen, verwendet man auch den Begriff „Echtzeit-Ethernet". Dafür definieren die Derivate unterschiedliche Zuweisungsmechanismen. Die unteren Schichten gemäß

Tab. 5.4 Industrial Ethernet Feldbusse mit Verwendung bei Drehgebern

Ethernet-Standard	Nutzerorganisation
PROFINET, PROFINET I/O	PROFIBUS Nutzerorganisation e. V. (PNO)
EtherNet/IP („Industrial Protocol")	Open DeviceNet Vendor Association (ODVA)
EtherCAT	EtherCAT Technology Group
Ethernet POWERLINK	Ethernet Powerlink Standardization Group
SERCOS III („Serial Realtime Communication System")	Sercos International e. V
CC-Link IE	CC-Link Partner Association
Modbus/TCP	Modbus Organization, Inc

dem ISO-OSI-Modell werden vom Standard-Ethernet übernommen. Es können verschiedene Netz-Topologien wie Linie, Ring, Baum, Stern und deren Kombination installiert werden. Über Ethernet können große Datenmengen mit hohen Datenraten übertragen werden. Als Medium dienen Kupfer oder Lichtwellenleiter. Für eine sichere Datenübertragung werden Netze grundsätzlich mit galvanischer Isolierung mit Übertragern aufgebaut. Generell sind die EMV-Störsicherheit sowie der Betriebstemperaturbereich gegenüber dem Standard-Ethernet erhöht. Inzwischen werden Übertragungszyklen bis 100 µs oder gar darunter realisiert. Peripheriekomponenten (elektromechanisch und elektronisch) sind weit verbreitet und entsprechend günstig. Der Hardware- und Implementierungsaufwand für die Schnittstelle ist allerdings hoch. Alle Industrie-Ethernet-Systeme sind bestrebt eine durchgängige Kommunikation innerhalb einer Fabrik bis ins Büro zu ermöglichen. Beispiele industrieller Ethernet-Systeme sind in Tab. 5.4 aufgelistet.

Mit der fortschreitenden Digitalisierung, insbesondere durch Industrie 4.0, werden neue Dienste benötigt und implementiert, die auf der Infrastruktur von Drehgebern mit Industrial Ethernet Schnittstelle aufbauen. Diese bringen einen Mehrwert angefangen von der Prozessoptimierung über eine verbesserte Auslegung von Maschinen und Anlagen bis hin zur vorbeugenden Wartung und gezielten Planung von Serviceeinsätzen und erhöhten Anlagenverfügbarkeit.

OPC UA (Open Platform Communications Unified Architecture) ist ein Standard für den sicheren und zuverlässigen Transport von Rohdaten und vorverarbeiteten Informationen von der Sensor-/Aktor- und Feldebene bis hinauf zum Leitsystem und in die Produktionsplanungssysteme oder eine Cloud. Weiterhin ist es für den Datenaustausch zwischen Maschine und Maschine nutzbar. Das Protokoll ist unabhängig von Herstellern, Plattformen, Programmiersprachen oder Betriebssystemen. Voraussetzung ist die Verwendung eines Internet

Protokoll Systems. Wurden bisher überwiegend Rohdaten übertragen, unterstützt OPC UA Datenstrukturen mit kontextbezogener Semantik. Dabei ist es skalierbar, sodass es von ressourcenarmen Sensoren genauso umgesetzt werden kann wie auf Steuerungen, PCs oder Mobilgeräten. So können Sensoren Identifikations-, Mess- und Diagnosedaten sowie Konfigurationsparameter mit dem Internet austauschen. OPC UA kann über einen Industrial Ethernet Feldbus, typischerweise mittels TCP/IP, betrieben werden. Dabei kann das OPC UA Protokoll parallel und unabhängig vom Prozessdatenstrom betrieben werden.

Drehgeber, die über das Industrial Ethernet TCP/IP-Stack-Funktionalität anbieten, wie z. B. Ethernet/IP oder PROFINET, können einen integrierten Webserver bereitstellen. Darüber können Drehgeber-Werte angezeigt, Konfigurationen angepasst oder Firmware aktualisiert werden. Hierzu kann ein handelsüblicher Browser eingesetzt werden. Bei Drehgebern mit EtherCAT-Implementierung können Firmware-Updates ohne Webserver über die Steuerung durch das Protokoll File Access over EtherCAT (FoE) erfolgen.

Zwischenzeitlich gibt es auch für alle gängigen Industrial Ethernet Feldbusse Protokollerweiterungen zur Umsetzung sicherer Kommunikation (Tab. 5.5). Die Protokolle dienen dazu sicherheitsrelevante Daten über ein unsicheres Kommunikationsmedium zu übertragen und sorgen dafür, dass die Sicherheitsdaten trotz möglicher Störungen korrekt und verlässlich bereitstehen. Drehgeber folgen diesem Trend.

Geht es bei der sicheren Kommunikation im Sinne einer funktionalen Sicherheit um den Schutz von Menschen und Maschinen (Safety), so widmen sich sichere Systeme im Sinne von IT-Sicherheit dem Schutz vor Manipulation oder gar Spionage (Security). Systeme welche die internationale Normenreihe für Cyber-Security in der Industrieautomatisierung, IEC 62443, umsetzen, stellen

Tab. 5.5 Protokollerweiterungen für funktionale Sicherheit gängiger Industrial Ethernet Feldbusse

Ethernet-Standard	Protokollerweiterung
PROFINET, PROFINET I/O	PROFIsafe
EtherNet/IP („Industrial Protocol")	CIP Safety
EtherCAT	Failsafe over EtherCAT (FSoE)
Ethernet POWERLINK	OpenSafety
SERCOS III	Safety over SERCOS
CC-Link IE	CC-Link IE Safety
Modbus/TCP	Modbus/TCP Security Protocol

eine hohe Anlagenverfügbarkeit bereit und schützen die Systeme vor Missbrauch. Denn auch Industrieanlagen können Ziel von Hackerangriffen werden, um diese lahm zu legen, um wirtschaftlichen oder gesellschaftlichen Schaden zu provozieren. So können falsch konfigurierte Drehgeber Schäden in der Fabrikautomation verursachen, oder Daten von Anlagen wertvolle Hinweise auf Produktionsprozesse und -volumina geben.

5.2.3   Anwendungen und spezielle Drehgebervarianten

Einsatzgebiete für Drehgeber gibt es im industriellen Umfeld unzählig viele: Überall dort, wo sich Achsen drehen, rotative Bewegungen in lineare oder lineare Bewegungen in rotative umgesetzt werden, und damit eine Winkellage gemessen werden soll, kommen sie zum Einsatz. Sie werden in unzähligen Branchen eingesetzt: Automobilindustrie, Verpackungsmaschinen, Holzverarbeitung, Druck, Getränke und Nahrungsmittel, Pharma und Kosmetik, Werkzeugmaschinen, Kunststoff und Gummi, Handhabungs- und Montagetechnik, Textil, Elektronik, regenerative Energien, Fördertechnik, autonome Fahrzeuge, Industriefahrzeuge, etc., etc.

Ein Anwendungsgebiet soll etwas konkreter dargestellt werden: der Ersatz mechanischer Steuerungen durch elektronische. Das erste Beispiel ist die sog. „Königswelle". Müssen mehrere Achsen synchron zueinander betrieben werden, wurde in mechanischen Systemen eine Achse als Königswelle definiert. Alle anderen Achsen, die hierzu synchron laufen sollen, wurden an diese über ein Getriebe oder Gelenkwellen mechanisch gekoppelt. So bewegen sich alle Achsen im Gleichlauf. Ein anderes Beispiel einer mechanischen Bewegungssteuerung ist die Kurvenscheibe. Zyklisch wiederkehrende Abläufe umfassen zumeist mehrere beteiligte Bewegungsachsen. Diese Aktuatoren werden dabei in einer genau definierten Sequenz verfahren. Zur Synchronisation wurden früher mechanische Kurvenscheiben verwendet. Inzwischen werden diese mechanischen Funktionen durch elektronische ersetzt. Hierzu werden dynamische Antriebe benötigt. Die Bewegungsachsen werden mit Drehgebern versehen, die echtzeitfähig sind und eine hohe Auflösung bieten. Dabei werden oft absolute Multiturn-Drehgeber verwendet. Meist sind diese in ein Industrial Ethernet Netzwerk eingebunden, so dass sie direkt an die SPS angebunden werden können.

Sogenannte Heavy-Duty Ausführungen adressieren harsche Anwendungsbedingungen. Diese Bezeichnung hat allerdings keine einheitliche Definition. Ein oft genanntes Attribut ist die geringe Ausfallwahrscheinlichkeit trotz Überbelastung. Heavy-Duty-Drehgeber sind für den Einsatz unter extremen Betriebsbedingungen konzipiert (18, 17). Somit ergeben sich die Hauptunterschiede zu „Standard-" Drehgebern in der mechanischen und elektrischen Robustheit, der IP-Schutzart sowie der Robustheit von Kabelanschlüssen und/oder Dichtungen (z. B. Labyrinth-Dichtungen ersetzen einfache Wellendichtungen,). Zur Erreichung hoher radialer und/oder axialer Wellenlasten werden die beiden, entsprechend groß dimensionierten, Drehgeber-Kugellager meist zweiseitig an der Welle, d. h. jeweils an den Gehäuseenden platziert. Gehäusewände werden dicker ausgelegt als üblich. Weitere Maßnahmen werden ergriffen, um den erhöhten Temperatur-, Feuchtigkeits-, Staub-, Schock- und Vibrationsbelastungen stand zu halten. Schäden durch den Kontakt mit aggressiven Medien, wie z. B. Chemikalien oder Salzwasser, wird durch Einsatz geeigneter Gehäusebeschichtungen begegnet. Zusätzlich sind sie gesteigerten EMV-Anforderungen ausgesetzt, sodass die Elektronik erhöhte Zuverlässigkeitsanforderungen erfüllen muss. Belastungsfähige Leitungsausgangstreiber sind neben den Anforderungen an EMV auch für den Einsatz von Leitungslängen weit über 100 m ausgelegt. Es gibt auch Anwendungen in denen Lichtwellenleiter zur Datenübertragung eingesetzt werden müssen. Wellenströme (Abschn. 5.3.1) treten in diesen Einsatzumgebungen ebenso auf, sodass elektrisch isolierende Kugellager oder Wellen eingesetzt werden. All diese Maßnahmen lassen sich nur durch Bauformen größer 60 mm Durchmesser realisieren. Entsprechend gerüstet finden Heavy-Duty-Drehgeber Einsatz in Stahl- und Walzwerken, der Hafen- und Krantechnik, im Berg- und Tagebau, im Materialtransport und der Fördertechnik, der Bahntechnik, bei Großmotoren und -generatoren, in Windenergieanlagen oder, mit ATEX-Zulassungen auch in der Öl- und Gasindustrie. In diesen Anwendungsgebieten findet sich auch eine Besonderheit: Heavy-Duty-Kombinationen. Dazu werden zwei oder mehr rotatorische Sensoren mechanisch hintereinander gekoppelt. Inkrementale oder absolute Drehgeber werden mit einem weiteren Drehgeber („Zwillingsgeber" → Redundanz und ggf. Diversität) und/oder mit Tachogeneratoren, Positions- und/ oder Drehzahlschalter kombiniert.

Eine Spezialvariante für Drehgeber sind Seilzug-Drehgeber (elektronisches Maßband). Bei diesen werden Inkremental- oder Multiturn-Absolutgeber mit einem Seilzugmechanismus kombiniert. Ein Seil wird auf eine Trommel aufgewickelt. Die Trommel ist zum einen axial mit der Drehgeberwelle verbunden und zum anderen über eine Rückhaltefeder mit dem Gehäuse, wodurch das Seil gespannt wird. Das freie Ende des Seiles wird an ein bewegtes Objekt angebracht, eventuell auch über Umlenkrollen. Somit kann sehr einfach eine lineare Bewegung gemessen werden. Seilzug-Drehgeber gibt es für kurze Längen aber auch

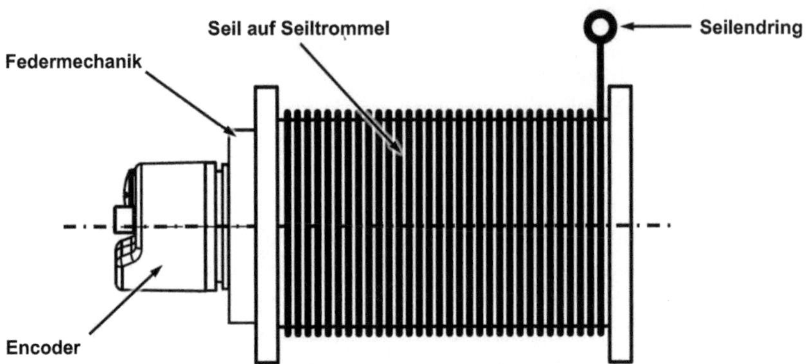

Abb. 5.10 Schematische Darstellung eines Seilzug-Drehgebers

für Anwendungen mit Messlängen von mehreren Dutzend Metern (Abb. 5.10). Typisch ist, dass das Seil auf der Trommel nur einlagig gewickelt wird, da sich sonst der Durchmesser der Wickellage über die Seillänge ändert, und somit das Verhältnis der Weglänge zu einer Umdrehung. Dies erklärt die große axiale Bauform für Seilzug-Drehgeber mit großer Messlänge.

Da der Drehgeber anzeigt, wie weit das Messseil von der Trommel abgewickelt ist, ist in der Anwendung darauf zu achten, dass das Messseil immer gespannt ist. Ansonsten ergeben sich Messfehler. Die Auflösung wird meist im Datenblatt direkt als lineares Maß angegeben. Bei der Auswahl eines Seilzug-Drehgebers ist auf die maximal mögliche Geschwindigkeit und Beschleunigung zu achten. Außerdem ist bei Seilzug-Drehgebern die maximale Anzahl an Hüben mechanisch begrenzt und nur ein relativ kleiner Auszugswinkel erlaubt. Über einen modularen Aufbau lassen sich für gewöhnlich an eine Seilzugmechanik unterschiedliche Drehgeber anbringen – für gewöhnlich steht die volle Bandbreite an Möglichkeiten in diesem Bereich zur Verfügung (Tab. 5.6).

Eine andere spezielle Ausprägung von Drehgebern sind die Messrad-Drehgeber. Auch diese setzen eine lineare Bewegung direkt in eine rotative um. Über einen Federmechanismus wird der Drehgeber über ein Messrad an die Anwendung adaptiert. Basis für Messrad-Drehgeber können auch wieder Inkremental- oder Absolutdrehgeber sein. Angezeigt wird dabei die Winkeländerung oder der absolute Winkelwert, also nicht ein linearer Verfahrweg. Um dies zu ermitteln, muss die Steuerung den Umfang des Messrades kennen. Die Messräder können unterschiedlich gestaltet sein. Es gibt u. a. Messräder aus Gummi (als O-Ring), Kunststoff oder metallischem Material, glatt oder geriffelt bzw. mit

Tab. 5.6 Anwendungsbeispiele für Seilzug-Drehgeber

Bereich	Anwendung
Flurförderfahrzeuge und Gabelstapler	• Positionierung der Hubhöhe und Messung der Gabelweite
Hubgestelle	• Bündige Positionierung von Plattform und Zielebene
Scherenhubtische	• Messung der Plattformhöhe
Verladekrane	• Hubhöhe und Horizontalposition eines Containers
(Knickarm-)Ladekrane	• Auslegeposition des Greifers Position der ausfahrbaren Stützen
Patiententische	• Höhe und horizontale Position

Rändel. Die Auswahl wird durch die Anwendung definiert. Wichtig sind dabei z. B. die maximal mögliche Beschleunigung (hohe Werte können zu Schlupf führen) oder die Empfindlichkeit der Oberfläche der Anwendung auf Einprägungen. Abb. 5.11 skizziert einen Aufbau und die darauffolgende Tabelle nennt einige typische Anwendungen (Tab. 5.7).

Werden zwei hochauflösende Drehgeber an den beiden Enden einer Welle mit bekannten Torsionseigenschaften angebracht, kann über den Differenzwinkel das Drehmoment, das auf die Achse wirkt, ermittelt werden:

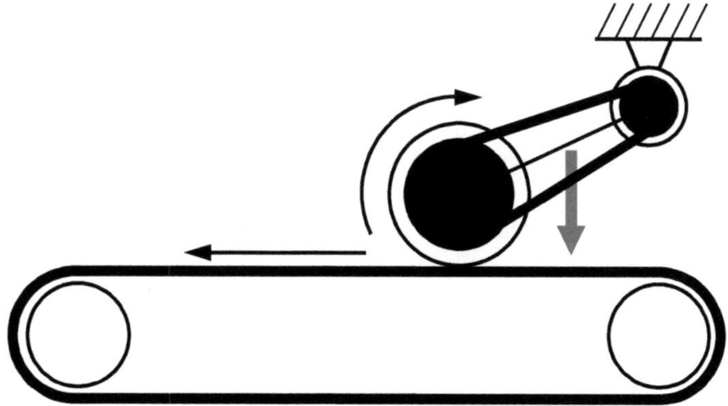

Abb. 5.11 Anwendungsbeispiel für einen Messrad-Drehgeber

Tab. 5.7 Anwendungsbeispiele für Messrad-Drehgeber

Bereich	Anwendung
Fördertechnik	• Geschwindigkeitsmessung von Förderbändern
Drucktechnik	• Längenmessung von zu schneidenden Druckerzeugnissen • „drop-on-demand" Tintenstrahldrucktechnik
Holzindustrie	• Geschwindigkeits- und Längenmessung in der Holzpanelverarbeitung
Straßenbau	• Fahrzeug- oder personengeführte Wegmessung

$$M = c_T \cdot \Delta\varphi \qquad (5.2)$$

(M: Drehmoment in [Nm]; c_T: Torsionssteifigkeit in [Nm/rad]; $\Delta\varphi$: Verwindungswinkel in [rad])

Vorteil dieses Ansatzes zur Torsionsmessung ist, dass gleichzeitig der Drehwinkel einer rotierenden Achse erfasst werden kann. Inkrementaldrehgeber können allerdings nur sinnvoll bei sich (genügend schnell) drehender Welle eingesetzt werden, d. h. statische Drehmomente können nicht erfasst werden. Das Verfahren ist eine Phasenmessung, wobei einer der Drehgeber die Referenz definiert (Abb. 5.12).

5.3　Motor-Feedback-Systeme

5.3.1　Aufgabe und Anforderungen

Ein wichtiges Einsatzgebiet für Drehgeber liegt im Bereich der Servoantriebstechnik [7–9, 10, 11]. Drehgeber besonderer Bauart, die Motor-Feedback-Systeme (MFB) werden direkt in einen Servomotor eingebaut oder daran angebaut. Aus dem (Echtzeit-)Rotorlagesignal werden alle für die klassische notwendigen Informationen, d. h. Rotorlage, Drehzahl und Kommutierung abgeleitet (Abb. 5.14). In den frühen Jahren wurden für die drei Messparameter eigene Sensoren eingesetzt, d. h. ein Tachogenerator für die Drehzahl, je ein Kommutierungsgeber und ein Drehgeber für die Rotorlage (Abb. 5.13). Das ist kostspielig und aufwendig in Montage und Verkabelung. Außerdem steigt mit der Anzahl der Komponenten auch die Ausfallwahrscheinlichkeit des Systems. Seit den frühen 1990er Jahren, unter anderem unterstützt durch die Einführung digitaler Techniken in Umrichtern und Drehgebern (Mikro- und/oder digitaler Signalprozessor) begann der Weg der Motor-Feedback-Systeme. Diese liefern Informationen, über die Rotorlage- oder

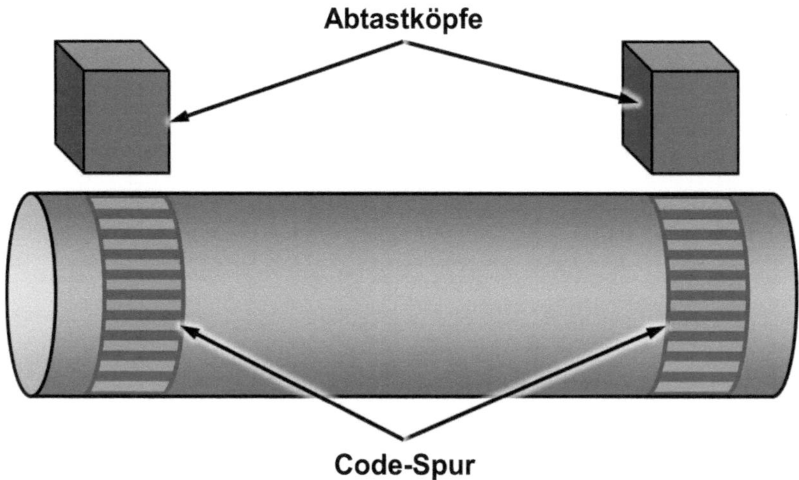

Abb. 5.12 Prinzip zur Drehmomentmessung basierend auf Differenzwinkel mittels Drehgeber-Kits

die Rotorlagenänderung und der Umrichter leitet, daraus alle Informationen für die Kaskadenregelung ab (Abb. 5.15).

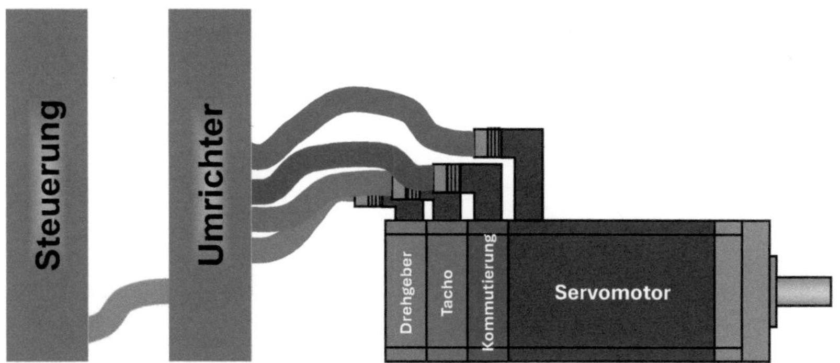

Abb. 5.13 Servoantriebssystem mit Gebern für Winkel, Geschwindigkeit und Kommutierung

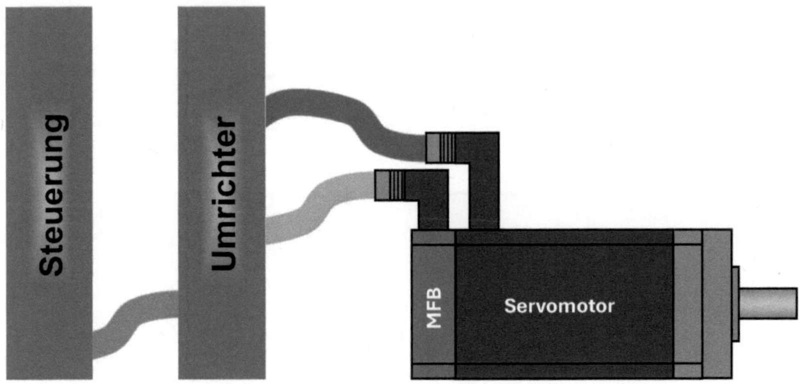

Abb. 5.14 Servoantriebssystem mit Motor-Feedback-System

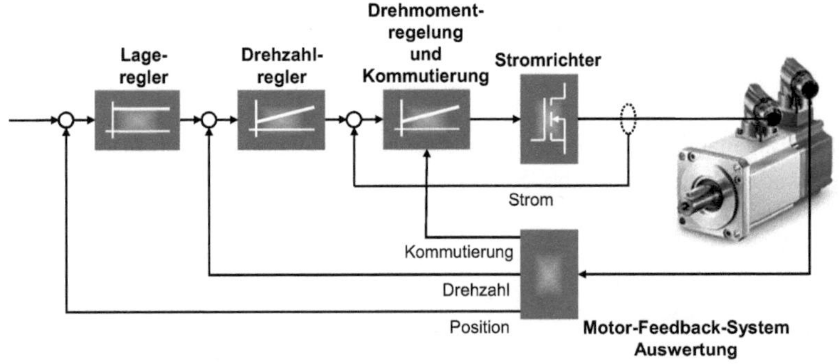

Abb. 5.15 Servomotor mit Kaskadenregelung und eingebautem Motor-Feedback System (in Anlehnung an SICK AG)

Servoantriebe sind Antriebe mit Drehmoment-, Drehzahl- und ggf. Positions-regelung. In einem festen zeitlichen Zyklus, dem Reglertakt, wird die Lage des Rotors erfasst und daraus algorithmisch anhand der Vorgaben der übergelagerten Steuerung (z. B. SPS) und Parametern des Antriebssystems berechnet, wie der Motor für das kommende Zeitintervall bestromt werden muss. Eingesetzt werden in der Servoantriebstechnik unterschiedliche Motortypen. Bürstenlose Gleich-strommotoren (engl.: „brushless DC"; BLDC), bürstenlose Wechselstrommoto-ren (engl.: „brushless AC"; BLAC), Permanentmagnet-Synchronmotoren (engl.:

„permanent magnet synchronous motor"; PMSM), Asynchronmotoren (engl.: „asynchronous motor"; ASM) oder neuerdings auch Synchron-Reluktanzmotoren (engl.: „synchronous reluctance motor"; SynRM). Für den Betrieb und die Servoregelung dieser Motoren bedarf es eines Rotorlagesensors, d. h. eines Motor-Feedback-Systems, das die Lage des Motorläufers relativ zum Motorständer anzeigt. Reichen für die Blockkommutierung bei BLDC-Motoren räumlich verteilte Magnetfeld-Sensoren (meist Hall-Sensoren) und ggf. ein dedizierter Magnet aus, so benötigen die anderen Motortypen hochauflösende Motor-Feedback-Systeme. Können Asynchronmotoren auch ohne Motor-Feedback-System betrieben werden, so brauchen sie, wenn sie in einer Anwendung mit variabler Drehzahlregelung eingesetzt werden, zumindest einen Inkrementalgeber. Neben der Funktionserweiterung ergibt sich daraus auch eine Effizienzsteigerung und somit eine Reduzierung der Energiekosten. Generell gilt, dass Servoantriebe energieeffizienter sind als ungeregelte Antriebe. Je höherwertig der Motor und der Umrichter und je performanter das Motor-Feedback-System, desto effizienter ist das Antriebssystem. Hier spielen Permanentmagnet-Synchronmotoren auch eine wichtige Rolle, da sie eine sehr hohe Leistungsdichte bieten. PMSM mit trapez- odersinusförmigen Induktionsverläufen können ohne Motor-Feedback-System nicht sinnvoll betrieben werden. Weitere Details gibt es hierzu in Abschn. 5.3.3. Bürstenbehaftete Gleichstrommotoren spielen im industriellen Umfeld keine nennenswerte Rolle.

Im Sinne dieses Buches besteht ein elektrisches Antriebssystem aus einem Motor mit ein- oder angebautem Motor-Feedback-System und einem Umrichter. Der Umrichter ist in einem Servoantriebssystem ein zentrales Element und umfasst die Sensorauswertung, die Regelungstechnik und die Leistungselektronik. Im Reglertakt wird die Rotorlage erfasst und die Stromsignatur für den Motor ausgegeben. Darunter versteht man die Ansteuerung der stromführenden Leistungstransistoren (Ventile), welche die Spulen der Motoren mit einem pulsweitenmodulierten Strom belegen (engl.: „pulse width modulation"; PWM). Die PWM ist relativ einfach zu realisieren und betreibt die Leistungstransistoren nur in zwei Betriebszuständen mit geringer Verlustleistung. Allerdings generieren die Schaltflanken der PWM-Ströme hochfrequente elektromagnetische Störungen. Deshalb werden Umrichter typischerweise so konfiguriert, dass die Rotorlage zu Zeiten gemessen wird, an denen keine Schaltvorgänge vorgenommen werden. Typische Frequenzen für den Reglertakt in industriellen Servo-Umrichtern sind 8 kHz, verstärkt finden sich auch 16 kHz. Die Entwicklung in der Leistungselektronik, speziell hin zu schneller schaltenden Transistoren und höheren Zwischenkreisspannungen (aus der Netzspannung generierte Gleichspannung im Umrichter) wird zukünftig noch schnellere Reglertakte ermöglichen. Kurze

Zykluszeiten und hohe Anforderungen an die Drehzahlauflösung wirken direkt auf die Anforderungen der Motor-Feedback-Systeme (vgl. Gl. 2.22). Damit wird klar, dass die anspruchsvolle Servotechnik die Domäne optischer Drehgeber ist. Die Trends der Branche erinnern dabei gelegentlich an das aus der Halbleiterindustrie bekannte Moor'sche Gesetz, allerdings mit einer größeren Halbwertszeit. Motor-Feedback-Systeme mit magnetischer, kapazitiver und induktiver Technologie werden bei weniger anspruchsvollen, aber kostensensitiven Anwendungen eingesetzt (vgl. Performanzklassen, Abschn. 5.3.3).

> **Beispiel**
>
> Bei einem Reglertakt von 16 kHz und einer erforderlichen Drehzahlauflösung von 1 UPM ist ein Motor-Feedback-System mit einer Auflösung von 20-Bit erforderlich (vgl. Gl. 2.22 und Abb. 2.20).◄

Die Anforderungen an die MFB-Auflösung für die Kommutierung sind demgegenüber verhältnismäßig gering. Unter Kommutierung versteht man in der Antriebstechnik die Zuordnung von Stromverläufen zu den Spulen, d. h. die Rotorlage definiert welche Spulen wie bestromt werden. So wichtig dies für den Betrieb des Motors ist, speziell für die Drehmomentregelung, so gering sind die Anforderungen an Motor-Feedback-Systeme diesbezüglich. Auflösungen von 12-Bit oder gar kleiner haben kaum Einfluss auf das Drehmoment eines Servomotors. Wird die Information des Motor-Feedback-Systems auch für die Lageregelung eingesetzt, ist die Anforderung an dessen Auflösung und Genauigkeit höher, da diese direkt in die Positioniergenauigkeit eingeht. Für die Drehzahlregelung sind die Anforderungen an Auflösung und Genauigkeit am höchsten. Dabei ist die MFB-Auflösung speziell bei kleinen Drehzahlen gefordert und eine geringe differentielle Nichtlinearität für die Drehzahlgenauigkeit. Die differentielle Nichtlinearität und Signalrauschen haben direkten Einfluss auf die Drehzahlregelgüte, den Motorstellstrom und die Antriebseffizienz. Außerdem entstehen weitere negative Effekte, wie störende Geräusche des Motors oder der Anlage, angeregt durch unruhig laufende Motoren. Auch direkte Auswirkungen auf die Applikation sind möglich, z. B. Fräsrillen in Werkzeugmaschinen bei ungleichmäßigem Vorschub. Bei geringer Auflösung oder hohen Drehzahlmessfehlern muss die Drehzahlregelverstärkung geringgehalten werden. Neben der Auflösung und Genauigkeit spielen auch die Latenz und der Positionsjitter in der Regelung von Servomotoren eine große Rolle.

Die Latenz äußert sich dadurch, dass ein mechanischer Winkel zeitverzögert an der elektrischen Schnittstelle angezeigt wird. Entsprechend wird sie auch als

Schleppfehler bezeichnet. Sie wird verursacht durch Laufzeiten innerhalb der gesamten Sensorauswertung. Dominierend ist hierbei die Gruppenlaufzeit von Filtern. In digitalen Systemen sind zusätzlich die Zeiten für die Signalwandlung und Winkelberechnung zu berücksichtigen. Bei den Filtern wird die Gruppenlaufzeit durch Filterbandbreite, -ordnung und -typ bestimmt. Typischerweise finden sich in der Signalverarbeitung Tiefpassfilter. Je tiefer die Grenzfrequenz dieser Filter, desto größer ist die Latenz. Entsprechend werden eher breitbandige Filter eingesetzt, wodurch jedoch Störungen (insbesondere Rauschen) weniger unterdrückt werden. Die Latenz muss je nach Einsatzgebiet beachtet oder gar kompensiert werden. Neuere Entwicklungen bei Motor-Feedback-Systemen zielen darauf ab, die Latenz zu reduzieren, ohne dass auf Stör- und Rauschunterdrückung verzichtet werden muss. Je nach Ursprung der Latenz wirkt diese entweder als Totzeit oder als zusätzliches PT_1-Glied.[11] Dies ist insbesondere bei hohen Drehzahlen störend. Die Latenz sollte möglichst klein oder/und möglichst stabil über die Signalfrequenz (somit Drehzahl) sein. Die Werte der Latenz sind in der Regelschleife zu berücksichtigen (Kompensation der Phase oder Reduzierung der Reglerverstärkung), sodass der Regelkreis nicht instabil wird.

Übersetzt man das Wort Jitter sinngemäß zu flackern oder zittern deutet sich dessen Charakter in der Messtechnik an. Es beschreibt eine zeitliche Variation im Messsignal. Im Fall von Motor-Feedback-Systemen, insbesondere solchen mit digitaler Schnittstelle, wird er durch die stets vorhandenen Toleranzen (Asymmetrien im Modulator, Jitter von Taktquellen, etc.) verursacht. Diese Eigenschaft äußert sich dadurch, dass ein Motor-Feedback-System mit perfekten und rauschfreien Signalen, dessen Welle mit einer konstanten Geschwindigkeit gedreht wird, eine Variation in der Geschwindigkeit anzeigt. Aus regelungstechnischer Sicht sollte auch dieser Wert möglichst gering sein, d. h. die Rotorlagewerte sollten möglichst jitterfrei mit dem Reglerzyklus synchronisiert sein.

Neben den eigentlichen sensorischen und signaltechnischen Anforderungen ergeben sich aus der Anwendung weitere anspruchsvolle Betriebsbedingungen an Motor-Feedback-Systeme.

Synchronmotoren sind im Grunde elektromechanische Konstruktionen, deren Betriebstemperatur typischerweise durch die Isolationsklasse der verwendeten Spulendrähte limitiert wird (nach IEC 34-1). Bei Synchronmotoren kommen Drähte zum Einsatz die bis zu $+$ 155 °C spezifiziert sind (Isolationsklasse F). Entsprechend hoch sind die Temperaturanforderungen an Motor-Feedback-Systeme. Da Resolver ebenfalls elektromechanische Konstruktionen sind, deren

---

[11] Ein PT_1-Übertragungsglied hat ein proportionales Übertragungsverhalten (P) mit einer Verzögerung 1. Ordnung (T_1). Beispiel: Tiefpass erster Ordnung.

elektronische Auswertung außerhalb des Motors vorgenommen wird (RDC im Umrichter) und die Drähte ebenfalls die Isolationsklasse F erfüllen, können diese über den vollen Betriebstemperaturbereich des Motors eingesetzt werden. Bei mechatronischen Motor-Feedback-Systemen begrenzt jedoch die Elektronik deren Temperaturbereich und somit die des Motors. Heute möglich sind MFB mit Elektronikbauteilen mit einer Umgebungstemperatur bis zu + 125 °C. Für die Temperaturspezifikation der Geräte sind die Eigenerwärmung der der Elektronik und ggf. der vorhandenen Lager zu berücksichtigen. Bei der Auswahl der Lager ist unter anderem zu entscheiden, ob eine Dichtscheibe zum Einsatz kommt. Dichtscheiben reduzieren zwar das Verschmutzungsrisiko, erhöhen aber die Eigenerwärmung durch drehzahlabhängige Reibung. Da Motoren auch in sehr kalten Umgebungen eingesetzt werden (z. B. Außenbereich, Kühlhäuser) sind auch sehr niedrige Temperaturen für die Motor-Feedback-Systeme zu berücksichtigen (ein Motor muss in kalter Umgebung zuverlässig gestartet werden können). Somit ergeben sich Betriebstemperaturspannen von über 150 K, denen das Motor-Feedback-System ausgesetzt ist. Entsprechend werden Materialien, Komponenten und Fügetechniken eingesetzt, die diese Temperaturspanne ermöglichen und dabei eine möglichst kleine Temperaturdrift bzw. -ausdehnung aufweisen.

Neben der Temperatur sind weitere harsche Betriebsbedingungen in der Servotechnik zu finden. So können Motoren Schock- und Vibrationsbelastungen von mehreren Dutzend g[12] ausgesetzt sein (z. B. Pressen). Neben dieser anwendungsinduzierten Grundbelastung generiert der Motor selbst Schocks und Vibrationen. Ist ein Motor mit einer elektromechanischen Bremse ausgestattet, so übertragen sich Schockwellen über den Rotor direkt auf die Welle des Motor-Feedback-Systems beim Einfallen der Bremse. Diese sind zwar eher kurz und wenig energiereich, generieren aber Amplituden von mehreren hundert g. Auch schnelle Reversierzyklen mit hohen Beschleunigungen erhöhen die Schock- und Vibrationsbelastung im Motor. Neben der Anforderung nach hohen Beschleunigungswerten müssen die Motor-Feedback-Systeme auch für hohe Drehzahlen ausgelegt sein. Hier besteht die Forderung nach 12.000 UPM – Tendenz steigend. Hinzu kommen Schmutz und ggf. Kondensationsnässe, aber auch durch Fettaustritt bei eigengelagerten Drehgebern. Dabei kann Schmutz auch durch den Motor selbst in Form von Bremsstaub generiert werden und sich Kondensationsnässe im Geberraum des Motors bilden.

Für solche Betriebsbedingungen sind Resolver gut geeignet. Jedoch sind diese nachteilig einerseits hinsichtlich ihres Totzeitverhaltens (Latenz, siehe oben)

---

[12] Erdbeschleunigung mit 9,81 m/s^2.

und andererseits aufgrund der geringen Genauigkeit und Auflösung, sodass sie bevorzugt für Servoantriebe im unteren Performanzbereich eingesetzt werden. Bei mechatronischen Drehgebern wirkt sich vor allem der eingeschränkte Temperaturbereich limitierend aus. Die hohe Vibrationsfestigkeit kann mittlerweile durch Vermeidung relevanter Resonanzfrequenzen und geräteinterner Konstruktionsmaßnahmen realisiert werden.

Ein weiterer Aspekt, der sich aus der thermischen Betrachtung ergibt, ist die Wellenausdehnung. Heizen sich Motoren auf oder kühlen diese ab, so kommt es zu thermisch induzierter Dehnung oder Stauchung. In Motoren führt dies zu einer relativen Längenänderung zwischen der Welle und dem Stator. Entsprechend wird von den zwei Wälzlagern im Motor eines fest eingebaut (Festlager) und das andere flexibel (Loslager), da sonst mechanische Spannungen auftreten. Demgegenüber können Motor-Feedback-Systeme nur begrenzt Anbautoleranzen und Änderungen der axialen, mechanischen Lage der Welle ausgleichen. Entsprechend wird typischerweise das Festlager auf die B-Seite des Motors gelegt, d. h. die Seite des Motors, an der das Motor-Feedback-System angebaut wird. Somit erhöht sich die Wellenausdehnung an der MFB-Welle im Betrieb. Hohlwellengeber bieten hier den Vorteil, dass bei ihnen Anbautoleranzen eine untergeordnete Rolle spielen und somit nur die thermisch verursachte Wellenausdehnung zu beachten ist, was wieder dazu führen kann, dass das Festlager auf der A-Seite des Motors (Lastseite) angeordnet werden kann.

Eine weitere besondere Betriebsbedingung, der Motor-Feedback-Systeme ausgesetzt sind, sind Lagerströme (Abschn. 4.2.1, [21, 20, 19]). Lagerströme bezeichnen das Phänomen, dass elektrische Ströme durch ein Wälzlager fließen. Diese Ströme werden durch parasitäre elektrische Spannungen zwischen Rotor und Stator erzeugt. Sie können in Antriebssystemen unter dem Einsatz schnellschaltender Frequenzumrichter mit steilen Spannungsflanken entstehen. Da sich die resultierenden modulierten Spannungen zwischen Stator und Rotor des Motors aufbauen, ist der einzige Weg der Entladung über die Wälzlager. Es kommt zu Spannungsdurchbrüchen und Entladeströmen (Abb. 5.16).

Bei Wälzlagern kommt in der Regel Schmierstoff zum Einsatz. Dieser bildet bei einem eingelaufenen Wälzlager einen Schmierfilm zwischen den Kontaktflächen der Wälzkörper und den Laufbahnen von Innen- und Außenring. Dieser wirkt nicht nur tribologisch, sondern bei Vollschmierung auch als elektrisch isolierende Schicht, d. h. ein Gleichstrom wäre einem großen ohmschen Widerstand ausgesetzt. Durch den Betrieb des Antriebssystems kommt es zu hochfrequenten Gleichtaktspannungen. Solange diese Spannungen gepaart mit der Schmierfilmdicke kleiner als die Durchschlagsfestigkeit des Schmiermittels sind, treten nur unschädliche kapazitive Umladeströme auf. Ändert sich jedoch (lokal) die

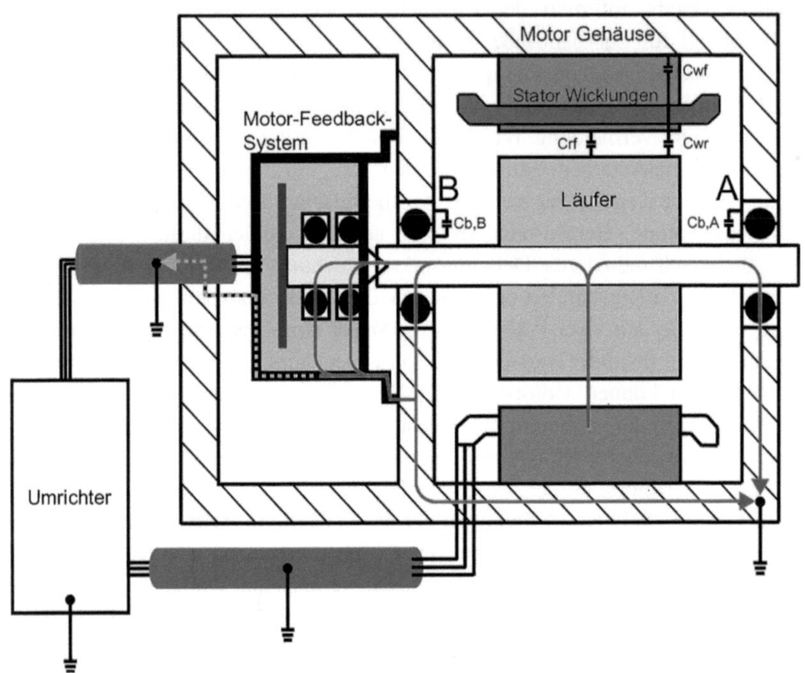

Abb. 5.16 Lagerströme in einem Elektromotor

Schmierfilmdicke oder treten (einzelne) hohe Spannungsspitzen auf, werden schädliche Entladeströme (engl.: „Electrical Discharge Machining Currents", EDM-Ströme) generiert. Weitere schädliche Phänomene, die auftreten, sind hochfrequente Zirkular- und Rotor-Erd-Lagerströme. Die Größe des Motors bestimmt, welches der Phänomene welchen Einfluss hat. Es entstehen Funkenschläge, die zu Erosion an den Ringen und den Wälzkörpern führen. Es entstehen Rauheitsspitzen und Rillen an den metallischen Komponenten des Wälzlagers. Außerdem wird der Schmierstoff lokal verbrannt und durch Partikel, die durch die Funkenerosion entstehen verunreinigt. Dies führt unweigerlich zu einer Beeinträchtigung der Schmiermittelwirkung. Irgendwann verliert der Schmierfilm, erst lokal, dann immer großflächiger seine Schmierfähigkeit. Aus tribologischer Sicht geht das Lager von einem Vollschmierungszustand in einen Mischreibungszustand und/ oder Grenzreibungszustand über, was einhergeht mit dünner werdendem Schmierfilm und damit den Prozess weiter begünstigt. Das Wälzlager ist geschädigt und fällt aus und somit der Drehgeber oder der Motor und damit die Maschine oder Anlage – und das bereits nach Betriebszeiten von Monaten anstatt von Jahren.

In diesem Zusammenhang ist es sinnvoll Wälzlager elektrisch zu betrachten. Erstellt man ein Ersatzschaltbild eines Wälzlagers zeigt sich, dass dieses ein komplexes Netzwerk aus Widerständen (R), Kapazitäten (C) und Induktivitäten (L) darstellt, dessen Werte von vielen Faktoren abhängen. Dazu zählen die Lagergeometrie, die Drehzahl, die Temperatur, das Eigenschaften des Schmierstoffs und die Dicke des Schmierfilms. Abb. 5.17 zeigt eine Vereinfachung mit ohmschen Widerständen und parasitären Kapazitäten. Selbstverständlich trifft dieses Phänomen sowohl auf die Wälzlager der Motor-Feedback-Systeme wie auf die der Motoren zu. Als Abstellmaßnahme können die Wälzlager isoliert eingebaut werden (z. B. durch keramisch beschichtete Lagerringe), elektrisch isolierend wirkende Hybrid-Wälzlager (z. B. durch Einsatz keramischer Wälzkörper), Wellenkupplungen mit elektrisch isolierender Nabe (Abschn. 4.2.2) oder Ableitringe vorgesehen werden. Nichts ist aber so effektiv und womöglich auch kostengünstig als der Ursache, d. h. den Rotor–Stator-Spannungen, entgegenzuwirken.

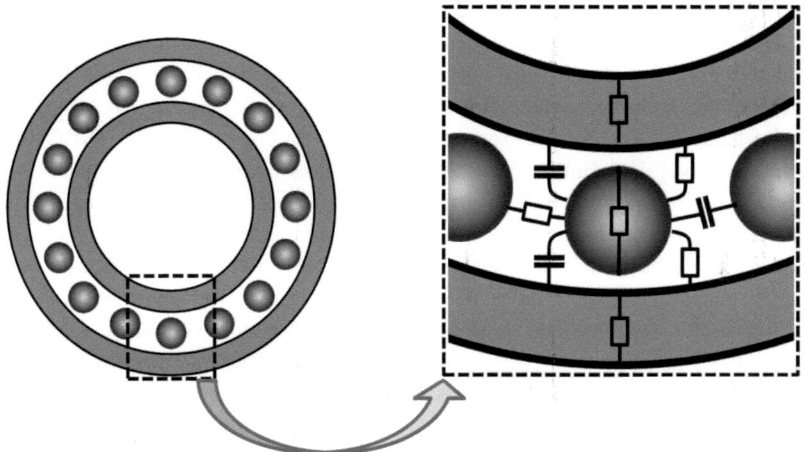

Abb. 5.17 Kugellager mit elektrischem Ersatzschaltbild

5.3.2   Elektrische Schnittstellen

Nicht nur für die Motor-Feedback-System-Geräte als solches gelten besondere Anforderungen, sondern auch an deren elektrische Schnittstelle. Bei einer Regelung kommt es darauf an, zu jeder Zeit (zumindest im Abtastzeitpunkt gemäß dem Reglertakt) einen gültigen Rotorlagewert zu erhalten. Dies führt zu einer hohen Echtzeitanforderung aber auch zu der Forderung nach einer hohen Immunität auf Störsignale, denen die Leitungen ausgesetzt sind. Daher werden auch im Motor-Feedback-System-Bereich ausschließlich differentielle Adernpaare für die Signalleitungen verwendet. Verbreitet sind in der Antriebstechnik Punkt-zu-Punkt Verbindungen, d. h. von einem Umrichter zu einem Motor (Mehrachsregler haben auch je einen Leistungselektronikblock für jeden Achsmotor). Somit ist auch die elektrische Verbindung zwischen Umrichter und Motor-Feedback-System eine von Punkt zu Punkt. Eine Busfähigkeit ist typischerweise nicht erforderlich (prominente Ausnahme ist die Robotik). In der weiteren Ausprägung der elektrischen Schnittstelle unterscheidet man zwischen solchen für die reine Drehzahlermittlung, Kommutierung (ggf. mit Drehzahlerfassung) und denen zur Erfassung einer Absolutposition zur Ableitung von Kommutierungs-, Positions- und Drehzahlinformation.

Die elektrische Schnittstelle des Resolvers ist in gewissem Sinne speziell und definiert sich durch sein Wirkprinzip und nicht durch die Eigenschaften aufbereiteter Rotorlagesignale. Im Antriebssystem ist im Motor nur der elektromechanische Resolver verbaut und der Resolver-Digital-Wandler (RDC) im Umrichter integriert. Entsprechend hat ein Resolver Leitungen mit sechs Adern, die sich auf drei differentielle Signalpaare aufteilen. Zwei für das Anregesignal und je zwei für die sinus- und cosinusförmig amplitudenmodulierten Empfängersignale. Die elektrischen Parameter definieren sich durch die Spezifikation des Resolvers (insbesondere Induktivitäts- und Widerstandswerte) sowie des RDC.

Klassische Schnittstellen mit ABZ-Inkrementalsignalen kommen auch bei Motor-Feedback-Systemen zum Einsatz, z. B. für die Geschwindigkeitsregelung von Asynchronmotoren. Elektrisch setzen diese bei den digitalen Versionen auf HTL- oder TTL-Signale oder bei den analogen Sinussignale auf. Benötigt werden somit acht Adern – sechs für die differentiellen ABZ-Signale und zwei für die Versorgung. Für den Einsatz mit Kommutierungsmotoren (z. B. BLDC) werden die Inkrementalsignale noch durch digitale Kommutierungssignale ergänzt. Die Zahl der Adern erhöht sich somit auf mindestens 14. Braucht die Drehzahl bei diesen Motortypen nicht so genau geregelt werden, gibt es auch Motor-Feedback-Systeme nur mit Kommutierungssignalen.

Eine weitere Kombination, die verwendet wird, ist die aus inkrementellen Sinus-Cosinus-Signalen und einer digitalen seriellen Kommunikationsschnittstelle. Diese werden auch als hybride Schnittstelle bezeichnet, da sie analoge und digitale Signale kombinieren. Der serielle Datenkanal wird dabei als Parameterkanal und der Sinus-Cosinus-Zweig als Prozesskanal bezeichnet. Man findet diese bei Motor-Feedback-Systemen für den Einsatz zur Kommutierung, Positions- und Drehzahlregelung und damit typischerweise bei hoch performanten Antriebssystemen mit Permanentmagnet-Synchronmotoren. Bei dieser Art elektrischer Schnittstelle gibt es unterschiedliche, meist proprietäre (firmeneigene) Spezifikationen. Beispielhaft sei hier die HIPERFACE-Schnittstelle stellvertretend für hybride Motor-Feedback-System-Schnittstellen detaillierter erläutert ([22]).

HIPERFACE (engl.: „High Performance Interface") nutzt acht Leitungen – je zwei für die Sinus-Cosinus-Signale, zwei für die serielle Kommunikationsleitung und zwei für die Stromversorgung. Die analogen Sinus-Cosinus-Signale werden als Inkrementalsignale für eine hochaufgelöste Winkelbestimmung mit Echtzeiteigenschaften genutzt. Die Anzahl der Sinus-Cosinus-Perioden variiert dabei abhängig vom Gerätetyp, meist bedingt durch die Sensorik. Die serielle digitale Kommunikation basiert auf dem RS-485-Standard. Daten werden asynchron im Halbduplex-Betrieb bidirektional übertragen. Der Frequenzumrichter agiert als Master, das Motor-Feedback-System als Slave. Über diesen Kanal wird primär eine Absolutposition übertragen. Diese wird MFB-intern mit fünf Bit pro Sinus-Cosinus-Periode aufgelöst. Dies ist relativ gering, reicht aber aus, um dem Umrichter die aktuell gültige Sinus-Cosinus-Periode anzuzeigen (vgl. Synchronisation, Abschn. 2.4.3). Fordert der Umrichter mit einem entsprechenden seriellen Befehl eine Absolutposition an, so wird diese intern synchron mit der ersten Flanke der Rückantwort abgetastet und bis zur Übertragung des eigentlichen Positionsworts berechnet. Triggert der Umrichter synchron mit dieser Flanke seine AD-Wandler, so stimmen die von den beiden Teilsystemen erfassten Werte mit einer Winkelposition überein. Diese Konvention ermöglicht eine Absolutpositionserfassung nicht nur im Stillstand, sondern auch bei hoher Drehzahl. Die Zeit, die vergeht bis am Eingang der Regler ein neuer Positions- und Drehzahlwert zur Verfügung steht ist dem Umrichter bekannt und er kann bei Bedarf die dann gültige Rotorlage extrapolieren. Für den Umrichter stellt dies eine Echtzeit-Erfassung der Rotorlage dar.

Die Auflösung eines Systems mit Singleturn-MFB wird bestimmt durch die Anzahl der Sinus-Cosinus-Perioden und dem Auflösevermögen der Analog-Digital-Wandler des Frequenzumrichters. Die Gesamtauflösung ergibt sich aus der Anzahl der Sinus-Cosinus-Perioden in Bit, der Auflösung der AD-Wandler plus zwei Bit, die der Interpolation zugeschrieben werden (vgl. Gl. 2.13). Für eine effektive Auflösung gilt es das Rauschen im System (Motor-Feedback-System, Leitung, Umrichter) noch zu berücksichtigen.

Beispiel

Ein Antriebssystem verwendet ein Motor-Feedback-System mit 1024 Sinus-Cosinus-Perioden pro Umdrehung. Der Umrichter nutzt einen 10-Bit Analog-Digital-Wandler für die Digitalisierung der Sinus-Cosinus-Perioden. Das System hat somit eine Auflösung von 22-Bit, bzw. einen Messschritt von 0,3 Winkelsekunden.

Wird der Antrieb mit einer Drehzahl von 12.000 Umdrehungen pro Minute betrieben, ergibt sich eine Signalfrequenz der Sinus-Cosinus-Signale von 204,8 kHz.◄

Die Positions- und Drehzahlregelung basiert allerdings nicht ausschließlich auf interpolierten Sinus-Cosinus-Signalen. Die interpolierte Winkelposition liefert eine hohe Winkelauflösung. Diese wird insbesondere im Stillstand und bei geringen Drehzahlen benötigt, also in Betriebszuständen wo eine hohe Drehzahlauflösung benötigt wird. Im Bereich hoher Drehzahlen ist es sinnvoll die Sinus-Cosinus-Signale als digitale Quadratursignale auszuwerten. Dazu werden sie über Komparatoren digitalisiert und wie rein digitale Inkrementalsignale behandelt (vgl. Abschn. 5.2.1) (Abb. 5.18).

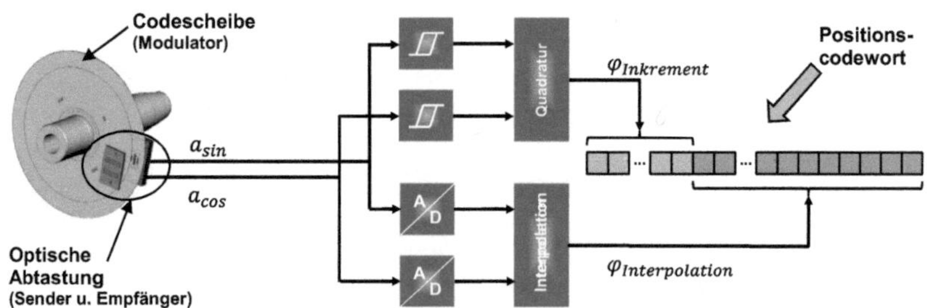

Abb. 5.18 Sinus-Cosinus-Auswertung in Antriebssystemen. (Quelle: in Anlehnung an SICK AG)

Beispiel

Der Regler hat eine Abtastrate von 16 kHz. Im Motor befindet sich ein Motor-Feedback-System mit PPR = 1024. Ab einer Drehzahl von 937,5 UPM erfasst der Umrichter bei der Interpolation noch einen Punkt innerhalb einer Sinus-Cosinus-Periode, bei einer Drehzahl von 12.000 UPM noch alle 12,8 Perioden.

Hinweis: Es muss darauf geachtet werden, dass das Abtasttheorem nicht verletzt wird.◄

Die serielle Kommunikation ist mit einer Prüfsumme zur Erhöhung der Datenzuverlässigkeit gesichert. Dabei bietet der Parameterkanal neben der Übertragung einer Absolutposition noch mehr Funktionen. Der bidirektionale Datenaustausch ermöglicht über dedizierte Befehle des Umrichters die Konfiguration des MFB zu ändern oder den Austausch verschiedenster Informationen. Folgend einige Beispiele möglicher Funktionen:

Beispiele

- Konfigurieren der Schnittstelle in Bezug auf, u. a. Baudrate, Parität oder Time-out.
- Abfragen des Typenschilds und der Seriennummer zur Identifikation des angeschlossenen MFB
- Speichern und auslesen motorspezifischer Daten über spezielle Bereiche eines EEPROMs (z. B. Seriennummer und Typ des Motors, Kommutierungsdaten)
- Lesen von Analogwerten, z. B. die interne Temperatur des MFB
- Arbeiten mit einem Zähler, der z. B. als Betriebsstundenzähler genutzt werden kann
- Rücksetzen des MFB (Soft-Reset).◄

Ähnliche Konzepte verfolgen weitere hybride Ausprägungen proprietärer (z. B. spezielle Ausprägungen von EnDat) oder offener (z. B. BiSS in Kombination mit Sinus-Cosinus-Signalen) Schnittstellen für Motor-Feedback-Systeme, sowie Kombinationen aus SSI (Abschn. 5.2.2.4) und analogen Inkrementalsignalen.

Rein digitale Schnittstellen bieten einige Vorteile – auch in der Antriebstechnik. Heutige Umrichter setzen auf die digitale Signalverarbeitung mit digitalen Signalprozessoren (engl.: „digital signal processor"; DSP) oder feldprogrammierbaren Logikbausteinen (engl.: „field programmable gate arrays"; FPGA). Der Einsatz zusätzlicher Analogelektronik zur Verarbeitung (Signalkonditionierung,

Filterung) und Digitalisierung wird bevorzugt so gering wie möglich gehalten. Auch ist die Störempfindlichkeit digitaler Signale deutlich geringer als bei analogen. Um aber die Echtzeitanforderung in der Servotechnik zu erfüllen sind spezielle Maßnahmen notwendig. Kann bei rein digitalen Schnittstellen die Anzahl der Adern in den Kabeln gegenüber inkrementalen oder hybriden Schnittstellen reduziert werden, gelten besondere Anforderungen an das Kabel selbst, da die Datenraten typischerweise deutlich höher sind. Um diese nicht unnötig hoch wählen zu müssen, werden vorverarbeitete Daten übertragen, z. B. Rotorlagewerte. Die Vorverarbeitung ermöglicht dabei weitere Funktionen (z. B. Linearisierung der Rotorlageinformation).

Auch bei den rein digitalen Schnittstellen für Motor-Feedback-Systeme herrschen proprietäre Standards vor. Stellvertretend wird an dieser Stelle HIPER-FACE DSL ® (engl.: „High Performance Interface – Digital Servo Link") detaillierter beschrieben [23]. Bei dieser Schnittstelle erfolgt die Übertragung über vier Adern, je zwei für die Versorgung und die Datenleitung. In spezieller Ausprägung reichen auch zwei Adern aus. Dabei wird der Kommunikationskanal auf das Versorgungsleitungspaar aufmoduliert. Die Schnittstelle hat eine Datenrate von 9,375 MBaud und ist kompatibel zum RS-485-Standard. Diese geringe Datenrate ist deshalb möglich, da die Vorverarbeitung der Rotorlage über die Interpolation hinausgetrieben wird. Die eigentliche Position wird verhältnismäßig langsam übertragen, schnell aber die Positionsänderung. In Summe ergibt sich eine schnelle, echtzeitrelevante Positionsübertragung. Die Positionsübertragung kann so schnell wie möglich erfolgen oder synchronisiert zum Reglertakt und bietet eine sehr jitterarme Positionserfassung. Theoretisch sind Reglerzyklen bis 12,1 µs möglich, der Jitter liegt im Bereich einiger Nanosekunden und die Latenz der Erfassung ist konstant und wird MFB-intern ausgeglichen. Neben den Zusatzfunktionen, die bei den hybriden Motor-Feedback-Schnittstellen genannt wurden, bieten die modernen digitalen Schnittstellen weitere:

Beispiele

- Bereitstellung eines Funktionsblocks für FPGAs für die einfache Umsetzung des Master-Protokolls im Umrichter.
- Redundante, sichere Positionsübertragung gemäß SIL2 oder gar SIL3 nach der IEC 61508.
- Übertragung zusätzlicher Sensordaten mit relativ großer Bandbreite (einige kBit pro Sekunde). Nutzbar, z. B. für den Wicklungstemperatursensor oder laterale Beschleunigungsaufnehmer.

- Verschiedene interne Zustände werden zyklisch erfasst und in einem Speicher als Histogramm für die Lebenszyklusdiagnose (engl.: „condition monitoring") des MFB und vorausschauende Wartung (engl.: „preventive maintainance") des Motors gespeichert. Dies kann für Parameter wie Drehzahl oder MFB-Temperatur genutzt werden.◄

Weitere rein digitale Schnittstellen für Motor-Feedback-Systeme sind verschiedene Ausprägungen von EnDat und BiSS sowie DRIVE-CLiQ.

Antriebssysteme mit Motor-Feedback-System benötigen zwei Leitungsstränge. Der eine dient zur Übertragung der elektrischen Leistung an den Motor, der andere für die Anbindung des Motor-Feedback-Systems (Spannungsversorgung, Datenaustausch). Klassisch werden diese beiden Stränge als zwei separate Kabel zwischen Umrichter und Servomotor verlegt, was einen hohen Kostenfaktor darstellt und den Platzbedarf und die allgemeinen Anforderungen an die Kabelführung erhöht. Überlegungen, ob es nicht möglich wäre das MFB-Kabel zu eliminieren und ausschließlich mit dem Kabel für den Motor mit Leitungen für den Leistungsstrang, den Wicklungstemperatursensor und ggf. die elektromechanische Bremse nutzen zu können führten zu der Entwicklung der Einkabel-Technologie. Die „Einkabel-Technologie" basierend auf HIPERFACE DSL ® ist dabei Vorreiter. Hier können die geschirmten Adern, in das eine verbleibende hybride Leistungskabel eingebracht werden (siehe Abb. 5.19). Das Protokoll bietet dazu alle notwendigen Funktionen zur störsicheren Kommunikation.

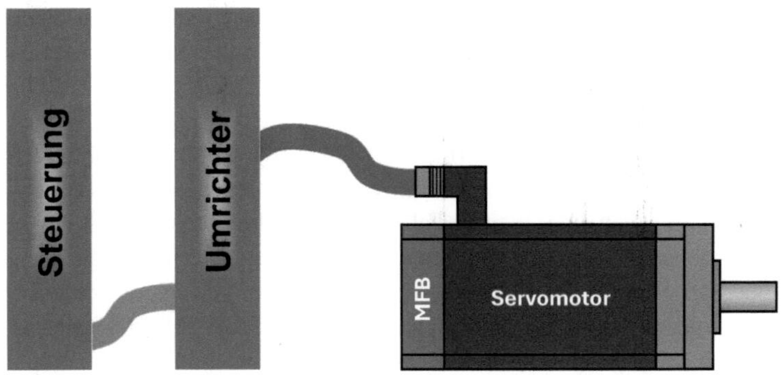

Abb. 5.19 Servoantriebssystem mit Einkabel-Technologie basierend auf einem Motor-Feedback-System

Tab. 5.8 listet gängige Einkabel-Schnittstellen am Markt mit wesentlichen Eigenschaften. Wenig überraschend sind gemeinsame Eigenschaften der Schnittstellen, adressieren sie doch die gleiche Anwendung. Insbesondere in der Physik, der Befähigung zur Umsetzung funktional sicherer Systeme und der Bereitstellung von Bandbreite für Zusatzdaten finden sich Synergien. Nicht extra gelistet wurde die Gemeinsamkeit der gleichstromfreien (durch 8b/10b oder Manchester Codierung) halbduplex Datenübertragung ohne separate Taktleitung ([25]). Wesentliche Unterschiede gibt es ab Schicht 2 des ISO-OSI-Schichtenmodells. Dabei sind die Spezifikationen teils proprietär teils offene Standards. Wie am Vergleich zwischen EnDat 2.2 und EnDat 3 sowie zwischen ACURO® link und SCS open link erkennbar ist, hat die Weiterentwicklung der ursprünglich Anfang der 2010er-Jahre eingeführten Einkabel-Technologien bereits begonnen.

Für die Einkabel-Technologie kommen zur elektro-mechanischen Verbindung von Frequenzumrichter und Servomotor spezielle Hybridkabel zum Einsatz ([24]). In diesen Kabeln sind in die Leitungen für den Leistungsstrang des Motors (drei bei einem 3-phasigen Servomotor) und die Erdung, die Adern für das Motor-Feedback-System und ggf. ein Adernpaar zur Steuerung einer elektromagnetischen Bremse des Servomotors eingebettet (Abb. 5.20). An dieses Kabel werden hohe Anforderungen nicht nur aus Sicht der Anwendung (z. B. Umgebungs- und Betriebsbedingungen) und des Antriebs gestellt, sondern insbesondere auch aus Sicht der Motor-Feedback-Schnittstelle. Denn ohne für diese Anwendung ausgelegte Leitungen, Stecker und deren Anbindung wird es keine stabile Kommunikation zwischen Motor-Feedback-System und Umrichter geben. Leitungen für ein anspruchsvolles Kommunikationssystem in unmittelbarer Nähe von Leitungen mit schnell schaltenden Leistungsströmen zur Steuerung des Motors oder der Bremse zu führen, erfordert Maßnahmen für das Kabel, die Stecker und an die gesamte Installation. Eine ordnungsgemäße Kabelisolierung und Schirmung sind die wichtigsten Maßnahmen gegen Übersprechen und Signalstörungen. Elektrische Schirme vermeiden oder reduzieren zumindest die Einkopplung von Störungen einer Gruppe von Leitungen oder Adern, die von dem Schirm umgeben sind. Weitere Faktoren, die zu beachten sind, ist die dielektrische Umgebung der Adern und der Abstand der Leitungen zueinander. Große Abstände und große effektive Dielektrizitätskonstanten verringern Koppelkapazitäten und somit die elektrische Kopplung (vgl. Gl. 3.16). All dies spiegelt sich wider in der Auslegung von Schirm, Mantel, Isolation, Füllmaterial, Kupferleitungen, der Führung der Leitungen zueinander, etc. Die Signalleitungen werden paarweise verdrillt und als Gruppe mit einem dedizierten Schirm versehen. Bei der Konfektionierung der Stecker und der Anbindung Stecker-freier Enden ist große Sorgfalt in der Führung und Erdung dieser erforderlich. Schirme können

Tab. 5.8 Übersicht Einkabel-Schnittstellen für Motor-Feedback Anwendungen

Merkmal	HIPERFACE DSL ®[13]	BiSS Line[14]	EnDat 2.2[15]	EnDat 3[16]	ACURO® link	SCS open link[17]
Initiator	SICK	iC-Haus	Heidenhain	Heidenhain	Hengstler	Baumer, Hengstler, Kübler
Physik (elektrisch)	RS-485					
Physik (Adern)	2- od. 4-Draht	2- od. 4-Draht	6-Draht	2- od. 4-Draht	4-Draht	2- od. 4-Draht
max. Kabellänge	100 m					
Topologie	Punkt-zu-Punkt	Bus (single master/multiple slaves)	Punkt-zu-Punkt	Punkt-zu-Punkt oder Bus (Daisy Chain)	Punkt-zu-Punkt	Punkt-zu-Punkt
Max. Datenrate	9,375 MBaud	12,5 MBaud	8 MBaud (100 m) 16 MBaud (20 m)	12,5 MBaud (100 m) 25 MBaud (40 m)	10 MBaud	10 MBaud

(Fortsetzung)

[13] High-performance-interface Digital-Servo-Link; https://www.hiperfacedsl.de/, zuletzt geprüft am 11.05.2025.

[14] Bidirectional/Serial/Synchronous; https://biss-interface.com/about-biss-line/, zuletzt geprüft am 11.05.2025.

[15] https://endat.heidenhain.com/de/endat2, zuletzt geprüft am 11.05.2025.

[16] https://endat.heidenhain.com/de/endat3, zuletzt geprüft am 11.05.2025.

[17] Single-Cable-Solutions open link; SCS open link ist eine Weiterentwicklung von ACURO ® link; https://www.scs-open-link.org, zuletzt geprüft am 11.05.2025.

Tab. 5.8 (Fortsetzung)

Merkmal	HIPERFACE DSL ®	BiSS Line	EnDat 2.2	EnDat 3	ACURO® link	SCS open link
Safety-Fähigkeit	SIL 3, PL e	SIL 3	SIL 3	SIL 3	SIL3, PL e Kat. 3	SIL3, PL e Kat. 3
Einkabel-fähig	ja					
Lizenzierung	proprietär	Open Source	proprietär	proprietär	proprietär	Offener Standard
Übertragung von Zusatzdaten[18]	ja					

[18] Zusatzdaten können sein: Parameter, elektronisches Typenschild, externen Motorsensoren.

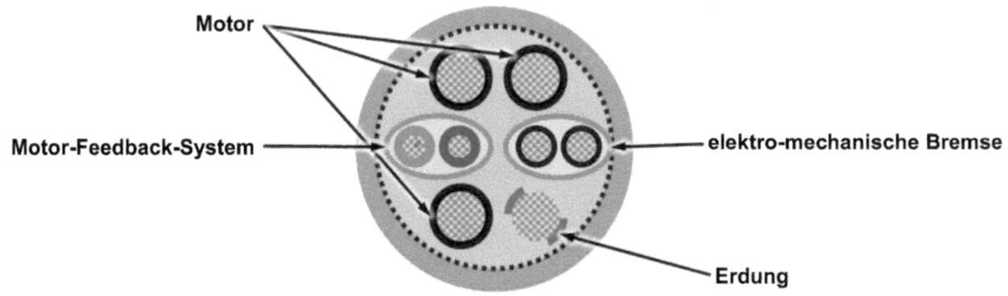

Abb. 5.20 Hybridkabel für die Einkabel-Technologie

als Schirmgeflechte oder Schirmfolien ausgelegt sein. Das Hybridkabel beinhaltet neben den Schirmen für die Signal- und ggf. auch Bremsleitungen einen äußeren Hauptschirm unterhalb der Ummantelung. Die Eigenschaften des Kabels dürfen sich im Einsatz und über die Lebensdauer nicht wesentlich ändern. Dies ist anspruchsvoll, insbesondere in Anwendungen, in denen das Kabel nicht fix verlegt, sondern ständig in Bewegung ist (z. B. Schleppkabel, Roboterarme).

Die Konfiguration zur Anbindung des Motor-Feedback-Systems an den Umrichter kann entweder auf vier oder zwei Adern ausgelegt sein. Bei der 4-Draht-Konfiguration wird ein verdrilltes Adernpaar für die Übertragung der Daten verwendet (differentielle Signale) und ein weiteres für die Spannungsversorgung (Abb. 5.21, oben). In der 2-Draht-Konfiguration werden am Frequenzumrichter die Daten differentiell in die Adern der Spannungsversorgung eingekoppelt und am Motor-Feedback-System wieder getrennt (Abb. 5.21, unten). Dabei werden die Spannungsversorgung über einen Tiefpass und die Daten über einen Hochpass elektrisch getrennt.

5.3.3 Anwendungen

Umrichtergespeiste, drehzahlveränderliche Antriebssysteme setzen auf unterschiedliche Motortypen. Der Motortyp definiert dabei die Ausprägung des Motor-Feedback-Systems. An dieser Stelle wird auf den Einsatz von Asynchronmotoren, in bürstenlosen Servomotoren (BLDC) und Permanentmagnet-Synchronmotor (PMSM) eingegangen.

Asynchronmotoren können grundsätzlich ohne Umrichter, d. h. direkt am Stromnetz betrieben werden. Sollen diese aber mit einer anderen Drehzahl betrieben werden als die die sich durch die Netzfrequenz, verwendet man einen Frequenzumrichter. Werden sie als Servomotoren mit variabler Drehzahl verwendet,

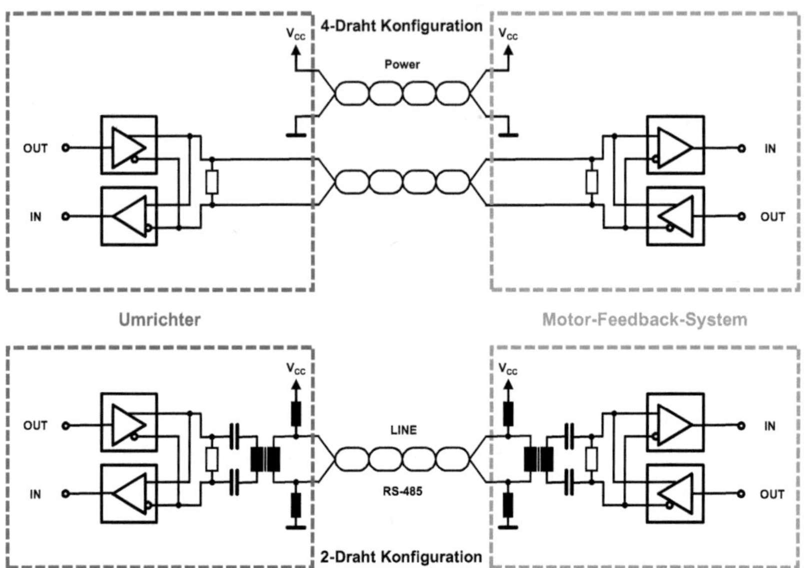

Abb. 5.21 4-Draht (oben) und 2-Draht (unten) Implementierung für die Einkabel-Technologie

benötigt man einen Servoumrichter und ein hochauflösendes Motor-Feedback-System. Genügen für die reine Drehzahlregelung Motor-Feedback-Systeme mit Inkrementalsignalen, so werden für die Positionierung entweder Inkremental- oder Absolutwertgeber benötigt, abhängig davon, ob eine Referenzfahrt möglich ist oder nicht. Die Geräte werden in der Regel an den Motor angebaut. Entsprechend sind die Anforderungen an den Temperaturbereich nicht so hoch wie bei Einbaugebern. Dafür ist eine höhere IP-Schutzart zu berücksichtigen. Typischerweise werden Geräte mit Aufsteck- oder Durchsteckhohlwelle und Statorkupplung verwendet. Durchsteckhohlwellen kommen dann zum Einsatz, wenn es sich um einen Motor mit Fremdbelüftung handelt und das Motor-Feedback-System zwischen dem eigentlichen Motor und dem Lüfterrad positioniert wird. Hierbei sind höhere Anforderungen hinsichtlich Verschmutzung zu beachten. Nützlich sind programmierbare Drehgeber, die in Auflösung und elektrischem Spannungspegel flexibel an das Antriebssystem und die Anwendung angepasst werden können.

Für bürstenlose Servomotoren werden Kommutierungsgeber eingesetzt. Dies sind spezielle Inkremental-Motor-Feedback-Systeme. Die Kommutierungssignale zeigen dem Umrichter an, mit welcher elektrischen Polung die drei Phasen des Motors zu bestromen sind, wodurch eine gleichmäßige Drehbewegung gewährleistet wird. Entsprechend liefert ein Kommutierungsgeber drei rechteckförmige Signale, die z. B. mit R, S und T bezeichnet werden. Diese sind um 120° elektrisch phasenverschoben und haben typischerweise ein Puls-Pausen-Verhältnis von 1:1. Die Anzahl der elektrischen Perioden pro Umdrehung ist direkt mit der Anzahl der Polpaare des Motors gekoppelt, so benötigt z. B. ein Motor mit zwei Polpaaren einen Kommutierungsgeber mit zwei elektrischen Perioden pro Umdrehung. Im einfachsten Fall tasten drei Hall-Sensoren das magnetische Feld der Rotormagnete ab. Einfache Kommutierungsgeber arbeiten mit magnetischen bzw. induktiven Sensoren und einem mehrpoligen Magneten bzw. einem Pol-Zahnrad. Für Anwendungen mit höheren Anforderungen an die Drehzahlregelung ist die Auflösung der Kommutierungssignale nicht ausreichend. Dann kommen Kommutierungsgeber mit zusätzlichen Inkrementalsignalen höherer Auflösung zum Einsatz. Soll mit dem bürstenlosen Servomotor auch positioniert werden, so braucht der Kommutierungsgeber zusätzlich zu den RST-Signalen noch einen Nullimpuls. Ist die dann erforderliche Referenzfahrt anwendungsseitig nicht möglich, kommt alternativ ein absolutes Motor-Feedback-System zum Einsatz, wie sie für PMSM angeboten werden. In diesem Fall leitet der Umrichter die Kommutierung aus der absoluten Winkelinformation ab. Bei manchen Kommutierungsgebern mit RST-Signalen arbeiten Absolutgeber im Hintergrund. Diese Geräte ermöglichen es, die Lage der Kommutierungssignale elektronisch zur Lage des magnetischen Felds zu orientieren. Dies geschieht bei der Inbetriebnahme des Motors, bei der Ermittlung des Kommutierungsoffsets, der in das elektronische Typenschilds des Motor-Feedback-Systems einprogrammiert werden kann.

Arbeiten bürstenlose Servomotoren mit einer blockförmigen Stromkommutierung, so werden Permanentmagnet-Synchronmotoren aufgrund ihrer sinusförmigen Energieflussdichte im Luftspalt auch mit sinusförmigen Strömen angeregt. Auf diese Weise arbeiten PMSM deutlich energieeffizienter und weisen eine geringere Welligkeit des Drehmoments auf. Denn ein besonderes Merkmal von Servoantrieben mit Synchronmotoren ist ein konstantes Drehmoment über eine mechanische Umdrehung bei beliebiger Drehzahl. Dies führt zu besonderen Anforderungen an das Antriebs- und das Motor-Feedback-System. Die Vektorregelung kommt zum Einsatz und es werden hochauflösende, absolute Motor-Feedback-Systeme für die sinusförmige Kommutierung benötigt.

Bei der Vektorregelung werden die Größen für Spannung, Strom und Fluss in unterschiedlichen Koordinatensystemen als Vektoren (Raumzeiger) dargestellt. Ziel der Regelung ist eine verbesserte Drehzahl- und Positioniergenauigkeit gegenüber einer klassischen Regelung. Auch lässt sich der Wirkungsgrad des

Antriebssystems erhöhen. Die Wechselgrößen in diesem Modell folgen der Frequenz der Pole (nicht des Rotors). Für die hoch performante Berechnung der Vektorphasen bedarf es hochauflösender Motor-Feedback-Systeme. Wird die Vektorregelung bei elektrischen Antrieben verwendet, wird sie auch als feldorientierte Regelung bezeichnet. Mit entsprechenden Modellen in der Berechnung lässt sich die Vektorregelung auf alle drehzahlgeregelten Motortypen anwenden.

Wie in Abschn. 2.5.2 bereits beschrieben hat die differentielle Nichtlinearität von Motor-Feedback-Systemen großen Einfluss auf die Ermittlung einer Drehzahl und somit in der Drehzahlregelung. Dabei ist nicht nur auf die Amplitude der differentiellen Nichtlinearität zu achten, sondern auch auf die Ordnungen und somit die sich ergebenden Frequenzen. Fehleranteile hoher Ordnung werden bei hoher Drehzahl aufgrund der begrenzten Abtastfrequenz der Winkelerfassung in der Regelung nicht richtig erfasst. Das Shannon-Theorem wird verletzt und es treten durch Aliasing-Effekte zusätzliche niederfrequente Störanteile auf, die in der Antriebsregelung wesentlich mehr stören als es das eigentliche hochfrequente Signal würde (Antriebssystem hat hier eine große Dämpfung). Entsprechend sind Tiefpassfilter auch im Drehzahlregelkreis vorzusehen. Das reduziert auch anderweitige hochfrequente Störeffekte wie z. B. Drehzahlrauschen.

Neben Oberwellen in der Flussverkettung und von Rastmomenten sind Positionsfehler eines Motor-Feedback-Systems eine der Ursachen für Gleichlaufschwankungen in Servoantrieben. Dies sind Oszillationen in der Drehzahl an einem stationären Betriebspunkt ausgelöst durch Drehmomentschwankungen. Die Störungen durch die Positionsfehler kann die Regelung nicht ausgleichen, da sie nur Positionsmesswerte erfassen kann nicht aber Positionsistwerte. Der Messfehler hat den gleichen Einfluss wie eine Sollwertvorgabe, bzw. ein Winkelfehler. Dies führt zu einer Drehung der Stromvektoren im dq-Raum einer feldorientierten Regelung. Da das Drehmoment proportional zum Strom ist, wirkt sich die Störung unmittelbar auf das Drehmoment aus – die Regelung folgt somit der Störung. Dabei ist die Wirkung des Positionsfehlers abhängig von der Ordnung der Störung und der Drehzahl. Beide Parameter gehen proportional in die errechnete Drehzahl ein (Gl. 2.31). Letztendlich führen Winkelfehler zu Effizienzverlusten, Drehmomentfehlern oder Instabilitäten ([26, 27]).

Besondere Anforderungen gelten auch für Motor-Feedback-Systeme im Einsatz von Torquemotoren. Diese Motoren sind Permanentmagnet-Synchronmotoren mit einer hohen Anzahl von Polen. Sie werden als Direktantriebe eingesetzt, d. h. sie werden ohne zwischengelagertes Getriebe direkt an die Last angeflanscht. Diese Motoren sind für geringe Drehzahlen und hohe Drehmomente ausgelegt, im Gegensatz zu nicht direktantreibenden Servomotoren, welche hoch drehen können, aber ein geringeres Drehmoment zur

Verfügung stellen. Hier übernimmt das Getriebe die Umsetzung von Drehzahl auf das Drehmoment entsprechend seinem Übersetzungsverhältnis gemäß der Beziehung:

$$i = \frac{M_1}{M_2} = \frac{n_2}{n_1} \tag{5.3}$$

(i: Übersetzungsverhältnis; M_1, M_2: antriebs- und abtriebsseitiges Drehmoment in [Nm]; n_1, n_2: antriebs- und abtriebsseitige Drehzahl in [1/min])

Ein Torquemotor hat einen verhältnismäßig großen Durchmesser und eine hohe Anforderung an die Genauigkeit (insbesondere die differentielle) des MFB, da es direkt auf die Anwendung wirkt. Ungenauigkeiten in getriebebehafteten Antrieben werden teilweise durch Toleranzen im System und das Getriebespiel kaschiert. Als Motor-Feedback-System kommen meist solche mit großer Hohlwelle zum Einsatz. Wobei der große Durchmesser des Geräts und somit des Modulators der Genauigkeit zugutekommt.

Da sich bereits ein hochauflösendes, absolutes Motor-Feedback-System in einem PMSM angetriebenen Antriebssystem befindet verzichtet man, wenn es die gesamte Übertragungskette zulässt (begrenzt, z. B. durch mechanisches Spiel), auf einen zusätzlichen Lastgeber für Positionierungsaufgaben. Einen weiteren Mehrwert bieten Motor-Feedback-Systeme mit Zusatzfunktionen. Viele Motor-Feedback-Systeme überwachen intern deren Temperatur. Dieser Temperaturwert kann dem Umrichter zur Verfügung gestellt werden. Hat dieser Sensor eine ausreichende Genauigkeit, ermöglicht dies Antriebssystemherstellern auf Basis geeigneter Modelle anhand der Gebertemperatur auf die Wicklungstemperatur zu schließen. Ein dedizierter Wicklungstemperatursensor und dessen Verkabelung lassen sich einsparen. Das sogenannte elektronische Typenschild hat in Antriebssystemen eine hohe Bedeutung. In einem geberinternen nichtflüchtigen Speicher können nutzerseitige Bereiche für Motorkenndaten (z. B. Seriennummer) oder -parameter (z. B. Kommutierungsdaten) hinterlegt und jederzeit ausgelesen werden (siehe oben).

Analog zu den Drehgebern gilt auch für die Motor-Feedback-Systeme, dass es unzählige Einsatzgebiete gibt. Einige sollen hier beschrieben werden, wobei auch diese Auflistung bei weitem nicht vollständig sein kann.

Unterschiedliche Schwerpunkte in der Auslegung eines Antriebssystems für eine Anwendung führen zu einer projektspezifischen Auswahl der Komponenten und somit indirekt des Motor-Feedback-Systems. Diese werden nicht direkt durch den Endanwender (Maschinen- oder Anlagenbauer) beschafft, sondern nur indirekt über den Hersteller von Servomotoren. Der verbaut das Motor-Feedback-System während der Motorenherstellung und nimmt ihn zusammen mit dem Motor in Betrieb. Dabei werden ggf. auch relevante Identifikationsdaten des Motors in das elektronische Typenschild des Motor-Feedback-Systems eingetragen, was eine spätere Inbetriebnahme des Motors in der Anwendung erleichtert. Darüber hinaus können Informationen über die Maschine übermittelt werden (z. B. Information über die Antriebsachse, an der das Motor-Feedback-System installiert ist). Im Wesentlichen werden hier alle Informationen aufgenommen, die in der Anwendung für das Asset-Management erforderlich sind. Die Bereitstellung eines elektronischen Typenschildes wäre ein erster Hinweis, worauf bei der Auswahl eines Motor-Feedback-Systems geachtet werden kann.

Wie so oft, spielt auch bei der Auswahl des Antriebssystems die erreichbare Performanz eine herausragende Rolle. Die Anwendung definiert die Erwartung nach Auflösung und Genauigkeit des Motor-Feedback-Systems. Um darauf einzugehen, bieten Motor-Feedback-System-Hersteller oft Geräte unterschiedlicher Performanzklassen an. Viele Motorenhersteller haben sich darauf eingestellt und gestalten deren Geberaufnahmen so, dass in einer Motorenbaureihe unterschiedlich performante Drehgeber eingebaut werden können und die Anwendung dann definiert, mit welchem Gerät der Motor versehen wird. Mit der Wahl der Performanzklasse des Motor-Feedback-Systems wird auch dessen Preis bestimmt (wen wundert es) – je besser, desto teurer. Die Unterteilung der Performanzklassen kann in drei Stufen erfolgen: Highend, Midrange und Lowend.

Drehzahlveränderliche Antriebe haben viele Einsatzgebiete. Geregelte Asynchronmotoren (oder auch Synchron Reluktanzmotoren) werden in Pumpen, Lüftern (oder HVAC-Anwendungen allgemein; engl.: „heating, ventilation, air conditioning"), Kompressoren, Mischern, Zentrifugen eingesetzt, um nur einige zu nennen. Durch den Einsatz geregelter Systeme erhöht sich die Energieeffizienz deutlich. Dies ist auch notwendig mit Hinblick auf die IE-Effizienzklassen (Einteilung gemäß IEC-Norm 60034-30-1). So lassen sich je nach Anwendung beim Betrieb von Asynchronmotoren mit Frequenzumrichtern 50 % oder mehr der Energiekosten gegenüber einem ungeregelten Antrieb einsparen. Die höheren Kosten für das Antriebssystem (Motor plus Umrichter und Motor-Feedback-System) können sich schnell amortisieren. Aufgrund des deutlich höheren Wirkungsgrades und des ohnehin notwendigen Regelbetriebs sind PMSM deutlich effizienter als Asynchronantriebe.

Lowend-Applikationen aus Sicht der Antriebstechnik die mit Permanentmagnet-Synchronmotoren realisiert werden, finden sich in der Papierindustrie (Schneide- und Falzmaschinen), Servohydrauliksystemen und auch bei HVAC-Anwendungen.

In den Midrange-Bereich werden Verpackungsmaschinen, Werkzeugmaschinen (für die Motorregelung nicht die Positionierung) oder Handlingsysteme eingeordnet. Auch Maschinen wie Sortieranlagen für Briefe und Pakete sowie Karusselle zur Abfüllung oder Etikettierung lassen sich hier einordnen.

Zu den Highend-Anwendungen zählen Druckmaschinen, bei denen die mechanische Königswelle immer öfter durch eine elektronische ersetzt wird. Die Königswelle dient zur Synchronisation der Geschwindigkeiten der einzelnen Achsen in der Anlage. Auch die Halbleiterindustrie hat sehr hohe Anforderungen an Servo-Antriebe. Zwar werden solche mit typischen Motor-Feedback-Systemen nicht dort eingesetzt, wo höchste Präzision gefordert ist (z. B. Lithographieprozess), sondern in der Handhabung von Wafern. Bei Schleifmaschinen kommt es auf einen guten Gleichlauf an.

Anspruchsvolle Anforderungen finden sich auch in Anwendungen mit koordinierten Bewegungen. Dazu müssen mehrere Antriebe tadellos zusammenwirken, dass sie eine gemeinsame Aufgabe, meist mit Wirkung in mehreren Raumrichtungen, erfüllen. Bekannte Beispiele finden sich in der Handhabungstechnik mit linear wirkenden „Pick-and-Place"-Portalen oder sogenannten Tripoden (Maschine mit drei Antrieben zur Ausführung von Bewegungen in allen sechs Freiheitsgraden). Zu einer weiteren Gruppe von Anwendungen zählen elektronische Kurvenscheiben sowie Querschneider oder fliegende Sägen (das Schnitt- bzw. Sägegut ist während des Schneidevorgangs in einer Vorwärtsbewegung). Die bekannteste Anlage, die koordinierte Bewegungen ausführt, ist sicher der (Mehrachs-) Roboter. Bei vielen dieser Anwendungen spielt die Reproduzierbarkeit oft eine wichtigere Rolle als die absolute Genauigkeit.

Weitere Anwendungsbereiche für die Servotechnik sind Förderantriebe, Gleichlaufantriebe, Positionierantriebe, Fahrantriebe, Formantriebe, Wickelantriebe und Hubantriebe. Interessant ist ein Trend in der Antriebstechnik wonach Pneumatik- und Hydraulik durch Torquemotoren ersetzt werden.

5.3.4 Geberlose Antriebssysteme

An dieser Stelle soll ein technischer Trend nicht übergangen werden. Verstärkt findet der geberlose Ansatz den Weg aus der Wissenschaft in die Industrialisierung. Ziel hierbei ist es einen Motor ohne Motor-Feedback-System zu regeln ([28]). Die Information zur Kommutierung und Drehzahlregelung des Motors wird durch Strom- und Spannungsmessungen am Motor und anspruchsvolle Algorithmen gewonnen (Abb. 5.22). Der Motor wird selbst Teil der Sensorik. Strom- und Spannungssensoren sind meist Bestandteil eines elektrischen

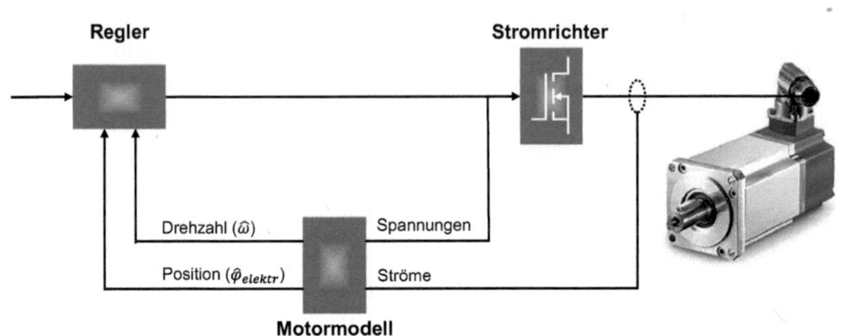

Abb. 5.22 Blockschaltbild eines geberlosen Antriebssystems (in Anlehnung an SICK AG)

Antriebssystems müssen aber, je nach erforderlicher Performanz, angepasst werden (z. B. schnellere Stromsensoren). Da Sensorik in diesem Ansatz benötigt wird, wird an dieser Stelle der Begriff „geberlos" (engl.: „encoderless") bevorzugt, während in der Literatur oft von sensorlosen Systemen (engl.: „sensorless") die Rede ist. Verschiedene Verfahren kommen in der Praxis zum Einsatz.

Die einfachste Methode ist die EMK-Methode (elektromotorische Kraft). Durch Messung der induzierten Gegenspannung eines sich drehenden Motors anhand der gemessenen Statorströme und den angelegten Statorspannungen kann die Drehzahl abgeschätzt werden ($\omega \propto U_{EMK}$). Somit wird der Motor in Leistungsstrompausen als Generator verwendet. Dieses Verfahren wird eingesetzt, wenn ein Rotor schnell auf Drehzahl gebracht werden kann und bei höherer Drehzahl arbeitet. Dieser Ansatz wird auch durch Hersteller von Prozessoren unterstützt. Sie geben Applikationsunterstützung durch Dokumente und Programmbibliotheken. Auch wenn Antriebe damit schnell in Betrieb genommen werden können, muss vorsichtig abgewägt werden, ob die erreichbare Systemgüte in der Anwendung ausreicht.

Die anderen bekannten Methoden setzen auf Anisotropien des zu regelnden Motors. Wie schon bei den AMR-Elementen beschrieben, versteht man unter Anisotropie eine Richtungsabhängigkeit einer physikalischen Eigenschaft. Bei Elektromotoren bezieht sich der Begriff auf die Rotorlageabhängigkeit von Motorparametern. In Motoren ergeben sich Anisotropien u. a. durch Sättigungseffekte, Rotorexzentrizität oder eine asymmetrische Rotorstruktur. Sie wirken sich auf die magnetischen Eigenschaften in Abhängigkeit der Rotorlage aus und sind unabhängig von der Drehzahl. Somit kann auf Basis geeigneter Modelle eine Regelung auch für kleine Drehzahlen bis zum Stillstand realisiert werden. Die

Modelle werden gespeist mit gemessenen Strömen und Spannungen. Zur besseren Messung der Effekte werden Testsignale in die Wicklung des Motors eingeprägt und die Rückwirkung dieser erfasst. Dieser Fall lässt sich interpretieren, als würde der Motor nicht nur als Antrieb, sondern auch als Resolver eingesetzt. Für diese Verfahren eignen sich manche Motortypen besser als andere. Auch werden Motoren auf geberlose Verfahren hin optimiert, was sich allerdings nachteilig auf die Qualität der eigentlichen Funktion des Motors, d. h. der Drehmomentbildung, auswirken kann ([29]).

Praktische Umsetzungen verwenden beide Methoden. Verfahren, die auf Anisotropien des Motors basieren, werden vom Stillstand bis ca. 10 % der Nenndrehzahl verwendet (Zahlenwert als Orientierung, in der Praxis abhängig vom Motor und von der Implementierung im Umrichter). In diesem Bereich generiert der Motor eine geringe EMK, sodass der Motor nicht sinnvoll geregelt werden kann (Drehzahlregler ist „blind"). Bei höheren Drehzahlen steht ausreichend EMK zur Verfügung und das System kann auf dessen Wert geregelt werden. Ein zweistufiges Vorgehen hat den Vorteil, dass die positiven Eigenschaften des Anisotropie-Verfahrens, d. h. Regelung von kleinen Drehzahlen und der EMK-Methode, d. h. den geringeren Rechenzeitbedarf nutzt. Beachtet werden muss, dass bei der Umschaltung zwischen den Verfahren keine Umschalteffekte entstehen.

Die geberlose Technologie ist durch konstruktive und wirtschaftliche Gründe motiviert. Ein Motor-Feedback-System braucht Platz und Verkabelung, wird montiert, kostet Geld und kann gegebenenfalls ausfallen. Ziel geberloser Implementierungen sind energieeffiziente, drehzahlgeregelte elektrische Antriebe für kostensensitive Anwendungen. Diese geberlosen Ansätze haben allerdings einen beschränkten Funktionsumfang gegenüber geberbehafteten:

Beispiele

- Geberlose Verfahren sind bestenfalls absolut innerhalb eines elektrischen Pols des Motors (keine Singleturn- oder gar Multiturn-Funktion). Da typische Motoren $\geq$ zwei Polpaare aufweisen, können Positionieraufgaben nur unzureichend realisiert werden.
- Der Winkelfehler beträgt mehrere elektrische Grad. Zu beachten ist allerdings, dass sich der Fehler mit der Anzahl der Motorpole skaliert, da sich eine elektrische Periode auf einen Motorpol bezieht. Je höher die Polzahl des Motors, desto genauer das System.

- Die Signale der Strom- und Spannungsmessung sind verrauscht, sodass die Reglerverstärkung nicht allzu groß gewählt werden kann, was zu einer geringeren Steifigkeit und Dynamik des Antriebs führt.
- Die erreichbare Performanz ist teilweise abhängig von individuellen, teilweise temperaturabhängigen Motorparametern.
- Motoren und Umrichter können bei den Anisotropie-Verfahren nicht beliebig gepaart werden. Dies bezieht sich nicht nur auf Motorbaureihen, sondern auch auf individuelle Motoren.
- Die Mehrwertfunktionen mechatronischer MFB können nicht genutzt werden, z. B. elektronisches Typenschild (vgl. Abschn. 5.1.3), Statusinformation, etc.◄

Es gibt einige Einsatzbereiche, für die die genannten Einschränkungen keine Rolle spielen bzw. toleriert werden können. Berücksichtigt werden geberlose Antriebssysteme beim Ersatz von ungeregelten Asynchronmotor-Antriebssystemen hin zu drehzahlgeregelten Asynchronmotor-Antriebssystemen oder gar von Antriebssystemen mit Permanentmagnet-Synchronmotoren niederer Performanz. Dort wo extreme Robustheit (z. B. Hochtemperatur, schmutzige Umgebungen) oder sehr hohe Drehzahlen gefragt sind, sind geberlose Systeme eine Option. Auch gibt es Überlegungen, geberbehaftete und geberlose Sensorik zur Realisierung von Redundanzansätzen zu kombinieren.

Ein Hybrid aus geberlosem Antriebssystem mit der Infrastruktur von Motor-Feedback-Systemen kann helfen Nachteile rein geberloser Systeme zu beseitigen. Denkbar wäre die Infrastruktur der Ein-Kabeltechnologie zu installieren und an eine Interface-Elektronik im Servomotor unterzubringen. Somit könnte ein elektronisches Typenschild bereitgestellt und motornahe Sensoren eingebunden werden ([30]). Das Motorsystem wäre dann nicht sensorlos, sondern eben „nur" geberlos. Der Begriff Motor-Feedback-System bekommt so dann eine erweiterte Bedeutung, da es über die Erfassung von Winkellage und Drehzahl hinausgeht. Dieser Ansatz bietet sich für Motoren an, die ohnehin überwiegend geberlos betrieben werden, d. h. Asynchronmotoren (Abb. 5.23).

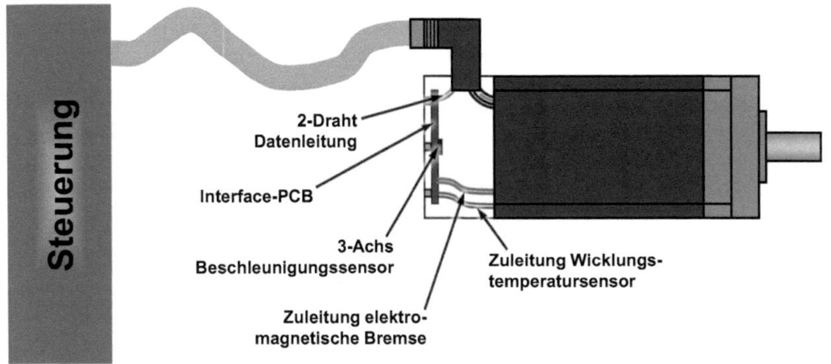

Abb. 5.23 Hybrides System aus geberloser Regelung und Motor-Feedback-Infrastruktur

Literatur

1. Siraky J (1984) Anordnung zur seriellen Übertragung der Messwerte wenigstens eines Messwertwandlers. Europäisches Patent Nr. EP 0 171 579 B1, veröffentlicht am 09. März 1988
2. Börcsök J (2015) Funktionale Sicherheit – Grundzüge sicherheitstechnischer Systeme, 4, aktualisierte. VDE Verlag, Berlin
3. Apfelt R (2014) Sichere Positionsgeber ein muss?. funktionale sicherheit 6–11
4. SICK AG (2014) Leitfaden Sichere Maschinen. Waldkirch
5. N.N. (2015) Grundsätze für die Prüfung und Zertifizierung von Winkel- und Wegmesssystemen für die Funktionale Sicherheit. Institut für Arbeitsschutz der Deutschen Gesetzlichen Unfallversicherung
6. Stobbe W, Steinmann R (2007) Verfahren und Vorrichtung zur Parametrierung einer Messeinrichtung. Europäische Patentschrift EP1947422B1, veröffentlicht am 23. Nov. 2011
7. Kiel E (Hrsg) (2007) Antriebslösungen – Mechatronik für Produktion und Logistik. Springer, Berlin/New York/Heidelberg
8. Schönfeld R, Hofmann W (2005) Elektrische Antriebe und Bewegungssteuerungen – Von der Aufgabenstellung zur praktischen Realisierung. VDE Verlag, Berlin
9. Weidauer J (2013) Elektrische Antriebstechnik, 3. Aufl. Publicis Publishing, Erlangen
10. Drury B (2009) The control techniques drives and controls handbook, 2. Aufl. The Institution of Engineering and Technology, London
11. Gißler J (2005) Elektrische Direktantriebe: Vorteile der Direktantriebstechnik praktisch nutzen. Franzis Verlag, Poing
12. https://de.wikipedia.org/wiki/Feldbus

13. Zeltwanger H (2022) CAN in Automation – 30 Jahre im Dienste der CAN-Gemeinschaft. Elektronik Praxis online https://www.elektronikpraxis.de/30-jahre-im-dienste-der-can-gemeinschaft-a-4eefd12c6e13eb6f51691333263c07cb/. Zugegriffen: 11. Mai 2025

14. https://www.can-cia.org/canxl. Zugegriffen: 11. Mai 2025

15. Decker P, Garnatz O (2020) CAN XL für zukünftige Fahrzeugarchitekturen. HANSER automotive 4–5 (2020):40–43

16. https://www.can-cia.org/can-knowledge/cia-406-encoder-profile. Zugegriffen: 11. Mai 2025

17. N.N. (2020) Hart im Nehmen – Expertenrunde Heavy-Duty-Drehgeber – Teil 1/2. SPS-MAGAZIN 4 Hannover Messe 2020

18. N.N. (2020) Only the Strong Survive – Expertenrunde Heavy-Duty-Drehgeber – Teil 2/2. SPS-MAGAZIN 6 | 2020, S. 78–80

19. N.N. (2001) Lagerströme in modernen AC-Antriebssystemen. Technische Anleitung Nr. 5, ABB Automation Group

20. N.N. (2024) Stromisolierende Lager – Wälzlager zur Vermeidung von Stromdurchgangsschäden. Technische Produktinformation, Schaeffler Technologies AG & Co. KG

21. Graf S (2023) Charakterisierung und Auswirkungen von parasitären Lagerströmen in Mischreibung. Dissertation, Rheinland-Pfälzischen Technischen Universität Kaiserslautern-Landau

22. SICK STEGMANN GmbH (2008) HIPERFACE-Beschreibung – Description of the HIPERFACE Interface. Firmenschrift Nr. 8010701

23. SICK AG (2011) HIPERFACE DSL ® Beschreibung. Firmenschrift Nr. 8013610

24. Funkhänel J (2022) Cable and Connector for HIPERFACE DSL® Motor Drive Applications – Information and Requirements for Motor Applications and Installation. White Paper, SICK AG

25. Krah JO, Schmidt T, Richter R (2021) Multi-Protocol Position Encoder Interface IP for Safety-Related Automation Drives. White Paper, Intel Corp.

26. Sworowski E (2014) Ganzheitliche Methodik zur Analyse und Kompensation von ansteuerungsbedingten Störungen im Regelkreis permanenterregter Synchronmaschinen. Dissertation, Universität Stuttgart, Springer Vieweg, Wiesbaden

27. Wittmann J, Hagl R (2016) Gleichlaufschankungen in Servoantrieben. In: Fortschritte in der Antriebs- und Automatisierungstechnik (FAA). Stuttgart, S. 45–56

28. Friedmann JT (2016) Reduktion des Sensorikbedarfs in der industriellen Antriebstechnik. Dissertation, Technische Universität München

29. Sun H, Krebs G, Bahri I, Rodriguez-Ayerbe P, Khanchoul M (2022) PMSM design optimization concerning sensorless performance and torque ripple. Advances in Electrical Engineering, Electronics and Energy 2:100049

30. Basler S (2012) Antriebssystem. Europäische Patentanmeldung EP2675059A1, Europäisches Patentamt, veröffentlicht am 18. Dez. 2013

Abkürzungen

Tab. 1 allgemeine Abkürzungen

Abkürzung	Bedeutung
dt.	deutsch
engl.	englisch
etc.	et cetera (entspricht usw.)
franz.	französisch
u. a.	unter anderem
ugs.	umgangssprachlich
usw.	und so weiter
vgl.	Vergleiche
z. B.	zum Beispiel

© Springer Fachmedien Wiesbaden GmbH, ein Teil von Springer Nature 2025 251
S. Basler, *Drehgeber und Motor-Feedback-Systeme*,
https://doi.org/10.1007/978-3-658-49404-9

Tab. 2 Fachspezifische Abkürzungen

Abkürzung	Bedeutung (dt.)	Bedeutung (engl.)
μC	Mikrocontroller	microcontroller
ADC	Analog–Digital-Wandler	analog-to-digital converter
AqB	A-Quadratur-B	A quad B
AMR	anisotroper magnetischer Widerstand	anisotrope magneto resistive
ASIC	anwendungsspezifischer integrierter Schaltkreis	application specific integrated circuit
ASM	Asynchronmotor	asynchronous motor
ASSP	anwendungsspezifisches Standardprodukt	application specific standard product
ATEX	franz.: atmosphères explosives	Explosive atmosphere
Baud	Bit pro Sekunde	bit per second
BCD	binär-codierte Dezimalzahl	binary coded decimal
BiSS	bidirektional, seriell, synchron	binary, serial, synchronous
BLAC	bürstenlos Wechselstrom	brush-less alternating current
BLDC	bürstenlos Gleichstrom	brush-less direct current
CAN	Mikrocontrollernetzwerk	controller area network
CHV	zirkularer vertikaler Hall-Sensor	Circulat vertical Hall
CMOS	sich ergänzender Metall-Oxid-Halbleiter	complementary metal-oxide-semiconductor
CNC	computerisierte numerische Steuerung	computerized numerical control
CORDIC	digitaler Rechner für die Koordinatenrotation	coordinate rotation digital computer
cpi	Zählungen pro Inch	counts per inch
CPR	Zählungen pro Umdrehung	counts per revolution
DAC	Digital-Analog-Wandler	digital-to-analog converter
DC_{avg}	Mittelwert des Diagnosedeckungsgrades	diagnostic coverage

(Fortsetzung)

Tab. 2 (Fortsetzung)

Abkürzung	Bedeutung (dt.)	Bedeutung (engl.)
DIP	Dual-in-line-Gehäuse	dual in-line package
DNL	Differenzielle Nichtlinearität	differential non-linearity
DSP	digitaler Signalprozessor	digital signal processor
EEL	kantenemittierender LASER	edge emitting LASER
EEPROM	elektrisch löschbarer programmierbarer Lesespeicher	electrically erasable programmable read-only memory
EFK	Erweiterter Kalman-Filter	extended Kalman filter
EMK	elektromotorische Kraft	electromotive force
EMV	elektromagnetische Verträglichkeit	electro magnetic interference
EN	europäischer Standard	European standard
EnDat	Encoder Data Interface	encoder data interface
FPGA	im Feld programmierbare Gatteranordnung	field programmable gate array
FR4	Flammenhemmender Verbundwerkstoff Klasse 4	flame retardant class 4
FRAM	ferroelektrischer frei lesbarer Speicher	ferroelectric random resistance
HIPERFACE	hoch performante Schnittstelle	High Performance Interface
HIPERFACE DSL	HIPERFACE digitale Servo-Verbindung	HIPERFACE digital servo link
HVAC	Heizung, Lüftung, Klimaanlage	heating, ventilating and air conditioning
INL	integrale Nichtlinearität	integral non-linearity
I^2C	Bus für Kommunikation zwischen integrierten Schaltkreisen	inter integrated circuit bus
IC	integrierter Schaltkreis	integrated circuit
IFA	Institut für Arbeitsschutz der Deutschen Gesetzlichen Unfallversicherung	institute for research and testing of the German Social Accident Insurance in Germany

(Fortsetzung)

Tab. 2 (Fortsetzung)

Abkürzung	Bedeutung (dt.)	Bedeutung (engl.)
IoT	Internet der Dinge	Internet of things
IP	International Schutzklasse	international protection (code)
IR	infrarot	infrared
ISO-OSI	Internationale Organisation für Standardisierung – Verbindung offener Systeme	International Organization for Standardisation – Open Systems Interconnection
LABS	Lackbenetzungsstörende Substanzen	varnish wettability disruptive substances
LASER	Lichtverstärkung durch stimulierte Emission von Strahlung	light amplification by stimulated emission of radiation
LED	Leuchtdiode	light emitting diode
MFB	Motor-Feedback-System	motor feedback system
MR	Magnetowiderstand	magneto resistive
$MTTF_d$	Erwartungswert der mittleren Zeit zum gefährlichen Ausfall	mean time to dangerous failure
NFC	Nahfeldkommunikation	near field communication
NPN	Bipolartransistor mit npn-Dotierung	bipolar transistor with npn-doping
PFH_d	Wahrscheinlichkeit eines gefahrbringenden Ausfalls pro Stunde	probability of dangerous failure per hour
PL	sicherheitsgerichteter Performanzstufe	performance level
PMSM	Permanentmagnet erregter Synchronmotor	permanent magnet synchronous motor
ppm	Teile pro Million	parts per Million
PPR	Perioden pro Umdrehung (auch Pulse pro Umdrehung)	periods per revolution (also pulses per revolution)
PRC	pseudo-zufälliger Code	pseudo random code

(Fortsetzung)

Tab. 2 (Fortsetzung)

Abkürzung	Bedeutung (dt.)	Bedeutung (engl.)
PT_1	Proportionales Übertragungsglied mit Verzögerung erster Ordnung	proportional transfer block with first order delay
PUR	Polyurethan	polyurethane
PVC	Polyvinylchlorid	polyvinyl chloride
PWM	Pulsweitenmodulation	pulse width modulation
RDC	Resolver-Digital-Wandler	resolver-to-digital converter
rpm	Umdrehungen pro Minute	revolutions per minute
RVDT	rotativer variabel differentieller Transformator	rotary variable differential transformer
SDC	Sinus/Cosinus-Digital-Wandler	sine/cosine-to digital converter
SIL	Sicherheitsanforderungsstufe	safety integrity level
SILCL	Anspruchsgrenze für Sicherheitsanforderungsstufe	SIL claim limit
SLM	selektives Laserschmelzverfahren	selective LASER melting
SLS	selektives Lasersinterverfahren	selective laser sintering
SMD	oberflächen-montiertes Bauteil	surface mounted device
SPI	serielle Schnittstelle für Peripheriebausteine	serial peripheral interface
SSI	synchrone serielle Schnittstelle	serial synchronous interface
SynRM	synchroner Reluktanzmotor	synchronous reluctance motor
TMR	magnetischer Tunnelwiderstand	tunnel magneto resistance
UPM	Umdrehungen pro Minute	revolutions per minute
UPS	Umdrehungen pro Sekunde	revolutions per second
VCSEL	oberflächenemittierender Laser	vertical cavity surface emitting LASER
xMR	beliebiger Magnetowiderstand	arbitrary magnetic resistance

Literatur

Weiterführende Literatur

1. Bähr A (2004) Speed acquisition methods for high-bandwidth servo drives. Dissertation, Technische Universität Darmstadt
2. Brasseur G, Fulmek PL, Smetana W (2000) Virtual rotor grounding of capacitive angular position sensors. IEEE Trans Instrum Meas 49(5):1108–1111
3. Braun J (2012) Maxon academy Formelsammlung. Verlag maxon academy, Sachseln
4. Ferrari V, Ghisla A, Marioli D, Taroni A (2006) Capacitive angular-position sensor with electrically floating conductive rotor and measurement redundancy. IEEE Trans Instrum Meas 55(2):514–520
5. Gasulla M, Li X, Meijer GCM, van der Ham L, Spronck JW (2003) A contactless capacitive angular-position sensor. IEEE Sens J 3(5):607–614
6. George B, Mohan NM, Kumar VJ (2006) A linear variable differential capacitive transducer for sensing planar angles. In: IMTC 2006 conference, Sorrento, 2006, S. 2070–2075
7. Happacher M (1994) Drehgeber der neuen Generation – Das Prinzip: die mathematische Wasseruhr. Elektronik 16:28 ff
8. Hoffmann J (2000) Taschenbuch der Messtechnik, 2. Aufl. Fachbuchverlag Leipzig, München
9. Johnson M (2003) Photodetection and measurement: maximising performance in optical systems. McGraw-Hill, New York
10. Kennel R (2005) Encoders for simultaneous sensing of position and speed in electrical drives with digital control. In: 40th IEEE IAS 2005 annual meeting, Kowloon, 2–6 Oct 2005
11. Krah JO, Schmirgel H (2007) FPGA based sine-cosine encoder feedback processing for servo drive applications. PCIM 2007, Power Conversion Intelligent Motion Conference, Nürnberg
12. Mutschler R, Dachroth M (2003) Optischer MiDi-Encoder mit zentrischer Abtastung. Sick Stegmann GmbH – Sonderdruck 8 010 944/11-04
13. Nihtianov S, Luque A (Hrsg) (2014) Smart sensors and MEMS – intelligent devices and microsystems for industrial applications. Woodhead Publishing, Cambridge
14. N.N. (2003) Der Brockhaus Naturwissenschaft und Technik. Verlag F.A. Brockhaus und Spektrum Akademischer Verlag, Mannheim/Heidelberg

© Springer Fachmedien Wiesbaden GmbH, ein Teil von Springer Nature 2025   257
S. Basler, *Drehgeber und Motor-Feedback-Systeme*,
https://doi.org/10.1007/978-3-658-49404-9

15. N.N. (1993) DIN 32878: Drehwinkelmeßsysteme mit codierter und inkrementaler Erfassung der Meßgröße; Begriffe, Anforderungen, Prüfung. Ausgabedatum: 1993-06, zwischenzeitlich zurückgezogen
16. N.N. (2008) Leitfaden Drehgeber – Begriffe und Kenngrößen. Publikation des ZVEI – Zentralverband Elektrotechnik- und Elektronikindustrie e.V., Fachverband Automation
17. Vogel H (1997) Gerthsen Physik, 19. Aufl. Springer, Berlin
18. http://www.wikipedia.de

Stichwortverzeichnis

© Springer Fachmedien Wiesbaden GmbH, ein Teil von Springer Nature 2025

S. Basler, *Drehgeber und Motor-Feedback-Systeme*,

https://doi.org/10.1007/978-3-658-49404-9